高职高专"十二五"规划教材

无机及分析化学

吴 华 唐利平 叶汉英 主编

化学工业出版社

·北京·

本书是高职院校生物技术类专业"十二五"规划教材。教材将无机化学、分析化学与实验化学进行有机地整合，难度适宜、语言精练、实用性和先进性较强。使无机化学的四大平衡与定量化学分析的四大滴定有机地结合在一起，突出了化学分析方法的实际应用。实训内容具体细化，强化了理论教学内容与实训内容的紧密结合。

　　本书适用于高职院校生物技术类专业，也可作为高职层次的其他相关专业的教材和参考用书。

图书在版编目（CIP）数据

　　无机及分析化学/吴华，唐利平，叶汉英主编．—北京：化学工业出版社，2012.8（2021.9重印）
　　高职高专"十二五"规划教材
　　ISBN 978-7-122-14907-7

　　Ⅰ.无⋯　Ⅱ.①吴⋯②唐⋯③叶⋯　Ⅲ.①无机化学-高等职业教育-教材②分析化学-高等职业教育-教材　Ⅳ.①O61②O65

　　中国版本图书馆CIP数据核字（2012）第163052号

责任编辑：刘阿娜　梁静丽　李植峰　　　文字编辑：林　丹
责任校对：陈　静　　　　　　　　　　　　装帧设计：关　飞

出版发行：化学工业出版社（北京市东城区青年湖南街13号　邮政编码100011）
印　　装：大厂聚鑫印刷有限责任公司
787mm×1092mm　1/16　印张11¾　彩插1　字数296千字　2021年9月北京第1版第6次印刷

购书咨询：010-64518888　　　　　　　　　　售后服务：010-64518899
网　　址：http://www.cip.com.cn
凡购买本书，如有缺损质量问题，本社销售中心负责调换。

定　　价：38.00元　　　　　　　　　　　　　　　　　　　　版权所有　违者必究

《无机及分析化学》编写人员

主　　编　吴　华　唐利平　叶汉英
副 主 编　张剑德　常香玲　王丽娟
编写人员（按姓名汉语拼音排序）
　　　　　　安艳霞（郑州职业技术学院）
　　　　　　常香玲（濮阳职业技术学院）
　　　　　　李红利（漯河职业技术学院）
　　　　　　刘展良（广东科贸职业学院）
　　　　　　商孟香（黑龙江农业职业技术学院）
　　　　　　孙明哲（长春职业技术学院）
　　　　　　唐利平（四川化工职业技术学院）
　　　　　　王丽娟（济宁职业技术学院）
　　　　　　吴　华（黑龙江农业职业技术学院）
　　　　　　叶汉英（武汉软件工程职业学院）
　　　　　　张剑德（湖北职业技术学院）

前 言

本书是生物技术类专业"十二五"规划高职教材。在编写过程中力求体现近年来高职高专的教学改革成果，突出高职高专的教学特点。本书将无机化学和分析化学课程进行优化、整合，避免知识的重复。在保证知识体系完整的情况下，使内容更加适合高职层次的学生使用。本书邀请了全国各地高职院校教学经验丰富的一线教师制定和编写教材内容。编写过程中以理论知识够用、实用为原则，力求深入浅出，使之更适合当前高职学生的学习特点和实际需求，为后续的专业基础课、专业课以及未来的岗位职业能力打下坚实的基础。

全书以分析化学知识为主线、无机化学知识够用为度，特色鲜明。教材突出理论与实践相结合的原则，适合生物技术类专业的要求。教材中精选了 21 个实训教学案例，除基本操作训练项目外，其余实训项目都是顺应岗位实际工作的需要，紧扣理论知识，更有利于促进学生实践技能的提高，增强学生的就业能力。在本书编写的过程中，特别注重突出以下几个方面的特色。

1. 改进教学体系，将无机化学、分析化学和实验化学进行有机整合，注重知识体系的完整性，突出了为专业基础课、专业课服务的特点。

2. 在总结多年教学经验的基础上，将《无机及分析化学》的基本教学时间精简，删除了过深的理论和繁琐的计算。教材中用 * 标注的理论知识和部分实训可依据学校实际情况进行选择性的教学，有一定的灵活性，适应不同学时的需求。

3. 教材内容的深广度适中，注重基本理论和基本实验技能的教学。力求重点突出、概念准确、语言简练、叙述清楚，方便学生自学。

4. 将无机化学的基础知识与分析化学的四大滴定有机地结合在一起，满足了对各种基本化学分析方法的实际需求。

5. 教材中每章都附有知识阅读，能够提高学生学习化学的兴趣，同时对于化学学科中一些前沿的知识有所了解。

本书由吴华、唐利平和叶汉英担任主编。具体编写分工为唐利平编写第一章和实训一；安艳霞编写第二章和实训二；王丽娟编写第三章和实训五；常香玲编写第四章、实训三和实训四；刘展良编写第五章、实训六、实训七、实训八和实训九；叶汉英编写第六章、实训十和实训十一；张剑德编写第七章、实训十二、实训十三和实训十四；李红利编写第八章、实训十五、实训十六和实训十七；孙明哲编写第九章、实训十八、实训十九和实训二十；吴华编写第十章；商孟香编写实训二十一及部分知识阅读资料。

由于时间仓促和编者水平有限，不足和疏漏之处在所难免，敬请读者批评指正。

编 者
2012 年 3 月

目 录

第一章　物质结构 /1

第一节　原子核外电子的运动状态 …………… 1
　一、核外电子的运动特点 ………………… 1
　二、核外电子运动状态的描述 …………… 2
第二节　基态原子核外电子的排布 …………… 4
　一、多电子原子轨道的能级 ……………… 4
　二、核外电子排布规律 …………………… 5
第三节　元素周期律与周期表 ………………… 5
　一、周期表 ………………………………… 5
　二、元素性质的周期性 …………………… 7

　三、化学键 ………………………………… 8
第四节*　重要的生命元素 …………………… 9
　一、生命元素的组成 ……………………… 9
　二、生命元素在周期表中的分布及其生物
　　　效应 …………………………………… 10
　三、有害元素 ……………………………… 12
知识阅读　绿色化学简介 ……………………… 13
习题 ……………………………………………… 13

第二章　化学反应速率与化学平衡 /16

第一节　化学反应速率 ………………………… 16
　一、化学反应速率 ………………………… 16
　二、影响化学反应速率的因素 …………… 17
第二节　化学平衡 ……………………………… 19
　一、可逆反应与化学平衡 ………………… 19
　二、实验平衡常数 ………………………… 19
　三、标准平衡常数 ………………………… 19

第三节　化学平衡移动 ………………………… 20
　一、影响化学平衡的因素 ………………… 20
　二、吕·查德里原理及其实践意义 ……… 22
知识阅读　纳米材料简介 ……………………… 22
习题 ……………………………………………… 23

第三章　溶液和胶体 /25

第一节　溶液 …………………………………… 25
　一、分散系 ………………………………… 25
　二、溶液 …………………………………… 26
　三、电解质溶液 …………………………… 28
第二节　稀溶液的依数性 ……………………… 29

　一、溶液的蒸气压下降 …………………… 30
　二、溶液沸点升高 ………………………… 30
　三、凝固点下降 …………………………… 31
　四、溶液的渗透压 ………………………… 32
第三节　胶体 …………………………………… 33

一、胶体的性质 ……………………… 33
　　二、胶体的结构 ……………………… 34
　　三、胶体的破坏 ……………………… 35
知识阅读　海水淡化路不远 ……………… 35
习题 ………………………………………… 36

第四章　定量分析概述 / 38

第一节　定量分析中的误差 ……………… 38
　　一、定量分析的结果评价 …………… 38
　　二、定量分析中误差来源 …………… 41
　　三、定量分析中误差的减免 ………… 42
第二节　分析数据的处理 ………………… 43
　　一、有效数字 ………………………… 43
　　二、有效数字的运算规则 …………… 45
第三节　滴定分析方法概述 ……………… 45
　　一、滴定分析方法的原理 …………… 45
　　二、滴定分析的方法和方式 ………… 45
　　三、基准物质与标准溶液 …………… 46
　　四、滴定分析计算 …………………… 47
知识阅读　化学试剂的一般知识 ………… 49
习题 ………………………………………… 50

第五章　酸碱平衡与酸碱滴定法 / 52

第一节　酸碱质子理论 …………………… 52
　　一、酸碱质子理论 …………………… 52
　　二、溶液的酸碱性 …………………… 54
　　三、酸碱指示剂 ……………………… 55
第二节　酸碱平衡 ………………………… 56
　　一、一元弱酸（碱）的解离平衡 …… 56
　　二、多元弱酸（碱）的解离平衡 …… 57
　　三、水溶液中共轭酸碱对 K_a 与 K_b 的
　　　　关系 ………………………………… 58
　　四、同离子效应及缓冲溶液 ………… 58
第三节　酸碱滴定曲线与指示剂的选择 … 60
　　一、强碱（酸）滴定强酸（碱） …… 60
　　二、强碱（酸）滴定一元弱酸（碱） … 63
　　三、酸碱滴定法的应用 ……………… 65
知识阅读　酸碱指示剂的发现 …………… 66
习题 ………………………………………… 67

第六章　沉淀滴定法 / 69

第一节　沉淀溶解平衡 …………………… 69
　　一、溶解度和溶度积 ………………… 69
　　二、溶度积规则及其应用 …………… 71
　　三、沉淀-溶解平衡的移动 …………… 71
　　四、分步沉淀 ………………………… 72
　　五、沉淀的转化 ……………………… 72
第二节　沉淀滴定法及其应用 …………… 73
　　一、沉淀滴定法概述 ………………… 73
　　二、沉淀滴定法及指示剂的选择 …… 73
　　三、标准溶液的配制和标定 ………… 75
　　四、银量法应用示例和计算 ………… 76
知识阅读　含氟牙膏 ……………………… 76
习题 ………………………………………… 77

第七章　氧化还原滴定法 / 79

第一节　氧化还原平衡 …………………… 79
　　一、氧化数 …………………………… 79
　　二、氧化还原的实质 ………………… 80
　　三、常用的氧化剂和还原剂 ………… 80
　　四、氧化还原方程式的配平 ………… 80
第二节　氧化还原滴定法及其应用 ……… 82

一、氧化还原滴定法原理 …………… 82
二、氧化还原指示剂 ………………… 82
三、常用氧化还原滴定法及其应用 …… 83
知识阅读　电极电势的产生——双电层
理论 ……………………………………… 87
习题 ……………………………………… 87

第八章　配位平衡与配位滴定法 / 88

第一节　配位化合物 ………………………… 88
　一、配位化合物的定义及其组成 …… 88
　二、配位化合物的命名 ……………… 90
　三、螯合物 …………………………… 91
第二节　配位化合物解离平衡及影响因素 …… 92
　一、配位化合物解离平衡 …………… 92
　二、配位平衡及其影响因素 ………… 92
第三节　配位滴定法及其应用 ……………… 93
　一、概述 ……………………………… 93
　二、配位滴定曲线 …………………… 94
　三、金属指示剂 ……………………… 95
　四、配位滴定法 ……………………… 96
知识阅读　配合物的应用 ………………… 97
习题 ……………………………………… 98

第九章　现代仪器分析法 / 100

第一节　吸光光度法 ………………………… 100
　一、光的性质 ………………………… 100
　二、分光光度法 ……………………… 102
　三、吸光光度法应用 ………………… 104
第二节　原子吸收分光光度法 ……………… 104
　一、原子吸收分光光度法的基本原理 …… 104
　二、原子吸收分光光度计 …………… 105
　三、原子吸收分光光度法测定的定量分析方法 …… 106
　四、原子吸收分光光度法的应用 …… 107
第三节＊　荧光分析法 ……………………… 107
　一、分子荧光法的基本原理 ………… 107
　二、荧光分析法的应用 ……………… 108
第四节　色谱分析法 ………………………… 108
　一、色谱分析法的基本原理 ………… 108
　二、气相色谱法 ……………………… 110
　三、液相色谱法 ……………………… 111
　四、色谱分析法的应用 ……………… 111
知识阅读　兴奋剂检测 …………………… 112
习题 ……………………………………… 113

＊第十章　无机及分析化学中常用的富集分离方法 / 115

第一节　沉淀分离法 ………………………… 115
　一、常用的沉淀分离法 ……………… 116
　二、沉淀分离法的应用 ……………… 118
第二节　萃取分离法 ………………………… 118
　一、溶剂萃取分离的基本原理 ……… 119
　二、主要溶剂萃取体系 ……………… 120
　三、萃取分离法在无机及分析化学中的应用 …… 121
第三节　色谱分离法 ………………………… 121
　一、柱色谱分离法 …………………… 122
　二、纸色谱分离法 …………………… 122
　三、薄层色谱法 ……………………… 123
第四节　离子交换分离法 …………………… 124
　一、离子交换树脂的种类 …………… 124
　二、离子交换树脂的结构 …………… 125
　三、离子交换分离法在无机及分析化学中的应用 …… 125
知识阅读　激光分离法 …………………… 126
习题 ……………………………………… 126

实训 / 127

实训一　实训基本操作训练 …………… 127
实训二　化学反应速率和化学平衡 …… 131
实训三　电子分析天平的使用 ………… 134
附：电子天平的使用 …………………… 135
实训四　溶液的配制 …………………… 138
附1：移液管、吸量管的使用 ………… 139
附2：容量瓶的使用 …………………… 141
实训五　滴定分析操作训练 …………… 143
附：滴定管的使用方法 ………………… 144
实训六　盐酸标准溶液的配制和标定 … 147
实训七　测定白醋中醋酸含量 ………… 148
实训八　铵盐中氮含量的测定
（甲醛法） ……………………… 150
实训九　阿司匹林药片中乙酰水杨酸含量的测定 ……………………… 151
实训十　生理盐水中 NaCl 含量测定 … 153
实训十一　酱油中氯化钠含量的测定 … 154
实训十二　过氧化氢含量的测定——高锰酸钾法 ……………………… 157
实训十三　果蔬中维生素 C 含量测定 … 159
实训十四　高锰酸钾法测定钙的含量 … 160
实训十五　牛乳中钙含量的测定 ……… 162
实训十六　自来水总硬度的测定 ……… 164
实训十七　复方氢氧化铝药片中铝镁含量的测定 ……………………… 166
实训十八　邻二氮菲分光光度法测定铁含量 ……………………………… 168
实训十九　分光光度法测定水中磷的含量 ……………………………… 169
实训二十　原子吸光光度法测定水中镁的含量 ……………………………… 170
实训二十一　从废定影液中回收银 …… 172

附录 / 173

附录一　一些弱电解质的离解常数 …… 173
附录二　常用缓冲溶液的 pH 范围 …… 173
附录三　难溶电解质的溶度积
（291～298K） ……………………… 174
附录四　配离子的标准稳定常数
（298K） ……………………………… 175

参考文献 / 176

第一章 物质结构

■【知识目标】
1. 了解原子核外电子的运动状态及四个量子数的含义。
2. 掌握基态原子核外电子排布规律以及核外电子排布与元素周期系的关系。
3. 理解元素周期律,掌握周期表的结构以及元素性质的周期性变化规律。
4. 了解生命元素在周期表中的分布以及生物效应。

■【能力目标】
1. 能书写 1~36 号元素原子的核外电子排布式、价电子构型。
2. 能确定元素在周期表中的位置,并推测其主要性质。
3. 能分辨生命元素、非生命元素和有害元素。

自然界中,物质种类繁多,不同物质表现出各自不同特征的性质,其根本原因在于物质的组成和微观结构的差异。化学反应的基本微粒是原子,而在一般的化学反应中,原子核不发生变化,只是核外电子的数目和运动状态发生变化。因此,为了深入了解物质的性质变化,必须认识物质的微观结构,尤其是原子结构和核外电子的运动状态。

第一节 原子核外电子的运动状态

一、核外电子的运动特点

1. 微观粒子的波粒二象性

在 20 世纪初,电子的发现和光电效应等实验事实,证实了电子的粒子性。1924 年法国物理学家德布罗意提出:一切实物微粒都具有波粒二象性,即同时具有波和粒子的双重性质。

具有波粒二象性的电子等微观粒子,在任何瞬间都不能准确地同时测定其位置和动量,也没有确定的运动轨道。所以,经典力学无法描述电子的运动状态,而要采用量子力学理论来描述电子等微观粒子的运动规律。

2. 概率密度和电子云

概率密度(也称为几率密度),是电子在核外空间的单位体积内出现概率的大小。为了形象地表示核外电子运动的概率分布情况,化学上采用小黑点分布的疏密表示电子出现概率的相对大小。小黑点较密的地方,表示该点概率密度数值大,电子在该点概率密度较大,单位体积内电子出现的机会多。用这种方法来描述电子在核外出现的概率密度大小所得到的图像称为**电子云**,所以电子云是概率密度分布的形象化描述。如图 1-1 氢原子电子云示意图。

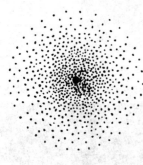

图 1-1　氢原子电子云示意图

处于不同运动状态的电子，其概率密度各不相同，即电子云图像也是不一样的。

3. 原子轨道

原子轨道是指电子一定的空间运动状态，由电子层、电子亚层、电子云的伸展方向确定。这里只是借用"轨道"一词代替运动状态，需要注意的是，"轨道"只是一个借用术语，它和经典的轨道或轨迹有着本质的区别。原子轨道和电子云的空间图像既不是通过实验，也不是直接观察到的，而是根据量子力学计算得到的数据绘制出来的。

二、核外电子运动状态的描述

根据实验和理论研究发现电子绕核运动的同时，还有自旋运动。因此，核外电子的运动状态必须用四个量子数（主量子数 n、角量子数 l、磁量子数 m、自旋量子数 m_s）来描述。也就是通常所说的电子层、电子亚层和电子云形状、电子云伸展方向、电子的自旋等。

1. 电子层　主量子数 n

在含有多个电子的原子里，其核外电子是分层排布的。因为电子的能量高低不同，能量低的电子只能在离核较近的区域运动，能量高的电子通常在离核较远的区域运动。根据电子能量的高低和运动区域离核的远近，可以认为原子核外的电子是分层运动的，这样的层叫做**电子层**，用主量子数 n 表示。主量子数 n 是描述原子中电子出现概率最大区域离核的平均距离，是决定电子能量大小的主要因素。其数值取 1、2、3、4、5、6、7 等正整数，分别用光谱符号 K、L、M、N、O、P、Q 等来表示。

n 值越大表示电子离核的平均距离越远，电子的能量越高。n 值相同的电子离核的平均距离接近，即电子处于同一电子层，所以 n 又表示电子层数。

注意，单电子原子（氢原子或类氢离子），其能量只与主量子数有关。

主量子数的取值、光谱符号与能量的关系见表 1-1。

表 1-1　主量子数的取值、光谱符号与能量的关系

主量子数	1	2	3	4	5	6	7
光谱符号	K	L	M	N	O	P	Q
能量变化				n 值越大能量越高 →			

2. 电子亚层和电子云形状　角量子数 l

在同一电子层中的电子的能量和电子云的形状也不相同。因此，我们根据不同的电子云形状，又可以把电子云分为一个或若干个亚层，这些电子亚层记作角量子数 l。角量子数 l 反映电子在空间不同角度的分布，以及原子轨道或电子云的形状。在多电子原子中与主量子数共同决定电子能量高低。对于一定的 n 值，l 可取 0 到 $n-1$ 等共 n 个值，其符号相应表示为 s、p、d、f 等。在同一电子层中，l 相同的电子归为同一个亚层。如 $n=3$ 时 l 值可取 0、1、2，分别表示 3s、3p、3d 三个亚层。不同电子层的不同电子亚层都对应于一个能量状态，又称为**能级**。对于多电子原子，n 值一定时，l 值越大，亚层能量越高。

角量子数的取值、光谱符号与能量的关系见表 1-2。

表 1-2　角量子数的取值、光谱符号与能量的关系

角量子数	0	1	2	3	…
光谱符号	s	p	d	f	…
原子轨道或电子云形状	球形	哑铃形	花瓣形	花瓣形	
能量变化	同一电子层中，l 值越大能量越高				

3. 电子云的伸展方向和原子轨道　磁量子数 m

电子云不但在形状上不同，在伸展方向上也有所不同。s 亚层的电子云是球形的，故在空间各个方向上的伸展是一样的，它没有方向性。p、d、f 亚层的电子云的情况就不一样了，它们可以沿着一定的方向伸展。根据实验和理论计算可知：p 亚层的电子云在空间有三种互相垂直的伸展方向，可沿 x、y、z 轴三个方向伸展；d 亚层的电子云有五种伸展方向；f 亚层的电子云有七种伸展方向。用磁量子数 m 描述原子轨道或电子云在空间的伸展方向时，对于一定的 l 值，m 的取值为：$m=0,\pm1,\pm2\cdots\pm l$，共 $2l+1$ 个值。每一个取向表示一定空间伸展方向的一个原子轨道。如 $l=1$ 的 p 亚层，$m=0,\pm1$ 共有 3 个取值，表示 p 亚层有 3 条伸展方向不同的原子轨道，即 p_x、p_y、p_z（如图 1-2）。同一亚层（l 相同）伸展方向不同的原子轨道称为**等价轨道或简并轨道**。

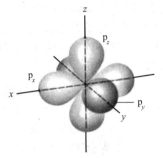

图 1-2　p 电子云示意图

电子层与轨道数之间的关系见表 1-3。

表 1-3　电子层与轨道数之间的关系

主量子数 n	$n=1$	$n=2$		$n=3$			$n=4$			
电子层符号	K	L		M			N			
角量子数 l	0	0	1	0	1	2	0	1	2	3
电子亚层符号	1s	2s	2p	3s	3p	3d	4s	4p	4d	4f
磁量子数 m	0	0	0 ±1	0	0 ±1	0 ±1 ±2	0	0 ±1	0 ±1 ±2	0 ±1 ±2 ±3
各亚层的轨道数	1	1	3	1	3	5	1	3	5	7
每层轨道数 n^2	1	4		9			16			

4. 电子的自旋　自旋量子数 m_s

电子除绕核运动外，本身还存在自旋运动，用自旋量子数 m_s 表示。m_s 的值可取 $+1/2$ 或 $-1/2$，在轨道表示式中用"↑"和"↓"表示。需要说明的是，自旋并不表示电子像地球自转一样，它只是表示电子的两种不同的运动状态。

综上所述，量子力学对核外电子的运动状态的描述：电子在多条能量确定的轨道中运动，每条轨道由 n，l，m 三个量子数决定，主量子数 n 决定电子的能量和离核远近；角量子数 l 决定原子轨道的形状；磁量子数 m 决定轨道的空间伸展方向，即 n，l，m 三个量子数共同决定了电子的轨道运动状态。自旋量子数 m_s 决定了电子的自旋运动状态，与前三个量子数共同决定了核外电子运动状态。

第二节　基态原子核外电子的排布

对于氢以外的其他元素的原子，核外电子不止一个，这些原子统称为多电子原子。核外电子都有各自不同的运动状态，因此，在多电子原子中就存在电子如何排布的情况。

一、多电子原子轨道的能级

1. 屏蔽效应与钻穿效应

在多电子原子中，由于电子对另一个电子的排斥而抵消了一部分核电荷对电子的吸引力的作用称为屏蔽效应（或作用）。

外层电子有机会钻到内部空间而靠近原子核，受其他电子的屏蔽作用就越小，而核对电子的吸引力越大。由于电子的钻穿作用的不同而使其能量发生变化的现象，称为钻穿效应（或作用）。

钻穿效应和屏蔽效应是相互联系的，钻穿效应的结果是使轨道的能量降低，常用于解释能级交错现象。

2. 鲍林近似能级图

根据光谱实验和理论计算，美国化学家鲍林总结出多电子原子的原子轨道近似能级图，反映了多电子原子中原子轨道的近似能级高低顺序。

图 1-3 中每一个小圆圈代表一条原子轨道，将能量相近的能级组成一个能级组，如长方形框所示。不同的能级组之间能量差异较大，而同一组内能量差别较小。从图 1-3 中可以看出原子轨道能级规律如下。

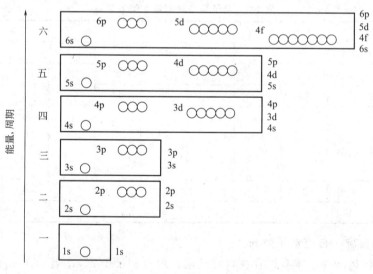

图 1-3　鲍林的原子轨道近似能级图

① 同一原子的相同电子层，不同亚层的能量随角量子数的增大而升高。
$$E_{ns}<E_{np}<E_{nd}<E_{nf}$$
② 同一原子的不同电子层，相同亚层的能量随主量子数的增大而升高。
$$E_{1s}<E_{2s}<E_{3s}<E_{4s}$$
③ 多电子原子中，由于电子之间的相互作用，某些电子层较大的亚层，其能级反而低于电子层较小的亚层，称为能级交错现象。出现能级交错现象的原因是电子的屏蔽效应与钻

穿效应。

$$E_{4s}<E_{3d} \quad E_{5s}<E_{4d} \quad E_{6s}<E_{4f}$$

二、核外电子排布规律

根据原子光谱实验和量子力学理论，总结出原子核外电子排布遵循以下三个原则。

1. 能量最低原理

基态（处于能量最低的稳定态）原子核外电子总是尽先占有能量最低的轨道，然后依次排布在能量较高的轨道，以使整个原子处于能量最低状态，称为**能量最低原理**。

根据能量最低原理和近似能级图，基态原子核外电子的排布顺序为：

$$1s \rightarrow 2s,2p \rightarrow 3s,3p \rightarrow 4s,3d,4p \rightarrow 5s,4d,5p \cdots$$

2. 泡利不相容原理

1925 年瑞士物理学家泡利指出：在同一个原子中没有四个量子数完全相同的电子。在同一原子中，若电子的 n、l、m 三个量子数相同，m_s 则一定不同，即在同一原子轨道上最多可以容纳两个自旋方向相反的电子。根据不同电子层中原子轨道数可知，各电子层最多所容纳的电子总数为 $2n^2$。

在能级符号的右上角标注出排布的电子数，这种表示方法称为**核外电子排布式**。

例如：

$$_{17}Cl \quad 1s^2 2s^2 2p^6 3s^2 3p^5$$

$$_{20}Ca \quad 1s^2 2s^2 2p^6 3s^2 3p^6 4s^2$$

3. 洪特规则

德国化学家洪特指出：在同一等价轨道上，电子将尽可能分占各个等价轨道，并且自旋方向相同，以使原子能量最低。

根据洪特规则，碳原子、氮原子的轨道表示式为：

	1s	2s	2p	
C	↑↓	↑↓	↑ ↑ ☐	$1s^2 2s^2 2p^2$
N	↑↓	↑↓	↑ ↑ ↑	$1s^2 2s^2 2p^3$

根据光谱实验和计算，当等价轨道处于下列情况时，具有较低的能量，原子处于较稳定状态，称为**洪特规则的特例**。

全充满	p^6	d^{10}	f^{14}
半充满	p^3	d^5	f^7
全 空	p^0	d^0	f^0

例如，$_{24}Cr$ 核外电子排布为 $1s^2 2s^2 2p^6 3s^2 3p^6 3d^5 4s^1$，而不是 $1s^2 2s^2 2p^6 3s^2 3p^6 3d^4 4s^2$。

第三节 元素周期律与周期表

元素原子的电子排布呈现出周期性变化，导致元素以及其形成的单质和化合物的性质随原子序数（核电荷数）的递增也呈现周期性变化，这一规律称为**元素周期律**。元素周期律的具体表现形式称为**周期表**，它反映了各元素原子核外电子排布呈现周期性变化的情况。

一、周期表

1. 周期与能级组

能级组的划分是导致周期表中化学元素划分为周期的原因，每个能级组就对应一个周期。在一个能级组中，具有相同电子层数且又按照原子序数递增的顺序排列的一系列元素称为一个**周期**。元素周期表共有七行，也就是有七个周期。周期的序数就是该周期元素原子具有的电子层数。根据每一周期所含元素的多少，又可以把周期分为**长周期**和**短周期**，第七周期到现在还没有排满，故叫做**不完全周期**。在周期表中：

周期序数＝该周期元素原子具有的电子层数＝最高能级组序数

各周期元素的数目＝对应能级组中原子轨道所容纳的电子总数

同一周期从左到右，各元素原子最外层电子结构都是从 ns^1 开始至 ns^2np^6 结束（第一周期除外），即从活泼的碱金属开始，逐渐过渡到稀有气体。

2. 族与电子构型

周期表中共有 18 列，分为 16 个族，即 7 个主（A）族、7 个副（B）族、1 个第Ⅷ族和一个零族，其中 8、9、10 三列统称第Ⅷ族。

元素的原子参加化学反应时，能参与化学键形成的电子称为**价电子**，价电子所在的电子层的电子排布式，称为**价电子层结构**，反映出该元素原子的电子层结构的特征。

（1）**主族元素** 主族元素的原子核外最后一个电子填入 ns 或 np 亚层，表示为ⅠA、ⅡA、ⅢA…ⅦA。对主族元素，最外层的 ns 和 np 能级上的电子均为价电子，价电子构型为 $ns^{1\sim2}$ 或 $ns^2np^{1\sim5}$。由此可得：

主族元素族序数＝该族元素原子的最外层电子数＝该族元素的最高氧化数

例如，$_{17}Cl$ 的核外电子排布式为 $1s^22s^22p^63s^23p^5$，属于ⅦA，价电子构型为 $3s^23p^5$。

（2）**副族元素** 副族元素的原子核外最后一个电子填入 $(n-1)d$ 或 $(n-2)f$ 亚层，表示为ⅠB、ⅡB、ⅢB…ⅦB。对于副族，最外层的 ns 和次外层的 $(n-1)d$ 能级上的电子为价电子，价电子构型一般为 $(n-1)d^{1\sim10}ns^{1\sim2}$。

ⅢB～ⅦB 元素的族序数＝该族元素原子的价电子数

ⅠB、ⅡB 元素的族序数＝最外层上的电子数

例如，$_{21}Sc$ 的核外电子排布式为 $1s^22s^22p^63s^23p^63d^14s^2$，属于ⅢB，价电子构型为 $3d^14s^2$。

（3）**第Ⅷ族元素** 由第 8、9、10 三个纵行合并形成的一族称为第Ⅷ族（又称第ⅧB族），其价电子构型为 $(n-1)d^{6\sim10}ns^{0\sim2}$（$_{46}Pd$ 没有 ns 电子）。第Ⅷ族中多数元素的价电子数不等于其族序数。通常将全部副族元素与第Ⅷ族所包括的元素，统称为过渡金属。

（4）**零族** 元素周期表最右边一族是稀有气体元素，在通常情况下不发生化学反应，其氧化数为零，称为零族。

3. 元素分区

根据各元素原子核外最后一个电子填充的能级不同，把周期表分为五个区，如图 1-4 所示。

s 区元素包括ⅠA 和ⅡA，价电子构型为 $ns^{1\sim2}$，属于活泼金属。

p 区元素包括ⅢA～ⅦA 以及零族元素，价电子构型为 $ns^2np^{1\sim6}$（He 除外），属于非金属和少数金属。

d 区元素包括ⅢB～ⅦB、Ⅷ族元素，价电子构型为 $(n-1)d^{1\sim8}ns^{0\sim2}$。

ds 区元素包括ⅠB～ⅡB，价电子构型为 $(n-1)d^{10}ns^{1\sim2}$，d 区和 ds 区元素称为过渡金属。

f 区元素包括镧系和锕系元素，价电子构型为 $(n-2)f^{0\sim14}(n-1)d^{0\sim2}ns^2$，称为内过渡元素或内过渡系。

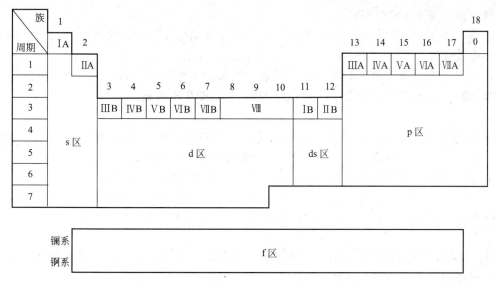

图 1-4 周期表中元素分区示意图

二、元素性质的周期性

1. 原子半径

根据原子存在的形式，一般所说的原子半径有以下三种。

（1）**共价半径** 同种元素的两个原子以共价单键结合时，其核间距的一半称为该原子的共价半径。

（2）**范德华半径** 分子晶体中，相邻分子间的两个非共价键结合的同种原子，其核间距的一半，称为范德华半径。

（3）**金属半径** 金属单质中，相邻两原子核间距的一半称为金属半径。

元素的原子半径见表 1-4。

表 1-4 元素的原子半径   单位：pm

H 32																	He 93
Li 123	Be 89											B 82	C 77	N 70	O 66	F 64	Ne 112
Na 154	Mg 136											Al 118	Si 117	P 110	S 104	Cl 99	Ar 154
K 203	Ca 174	Sc 144	Ti 132	V 122	Cr 118	Mn 117	Fe 117	Co 116	Ni 115	Cu 117	Zn 125	Ga 126	Ge 122	As 121	Se 117	Br 114	Kr 169
Rb 216	Sr 191	Y 162	Zr 145	Nb 134	Mo 130	Tc 127	Ru 125	Rh 125	Pd 128	Ag 134	Cd 148	In 144	Sn 140	Sb 141	Te 137	I 133	Xe 190
Cs 235	Ba 198	△ Lu 158	Hf 144	Ta 134	W 130	Re 128	Os 126	Ir 127	Pt 130	Au 134	Hg 144	Tl 148	Pb 147	Bi 146	Po 146	At 145	Rn 220

△	La 169	Ce 165	Pr 164	Nd 164	Pm 163	Sm 162	Eu 185	Gd 162	Tb 161	Dy 160	Ho 158	Er 158	Tm 158	Yb 170

原子半径的大小主要取决于原子核外电子层数和有效核电荷，周期表中原子半径的变化规律如下。

① 同一周期的主族元素，从左到右，有效核电荷数增加，原子核对外层电子的吸引作

用逐渐增强，原子半径逐渐减小。

② 同一周期的副族元素，从左到右，有效核电荷数增加不多，电子层不增加，原子半径减小比较缓慢。

③ 同一主族元素，从上到下，电子层数的增加为主要影响因素，原子核对外层电子的吸引作用减弱，所以原子半径逐渐增大。副族元素的变化不明显。

2. 电离能

基态的气态原子失去一个电子形成气态＋1价离子所需能量称为元素的**第一电离能**（I_1）。元素气态＋1价离子失去一个电子形成气态＋2价离子时所需能量称为元素的**第二电离能**（I_2），其余类推。显然，$I_1 < I_2 < I_3$…通常用第一电离能衡量原子失去电子的能力。

影响电离能大小的主要因素是有效核电荷数、原子半径和原子的电子层构型，其变化规律如下。

① 同周期主族元素从左到右，随有效核电荷数逐渐增大，电离能也逐渐增大。稀有气体具有稳定的电子层结构，其电离能最大。

② 同周期副族元素从左至右，由于有效核电荷数增加不多，原子半径减小缓慢，电离能增加不明显。

③ 同一主族元素从上到下，原子半径增大的影响起主要作用，电离能由大变小，元素的金属性逐渐增强。

3. 电负性

电负性是指分子中原子吸引成键电子的能力，用符号 χ 表示。指定氟的电负性为 4.0。元素的电负性越大，该元素原子在分子中吸引电子的能力越强，反之越弱。

电负性递变规律可总结如下。

① 同一周期的主族元素，从左到右电负性逐渐增加，元素的非金属性逐渐增强。

② 同一主族元素，从上到下电负性逐渐减小，元素的非金属性逐渐减弱。

4. 元素的氧化数

元素的氧化数（或称氧化值）是指元素一个原子的形式电荷数，是将成键电子指定给电负性大的原子而求得。

元素的氧化数与原子的价层电子构型有关。

(1) 主族元素的氧化数 主族元素原子中，仅最外层的电子参与成键，因此主族元素（氧、氟除外）的最高氧化数等于其原子的全部价电子数，并等于相应的族序数。

(2) 副族元素的氧化数 从ⅢB～ⅦB族元素原子的价电子，包括最外层的 s 电子和次外层的 d 电子都能参与成键，因此元素的最高氧化数也等于全部价电子数。注意，ⅡB族元素的最高氧化数为＋2，ⅠB族元素的最高氧化数不等于其族数，如 Cu 为＋2，Ag 为＋1，Au 为＋3。第Ⅷ族中只有少数元素有＋8的氧化数。

周期律的建立对化学的发展起着重要的推动作用，对元素进行了科学的分类，并将元素性质系统化；深刻阐明了各元素的相互依存的关系以及元素性质的周期性变化的本质。

三、化学键

化学上，将分子或晶体中相邻原子或离子之间强烈的相互作用称为化学键。根据作用力的特点，一般将化学键分为离子键、共价键、配位键和金属键。

1. 离子键

由相邻的阴、阳离子通过静电作用而形成的化学键称为离子键。离子键的形成表明其本质是静电作用力。形成离子键的条件是成键原子的电负性相差较大，电负性差值（$\Delta\chi$）越大，形成的化学键的离子性也越大。

2. 共价键

价键理论的基本要点如下。

（1）自旋相反的两个单电子相互接近时，核间的电子云密集，体系的能量降低，能够形成稳定的化学键。

（2）若 A、B 两原子各有一个未成对电子且自旋相反，则可以配对形成共价单键（A—B）；若 A、B 两个原子各有两个或三个自旋方向相反的未成对价电子，则可以形成双键（A=B）或三键（A≡B）。

（3）原子间形成共价键时原子轨道要发生重叠，轨道重叠越多，两核间电子的概率密度越大，形成的共价键就越牢固，分子也越稳定。

3. 配位键

有一类特殊的共价键，由成键原子中的一个原子或离子单独提供电子，另一个原子或离子提供空轨道而成键，称为共价配位键，简称配位键。配位键的形成方式和正常共价键不同，但性质没有区别。

为区别于一般共价键，配位键用"→"表示，箭头指向接受电子对的原子。如 NH_3 中的氮原子有孤对电子，BF_3 中的硼原子有空的轨道，于是氮原子的孤对电子进入硼原子的空轨道，形成配位键。

$$H-\overset{H}{\underset{H}{N}}: + \overset{F}{\underset{F}{B}}-F \longrightarrow H-\overset{H}{\underset{H}{N}}\to\overset{F}{\underset{F}{B}}-F$$

配位键的形成要同时具备两个条件，一是成键原子的价电子层有孤对电子；另一个成键原子的价电子层有空轨道。由于共用电子是成键原子单方面提供的，所以配位键是极性键。

4. 金属键

金属原子的特征是最外层电子比较少，金属原子容易失去外层电子形成金属阳离子，这些电子在晶体中自由的运动，所以称为"自由电子"。在金属晶体中，排列着金属原子、金属阳离子以及自由电子，自由电子的运动将金属原子和金属阳离子相互联结在一起的化学键称为金属键。金属键中无数金属原子和离子共用无数自由流动的电子，所以金属键无方向性、无饱和性、无固定的键能。

第四节　重要的生命元素

一、生命元素的组成

根据元素的生物效应，将元素分为生命元素和非生命元素。参与生命活动的元素称为**生命元素**（又称必需元素），目前在生命体中已检出 28 种元素；有些元素存在与否与生命活动无关，称为**非生命元素**（又称非必需元素）；有些元素会污染环境，损害生命体，称为**有害元素**。若根据在生物体中含量的多少，生命元素又分为常量元素和微量元素，其中占生物体质量 0.01% 以上的称为常量元素或宏量元素，含量低于 0.01% 的元素称为微量或痕量元素。

人体必需的常量元素有 11 种，分别是碳、氢、氧、氮、钙、磷、钠、镁、钾、硫、氯，共占人体总质量的99.95%。人体必需的微量元素有16种，它们是：铁、钴、镍、铜、锌、硅、钒、铬、锰、氟、硒、钼、锡、碘、溴、砷。

二、生命元素在周期表中的分布及其生物效应

生命元素主要分布在周期表的第二、第三、第四、第五周期，其中宏量元素主要分布在第二、第三周期，微量元素主要集中在第四周期。有害元素主要集中在第五、第六周期的ⅢA～ⅤA族。

1. s区元素

s区元素包括ⅠA族和ⅡA族。通常将ⅠA族（除H外）和ⅡA族分别称为碱金属和碱土金属，价电子构型为 ns^1、ns^2。其中的氢、钠、钾、钙、镁是重要的生命元素。

氢可以与氧结合生成水，而成为人和动、植物所必需的常量元素。同时，氢也是构成生命体中一切有机物不可缺少的重要元素，许多与生命活动息息相关的生物大分子，如蛋白质、核酸、脂肪、多糖、维生素等的合成，都离不开氢的参与。

K^+ 和 Na^+ 的主要生物效应是维持体液的酸碱平衡、解离平衡、渗透平衡，保持一定的渗透压。同时它们还承担着传递神经信息的功能，参与神经传导、心肌节律兴奋。

钙是成骨元素，99%分布在骨骼、牙齿中，是骨骼中羟基磷石灰的组成部分。Ca^{2+} 既是神经递质，又参与代谢，降低毛细血管和细胞膜的通透性，维持心脏的收缩、神经肌肉兴奋性，并参与凝血过程。缺钙会引发人和动物产生多种疾病，如骨质疏松、佝偻病等，但人体内钙含量过高，也易产生结石等疾病。

镁是一种细胞内部结构的稳定剂和细胞内酶的辅因子，是许多酶的激活剂。镁主要参与蛋白质的合成，稳定核糖体和核酸结构。叶绿素分子中 Mg^{2+} 扮演着结构中心和活性中心的作用，在糖的代谢中发挥重要作用。

2. p区元素

p区元素包括ⅢA～ⅦA及零族元素，目前共31种元素，其中有10种金属元素。p区元素价电子构型为 $ns^2np^{1\sim6}$。其中碳、氮、氧、氟、氯、碘、硒是重要的生命元素。

碳是最重要的生命元素之一，无论是植物还是动物的各种组织器官，都是由碳和其他元素构成的。自然界中的 CO_2 被植物吸收后，通过叶绿素的光合作用，最终形成碳水化合物等有机物，并放出氧气，维持了自然界中的碳和氧的相对平衡。可以说，生命就是在碳元素的基础上形成和发展的。

氮是动植物体内最重要的元素之一，是组成蛋白质的主要元素。动物通过食用植物或动物蛋白质，而获得氮元素。植物主要通过生物固氮或施用氮肥，而补充氮元素。若氮元素缺少，由于蛋白质的合成量减少，使作物生长缓慢、植株矮小。若氮肥过多，可使细胞增大、细胞壁变薄、水分增多，含钙减少，植物变得叶大色浓、容易倒伏，减少收成，所以要合理施肥。

氧是地球上最丰富的元素，含氧化合物广泛分布于生物体的各个器官和体液中。生物依靠氧来实现呼吸作用，一切生物都靠呼吸氧气维持生命，植物在光合作用中合成碳水化合物并放出氧气，形成了氧在生物界的循环。

氟具有很强的配位能力，能和许多金属元素配位，影响多种酶的活性，氟是植物的有毒元素。另外，氟是人和动物必需的微量元素。体内氟过量时，会影响钙、磷正常代谢，抑制多种酶的活性，引起其他疾病。

氯是生命必需的宏量元素。过量的氯化钠也会引起高血压，故食用的盐应适量。

碘是生命中最重要的微量元素之一，尤其对人和动物来讲是所必需的微量元素。极微量

的碘对高等植物的发育有促进作用,在植物体内,一般不会有缺碘现象。若人体缺碘,会引起"大脖子病"。

成人体内硒含量为 14～21mg,主要存在于肝、胰、肾中。主要以含硒蛋白质形式存在。硒的主要生物效应是作为谷胱甘肽过氧化物酶的必需组成成分,此酶能清除体内自由基,防止脂质过氧化作用,同时还能加强维生素 E 的抗氧化作用,因而可保护细胞膜不受过氧化物损伤,维持生物膜正常结构和功能。硒在体内能拮抗和减低汞、铜、铊、砷等元素的毒性,减轻维生素 D 中毒病变和黄曲霉毒素的急性损伤。硒还能刺激抗体的产生,使中性白细胞杀菌能力增强,增加机体的免疫功能。除此之外,硒还在视觉和神经传导中起重要作用。硒缺乏与多种疾病的发生有关,如克山病、心肌炎、扩张型心肌病、大骨节病及碘缺乏病等。硒还具有抗癌作用,是肝癌、乳腺癌、皮肤癌、结肠癌及肺癌等的抑制剂。硒过多也会对人体产生毒性作用。

3. d 区和 ds 区元素

d 区和 ds 区元素包括了ⅢB～ⅦB、Ⅷ及ⅠB～ⅡB 的元素,位于周期表的中部,处于主族金属元素和主族非金属元素之间,称为过渡元素,均为金属元素。

铜的化合物有毒,但是微量的铜是必需元素。铜存在于体内 23 种蛋白酶中,参与体内氧化还原过程。在叶绿体中有含铜蛋白质,在光合作用中具有传递电子的作用。铜还是构成体内许多细胞色素的主要成分。铜是植物体内许多氧化酶(如多酚氧化酶、抗坏血酸氧化酶等)的组成元素。

在人和动物体内,铜与蛋白质结合成为血细胞铜蛋白,从而调节铁的代谢,参与造血活动。另外,铜还参与一些酶的合成和黑色素的合成。缺铜可以导致脑组织萎缩、灰质和白质退行性变、精神发育停滞;过量的铜会引起运动失调和精神变化。

锌是植物体内许多酶,如谷氨酸酶、苹果酸酶等的必要元素。如含锌碳酸酐酶与光合作用有关,植物体内生长素的合成,也必须有锌的参与。植物体内缺锌常表现为生长停滞,可以通过喷施锌盐稀溶液来促进植物生长。人体含锌为 1.4～2.3g,约为铁含量的一半,是含量仅次于铁的微量元素。人体内各个器官都含有锌,主要集中于肝脏、肌肉、骨骼、皮肤和头发中。血液中的锌大多数分布在红细胞中,主要以酶的形式存在。在人体中,锌对人体蛋白质的合成,物质代谢和能量代谢,各种酶的活性,生长发育,智力发展和免疫功能等方面都具有重要的作用。

钒主要存在于植物、动物和人的脂肪中,是植物固氮菌所必需的元素,它是固氮酶中蛋白质的构成成分,能补充和加强钼的功能,促进根瘤菌对氮的固定。此外,在植物中,钒还可参与硝酸盐的还原,促使 NO_3^- 转化为氮。过量的钒对人体会产生毒性,它会抑制胆固醇、磷脂及其他脂质的合成;影响胱氨酸、半胱氨酸和蛋氨酸的形成;干扰铁在血红蛋白合成中的作用。

铬是植物、动物和人所必需的微量元素。铬在动物体内的作用是调节血糖代谢,并和核酸脂类、胆固醇的合成以及氨基酸的利用有关。人体内的铬主要来源于食物中的有机铬。因精制的白糖和面粉中铬的含量远远比不上原糖和粗制面粉,因此提倡多吃原糖和粗粮。铬(Ⅵ)对人和动物有剧毒,它有强氧化性,能影响体内的氧化、还原、水解等过程,并可使蛋白质变性,核酸沉淀。铬酸盐还会与血液中的氧反应,或使血红蛋白变成高铁血红蛋白,从而破坏红细胞携带氧的功能,导致细胞内窒息。

锰是许多氧化酶的组成部分,对动物的生长、发育、繁殖和内分泌有影响,能参与蛋白质合成和遗传信息的传递。锰还参与造血过程,改善机体对铜的利用,以及对植物的光合作用和呼吸作用都有影响。调查发现,土壤中含锰量高的地区,癌症的发病率较低。

铁是一切生命体（植物、动物和人）不可缺少的必需元素。在植物中，铁主要作为酶的组成元素，在氧化还原、叶绿素的合成中起着重要作用。成人体内含铁量为3～5g，其中60%～70%分布于血红蛋白，5%分布于肌红蛋白，细胞色素及含铁酶中约占1%，其余25%～30%以铁蛋白和含铁血黄素的形式贮存于肝、脾、骨髓等组织中。吸收铁的主要部位在十二指肠及空肠上段，柠檬酸、氨基酸、果糖等可与铁结合成可溶性复合物，有利于铁的吸收。

铁的生理功能主要有：合成血红蛋白；合成肌红蛋白；构成人体必需的酶，如细胞色素酶类、过氧化物酶等。此外，铁能激活琥珀酸脱氢酶、黄嘌呤氧化酶等活性，参与体内能量代谢，并与免疫功能有关。机体缺铁会导致红细胞生成障碍，造成缺铁性贫血。

稀土元素在生物体中含量甚微，主要有抗凝血作用；还具有抗炎、杀菌、抑菌、降血糖、抗癌、抗动脉粥样硬化等作用。稀土元素还可以促进植物的生长发育，可作微肥使用。

三、有害元素

有害元素是指存在于生物体内，会阻碍机体正常代谢过程和影响生理功能的微量元素，如铅、汞、砷、镉等。这些有害元素进入细胞，干扰酶的功能，破坏正常的系统，影响代谢，从而产生毒害。有害元素通常是在周期表的右下角。

1. 铅

铅是重金属污染物中毒性较大的一种，主要来源于铅蓄电池、汽油防震剂、铅冶炼厂、汽车尾气、含铅自来水管等。铅污染的主要来源是食物，因此铅中毒最常见的途径是通过肠胃道的吸收，而不是呼吸道的吸收。铅中毒会损害神经系统、造血系统、消化系统，其症状是机体免疫力降低、易疲倦、神经过敏、贫血等，智力下降，特别是孩子铅中毒会严重影响智商，孩子长大以后的智商可能会低20%左右。人体含铅量的95%以磷酸铅形式积存在骨骼中，可用枸橼酸钠针剂治疗，溶解磷酸铅，生成枸橼酸铅配离子，从肾脏排除。

2. 镉

镉是人体非必需元素，自然界中常以化合物状态存在，一般含量很低，正常环境状态下，不会影响人体健康。镉污染环境后，通过食物链进入人体，在体内富集，引起慢性中毒。镉的来源有电镀废液、颜料、碱蓄电池、冶金工业等。镉要与锌竞争，破坏锌酶的正常功能。损伤肾小管，病者出现糖尿、蛋白尿和氨基酸尿。镉还能取代骨骼中的钙，使骨软化，造成骨质疏松、萎缩、变形等一系列症状，引起骨痛病。

3. 汞

汞的存在形式分为无机汞（如可溶性无机汞盐 $HgCl_2$）和有机汞（如甲基汞、乙基汞），其中有机汞的毒害更大。汞主要引起肠胃腐蚀、肾功能衰竭，并能致死；Hg^{2+} 可与细胞膜作用，改变通透性；汞与蛋白质中半胱氨酸残基的巯基结合，改变蛋白质构象或抑制酶活性，改变酶催化活性等。

4. 砷

砷的毒性作用主要是与细胞中酶系统的巯基结合，使细胞代谢失调。如果24h内尿液中的砷浓度大于 $100\mu g/L$，就使中枢神经系统发生紊乱，并有致癌的可能。我国饮用水标准中规定砷的最高允许浓度为 $0.05mg/L$。

知识阅读

绿色化学简介

随着工业的高速发展、资源的消耗、人口的增加，人类面临着严峻的资源、能源和环境危机的挑战。一个国家能否发展成为世界强国，不仅取决于目前是否具有较高的发展速度，更大程度上还取决于能否持续稳定发展，对化学与化工提出了更高要求。

1996年联合国环境规划署对绿色化学定义为：用化学技术和方法以减少或消灭那些对人类健康或环境有害的原料、产物、副产物、溶剂和试剂的生产和应用。其中心思想是从源头上杜绝有害物质的产生，从根本上消除化学生产过程对环境的污染，将现有化工生产的技术路线从"先污染、后治理"改变为"从源头上根除污染"。

绿色化学又称环境无害化学，是利用化学来防止污染的一门科学。其研究的目的是：利用一系列的原理与方法来降低或除去化学产品设计、制造与应用中有害物质的使用与产生，使化学产品或过程的设计更加环保化。绿色化学包括所有可以降低对人类健康产生负面影响的化学方法的技术，在此基础上产生的无害化工过程，称为绿色化工。

为此，提出了绿色化学的十二项原则是：
① 不让废物产生而不是让其生成后再处理；
② 最有效地设计化学反应和过程，最大限度地提高原料经济性；
③ 尽可能不使用、不产生对人类健康和环境有毒有害的物质；
④ 尽可能有效地设计功效显著而又无毒无害的化学品；
⑤ 尽可能不使用辅助物质，如需使用也应是无毒无害的；
⑥ 在考虑环境和经济效益的同时，尽可能降低能耗；
⑦ 技术和经济上可行时，以再生资源为原料；
⑧ 尽量减少派生物；
⑨ 尽可能使用性能优异的催化剂；
⑩ 应设计功能终结后可降解为无害物质的化学品；
⑪ 应发展实时分析方法，监控和避免有毒有害物质的生成；
⑫ 尽可能选用安全的化学物质，最大程度减少化学事故的发生。

上述十二项绿色化学的原则，反映了近年来在绿色化学领域中所开展的多方面的研究工作内容，也指明了未来发展绿色化学的方向，现逐渐为国际化学界所接受。

目前绿色化学的研究重点是：设计或重新设计对人类健康和环境更安全的化合物，这是绿色化学的关键部分；探求新的、更安全的、对环境更友好的化学合成路线和生产工艺，这可从研究、变换基本原料和起始化合物以及引入新试剂入手；改善化学反应条件、降低对人类健康和环境的危害，减少废弃物的生产和排放。绿色化学着重于"更安全"这个理念，不仅针对人类的健康，还包括整个生命周期中对生态环境、动物、水生生物和植物的影响，而且除了直接影响之外，还要考虑间接影响，如转化产物或代谢物的毒性等。

绿色化学的根本目的是从节约资源和防止污染的观点来改革传统化学，从源头上消除对环境的污染，对环境的治理从"治标"转向"治本"，从治理污染转变为开发清洁化工工艺，生产环境友好产品，进一步实现可持续发展。

习 题

一、填空题

1. 在元素周期表中，共有_____个周期，其中短周期_____个；共有_____列，分为_____个族，即_____个主族，_____个副族，1个_____族和1个_____族，其中第_____族包括三列。

2. A、B、C、D、E代表5种元素，请填空。

(1) A元素基态原子的最外层有3个未成对电子，次外层有2个电子，其元素符号为_____。

(2) B 元素的负一价离子和 C 元素的正一价离子的电子层结构都与氩相同，B 的元素符号为_____，C 的元素符号为_____。

(3) D 元素的正三价离子的 3d 亚层为半充满，D 的元素符号为_____，其基态原子的电子排布式为_____。

(4) E 元素基态原子的 M 层全充满，N 层没有成对电子，只有一个未成对电子，E 的元素符号为_____，其基态原子的电子排布式为_____。

3. 同一周期的主族元素，从左到右，金属性逐渐_____；同一主族元素从上到下，金属性逐渐_____；金属性最强的非放射性元素是_____，非金属性最强的元素是_____。

4. $n=3$，$l=2$ 的原子轨道属于_____能级，它们在空间有_____个不同的伸展方向，该轨道在半充满时应有_____个电子，若用四个量子数表示其中一个电子运动状态，可表示为_____。

5. Na、Mg、Al 元素中，第一电离能最大的是_____，电负性最大的是_____。

二、选择题

1. 下列叙述正确的是（　　）。
   A. 两种微粒，若核外电子排布完全相同，则其化学性质完全相同
   B. 凡是单原子形成的离子，一定具有稀有气体元素原子的核外电子排布
   C. 两种原子如果核外电子排布相同，则一定属于同种元素
   D. 不存在两种质子数和电子数均相同的阳离子和阴离子

2. 在下列元素中，最高正氧化数最大的是（　　）。
   A. Na　　　　B. P　　　　C. Cl　　　　D. Ar

3. 下列各组微粒含有相同的质子数和电子总数的是（　　）。
   A. CH_4、NH_3、Na^+　　　　B. OH^-、F^-、NH_3
   C. H_3O^+、NH_4^+、Na^+　　　　D. O^{2-}、OH^-、NH_2^-

4. 下列用量子数描述的、可以容纳电子数最多的电子亚层是（　　）。
   A. $n=2$、$l=1$　　B. $n=3$、$l=2$　　C. $n=4$、$l=3$　　D. $n=5$、$l=0$

5. 不存在的能级是（　　）。
   A. 3s　　　　B. 2p　　　　C. 3f　　　　D. 4d

6. 下列说法正确的是（　　）。
   A. 原子核外的各个电子层最多容纳的电子数为 $2n^2$ 个
   B. 原子核外的每个电子层所容纳的电子数都是 $2n^2$ 个
   C. 原子的最外层有 1～2 个电子的元素都是金属元素
   D. 用电子云描述核外电子运动时，小黑点的疏密表示核外电子的多少

7. 某元素的原子 3d 能级上有 5 个电子，其 N 层的电子数是（　　）。
   A. 0　　　　B. 1　　　　C. 2　　　　D. 5

8. 下列各组量子数取值合理的是（　　）。
   A. $n=2$　$l=1$　$m=0$　$m_s=0$　　　B. $n=7$　$l=1$　$m=0$　$m_s=+1/2$
   C. $n=3$　$l=3$　$m=2$　$m_s=-1/2$　　D. $n=3$　$l=2$　$m=3$　$m_s=+1/2$

9. 有关 p 区元素，下列说法不正确的是（　　）。
   A. 氢除外的所有非金属元素都在 p 区
   B. p 区元素的原子最外层电子都是 p 电子
   C. p 区所有元素并非都是非金属元素
   D. p 区元素的最高氧化值并非都与族数相等

三、问答题

1. 原子核外电子的运动状态从哪几个方面进行描述？
2. 当 $n=4$ 时，该电子层中有哪几个电子亚层？共有多少不同的轨道，最多能容纳几个电子？
3. 判断下列分子中存在哪些分子间力：
   (1) Cl_2 和 CCl_4　　(2) H_2O 和 CO_2　　(3) H_2S 和 H_2O　　(4) NH_3 和 H_2O

4. 某元素的原子序数为35，写出电子排布式，试回答：
(1) 其原子中的电子数是多少？有几个未成对电子？
(2) 其原子中填有电子的电子层、能级组、能级、轨道各有多少？价电子数有几个？
(3) 该元素属于第几周期、第几族？是金属还是非金属？最高氧化值是多少？

5. 在某周期中，其稀有气体原子的最外层电子构型为$4s^24p^6$，该周期中的 A，B，C 和 D 四种元素的最外层电子分别为 2，2，1，7；A 和 C 的次外层电子为 8；B 和 D 的为 18，指出 A，B，C，D 各为何种元素？

6. A 原子的 M 层比 B 原子的 M 层少 4 个电子，B 原子的 N 层比 A 原子的 N 层多 4 个电子，确定 A、B 是什么元素？它们在周期表中的位置？

第二章 化学反应速率与化学平衡

■【知识目标】
1. 理解化学反应速率的概念及其影响因素。
2. 掌握化学平衡的特征及平衡常数表达式。
3. 理解浓度、压强和温度等条件对化学平衡的影响。
4. 掌握理解平衡移动原理。

■【能力目标】
1. 通过对化学反应速率与化学平衡知识的运用，培养学生运用此规律进行推理的创造能力。
2. 使学生不但要掌握化学反应进行的快慢，而且还要掌握化学反应进行的完全程度，以便更好地为工农业生产服务。

化学反应速率是表示化学反应进行的快慢，**化学平衡**则是表示化学反应的完成程度。在实际生活中如化工生产，通常希望反应快速完成，转化尽可能的完全。相反，对于那些危害很大的化学变化，如食物的变质、铁的生锈以及橡胶的老化等，总是希望阻止或者是尽可能延缓其产生，从而减少损失。因此，研究化学反应速率问题对生产实践及人类的日常生活具有重要的现实意义。

研究化学反应速率的科学称为化学动力学，它主要是研究化学反应速率的理论、反应机理以及影响反应速率的因素。本章将介绍化学动力学的基本知识，讨论化学反应速率及浓度、温度和催化剂对反应速率的影响；还将介绍化学平衡常数的概念，讨论化学平衡移动的规律。

第一节 化学反应速率

一、化学反应速率

化学反应速率是指在一定条件下，反应物转化为生成物的速率，可用单位时间内反应物浓度的减少或生成物浓度的增加来表示。通常用平均速率表示化学反应在某一时间段内的速率。

$$\bar{v}=-\frac{\Delta c_{反应物}}{\Delta t} \quad 或 \quad \bar{v}=\frac{\Delta c_{产物}}{\Delta t} \tag{2-1}$$

式中 Δc——某物质在 Δt 时间内浓度的变化量，$mol \cdot L^{-1}$；

Δt——时间的变化量，根据实际需要，s、min 或 h 等；

$\bar{v}$——用某物质浓度变化表示的平均速率，$mol \cdot L^{-1} \cdot s^{-1}$、$mol \cdot L^{-1} \cdot min^{-1}$、$mol \cdot L^{-1} \cdot h^{-1}$等。

如反应：
$$2N_2O_5(g) \Longrightarrow 4NO_2(g) + O_2(g)$$

反应起始时 N_2O_5（g）浓度为 $1.15 mol \cdot L^{-1}$，100s 后测得 N_2O_5（g）浓度为 $1.0 mol \cdot L^{-1}$，则反应在 100s 内的平均速率为：

$$\bar{v}_{N_2O_5} = -\frac{\Delta c}{\Delta t} = -\frac{1.0 mol \cdot L^{-1} - 1.15 mol \cdot L^{-1}}{100s} = 1.5 \times 10^{-3} mol \cdot L^{-1} \cdot s^{-1}$$

如果用生成物 NO_2（g）或 O_2（g）浓度的变化来表示平均速率：

$$\bar{v}_{NO_2} = \frac{\Delta c}{\Delta t} = \frac{(0.15 \times 4/2) mol \cdot L^{-1} - 0}{100s} = 3.0 \times 10^{-3} mol \cdot L^{-1} \cdot s^{-1}$$

$$\bar{v}_{O_2} = \frac{\Delta c}{\Delta t} = \frac{(0.15 \times 1/2) mol \cdot L^{-1} - 0}{100s} = 7.5 \times 10^{-4} mol \cdot L^{-1} \cdot s^{-1}$$

由计算可知，分别用三种物质浓度的变化表示该反应速率的数值各不相等，这是因为它们的计量系数不相等。至于用哪一种物质浓度的变化来表示反应速率，其实没有关系。因为一种物质浓度变化必然引起其他物质的浓度发生相应的变化，通常用容易测定的那一种物质浓度的变化来表示。

参加同一反应的各物质的反应速率表达式之间存在一定的关系。如上述三种物质表示的反应速率之间有下列关系：

$$-\frac{1}{2}\frac{\Delta c_{N_2O_5}}{\Delta t} = \frac{1}{4}\frac{\Delta c_{NO_2}}{\Delta t} = \frac{\Delta c_{O_2}}{\Delta t}$$

若推广到一般化学反应：
$$mA + nB \Longrightarrow pC + qD$$

也可得出如下关系：

$$-\frac{1}{m} \times \frac{\Delta c_A}{\Delta t} = -\frac{1}{n} \times \frac{\Delta c_B}{\Delta t} = \frac{1}{p} \times \frac{\Delta c_C}{\Delta t} = \frac{1}{q} \times \frac{\Delta c_D}{\Delta t} \tag{2-2}$$

因此，表示反应速率时，必须注明用哪一种物质浓度的变化来表示的。互相换算时，要注意反应式中计量系数之间的关系。

二、影响化学反应速率的因素

化学反应速率的大小除了与反应物的本性有关外，还受反应物的温度、浓度、压强、催化剂等外界条件的影响。

1. 温度对化学反应速率的影响

在常温下，H_2 和 O_2 的反应极慢，实际上觉察不出反应的发生。当温度升高到 673K 时，可看到反应明显进行，温度升高到 873K 时，反应快至发生爆炸。一般情况下，升高温度对大多数化学反应来说，化学反应速率是增大的。通常，温度每升高 10K，反应速率大约增大至原来的 2~4 倍。这是因为：

升高温度，分子运动速率加快，反应物分子间碰撞频率增大；

升高温度使反应物分子的能量增加，活化分子的百分数也随之增加，有效碰撞次数增大，使反应速率加快。

2. 浓度对化学反应速率的影响

以前曾做过这样的实验，把红热的木炭、铁丝放进盛有氧气的集气瓶里，发现木炭、铁丝都会剧烈燃烧。这是由于集气瓶里的氧气的浓度比空气中氧气的浓度大。

对于某一化学反应： $mA+nB \rightleftharpoons pD+qE$

那么此反应的速率与反应物浓度之间的关系可表示为：

$$v = k c_A^m c_B^n$$

该方程式被称为化学反应的速率方程。

式中 k——速率常数；

c_A——反应物 A 的浓度，$mol \cdot L^{-1}$；

c_B——反应物 B 的浓度，$mol \cdot L^{-1}$；

m——c_A 的指数；

n——c_B 的指数。

速率常数 k 是化学反应在一定温度下的特征常数，可由实验测得。它是反映化学反应速率相对大小的物理量。k 不随浓度改变而改变，但受温度的影响，通常温度升高，反应速率常数 k 增大。

总之，在温度恒定的情况下，增加反应物浓度，单位体积内活化分子数增多，增加了单位时间内反应物分子有效碰撞的频率，从而导致化学反应速率加快。

3. 压强对化学反应速率的影响

对于有气体参加的反应来说，当温度一定时，增大压强，就是增加单位体积反应物和生成物的物质的量，即增大了浓度，因而可增大化学反应速率。相反，减小压强，气体的体积就扩大，浓度就减小，因而化学反应速率也减小。如果参加反应的各种物质是固体、液体和溶液时，改变压强对它们的体积的影响是很小的，对它们的浓度变化影响也很小，因此，我们可以这样认为，改变压强对它们的化学反应速率无影响。

4. 催化剂对化学反应速率的影响

催化剂是一种能改变化学反应速率，其本身在反应前后质量和化学组成均不改变的物质。如常温常压下，氢气和氧气并不发生反应，但放入少许铂粉它们就会立即反应生成水，而铂的化学成分及本身的质量并没有改变，这里的铂粉就是一种催化剂。催化剂的这种作用称为催化作用。

凡是能加快反应速率的催化剂称为正催化剂。例如，$SO_2(g)$ 氧化为 $SO_3(g)$ 时，常用 $V_2O_5(s)$ 作催化剂加快反应速率。凡是能减慢反应速率的催化剂称为负催化剂或阻化剂。例如，六亚甲基四胺（$(CH_2)_6N_4$）作为负催化剂，降低钢铁在酸性溶液中腐蚀的反应速率，也称为缓蚀剂。一般情况下使用催化剂都是为了加快反应速率，若不特别指出，所提到的催化剂均指正催化剂。

催化剂在化学反应中的作用是加快化学平衡的到达，但不能使化学平衡发生移动，也不能改变平衡常数的值。若反应为可逆反应，则能催化正向反应的催化剂也同样能催化逆向反应。由于短时间内催化剂能多次反复再生，所以少量催化剂就能起显著作用。

催化剂具有选择性。一种催化剂只能适用于某一种或某几种反应；某一类反应只能用某些催化剂，例如环己烷的脱氢反应，只能用铂、钯、铱、铑、铜、钴、镍进行催化。同样的反应物，选用不同的催化剂可能得到不同的产物。例如乙醇在不同催化剂作用下可得到不同的产物：在 473～523K 的金属铜作用下得到乙醛和氢气；在 623～633K 的三氧化二铝作用下得到乙烯和水；在 673～723K 的氧化锌、三氧化二铬作用下得到丁二烯、氢气和水。

第二节　化学平衡

一、可逆反应与化学平衡

在同一条件下，既能向正方向进行又能向逆方向进行的反应称**可逆反应**。对这样的反应，为强调可逆性，在反应式中常用"$\rightleftharpoons$"代替等号。如反应：

$$CO(g) + H_2O(g) \rightleftharpoons H_2(g) + CO_2(g)$$

在高温下，将一定量的 CO 和 H_2O 加入到一个密闭容器中，能反应生成 H_2 和 CO_2，同时 H_2 与 CO_2 也能反应生成 CO 和 H_2O。

反应开始时，CO 和 H_2O 的浓度较大，正反应速率较大。一旦有 CO_2 和 H_2 生成，就产生逆反应。开始时逆反应速率较小，随着反应进行，反应物的浓度减小，生成物的浓度逐渐增大。正反应速率逐渐减小，逆反应速率逐渐增大。经过一定的反应时间，当正、逆反应速率相等时，即达到平衡状态。这种正、逆反应速率相等时的状态叫做**化学平衡**（见图2-1）。

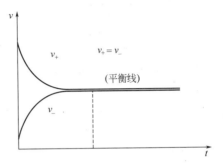

图 2-1　达到平衡的时间

几乎所有反应都是可逆的，只是有些反应在已知的条件下逆反应进行的程度极为微小，以致可以忽略，这样的反应通常称为不可逆反应。如 $KClO_3$ 加热分解便是不可逆反应的例子。

$$2KClO_3 = 2KCl + 3O_2\uparrow$$

二、实验平衡常数

对于一个可逆反应：　　$a\text{A} + b\text{B} \rightleftharpoons d\text{D} + e\text{E}$

在一定温度下，该反应达到化学平衡时，各生成物的浓度以反应方程式中计量数为指数的幂的乘积与各反应物的浓度以反应方程式中计量数为指数的幂的乘积之比为一常数，该常数称为**浓度平衡常数**。其关系式为：

$$K_c = \frac{c_D^d c_E^e}{c_A^a c_B^b} \tag{2-3}$$

式中　　K_c——该温度下此反应的浓度平衡常数；

c_A, c_B, c_D, c_E——分别为在一定温度下达到平衡时，反应物和生成物的平衡浓度，$mol \cdot L^{-1}$；

a, b, d, e——分别为反应式中相应物质的计量数。

上述浓度平衡常数是根据实验数据计算得到的，又称**实验平衡常数**。由于平衡常数表达式中各组分的浓度有单位，所以实验平衡常数是有单位的，实验平衡常数的单位取决于化学计量方程式中生成物与反应物的化学计量数。

三、标准平衡常数

1. 标准平衡常数

标准平衡常数也称为热力学平衡常数，用 $K^\ominus$ 表示，"$\ominus$"表示标准态符号。其表达式与实验平衡常数相同，只是相关物质中的浓度要用相对浓度 $\dfrac{c}{c^\ominus}$ 表示。其中 $c^\ominus = 1 mol \cdot L^{-1}$

对溶液反应

$$aA(aq)+bB(aq) \rightleftharpoons gG(aq)+hH(aq)$$

平衡时

$$K^\ominus = \frac{\left(\frac{c_G}{c^\ominus}\right)^g \left(\frac{c_H}{c^\ominus}\right)^h}{\left(\frac{c_A}{c^\ominus}\right)^a \left(\frac{c_B}{c^\ominus}\right)^b} \quad (2\text{-}4)$$

由于 $c^\ominus = 1.0 \text{mol} \cdot \text{L}^{-1}$，为了简便起见，计算表达式中标准浓度 $c^\ominus$ 省去。

$$K^\ominus = \frac{c_G^g c_H^h}{c_A^a c_B^b}$$

这样所得的标准平衡常数 $K^\ominus$ 是无量纲的量。在后面各章节中所涉及的平衡常数均为标准平衡常数。

2. 书写和应用平衡常数注意事项

① 表达式中的浓度是指平衡浓度或分压。

② 固态或纯液态反应物的浓度视为常数，不写入平衡常数表达式中。在稀溶液中进行的反应，水的浓度几乎不变，不写入平衡常数表达式中。例如：

$$NH_3 + H_2O \rightleftharpoons NH_4^+ + OH^-$$

$$K^\ominus = \frac{c_{NH_4^+} c_{OH^-}}{c_{NH_3}}$$

③ 平衡常数表达式必须与反应方程式相对应，反应式写法不同，平衡常数表达式也不同，平衡常数值也不同。

例如：

$$2CO(g) + O_2(g) \rightleftharpoons 2CO_2(g) \qquad K^\ominus = \frac{c_{CO_2}^2}{c_{CO}^2 c_{O_2}}$$

$$CO(g) + \frac{1}{2}O_2(g) \rightleftharpoons CO_2(g) \qquad K^\ominus = \frac{c_{CO_2}}{c_{CO} c_{O_2}^{\frac{1}{2}}}$$

④ K 值越大，正反应趋势越大，反之 K 值越小，正反应趋势越小。正逆反应的平衡常数值互为倒数。

⑤ K 值只随温度变化，与浓度无关；温度发生改变时，化学反应平衡常数也随之发生改变，因此使用时必须注明相应的温度。

第三节　化学平衡移动

化学平衡是一种动态平衡。表面上看来反应似乎已停止，实际上正逆反应仍在进行，只是单位时间内，反应物正反应消耗的分子数恰好等于由逆反应生成的分子数。化学平衡是暂时的、有条件的平衡。当外界条件改变时，原有的平衡即被破坏，直到在新的条件下建立新的平衡。

一、影响化学平衡的因素

对于一个可逆反应：

$$aA + bB \rightleftharpoons dD + eE$$

达到平衡时

$$K_c = \frac{c_D^d c_E^e}{c_A^a c_B^b}$$

如果在现有的平衡体系中，改变反应物浓度或压强时，平衡就发生了变化，并令：

$$Q_c = \frac{c_D^d c_E^e}{c_A^a c_B^b}$$

Q_c 为浓度商。当可逆反应处于平衡状态时,如果改变浓度,平衡向何方向移动,可以有以下三种情况:

① 若 $Q_c < K_c$,即 $Q_c/K_c < 1$,则平衡向正反应方向移动,直至建立新的平衡;
② 若 $Q_c > K_c$,即 $Q_c/K_c > 1$,则平衡向逆反应方向移动,直至建立新的平衡;
③ 若 $Q_c = K_c$,即 $Q_c/K_c = 1$,则反应维持原平衡状态。

下面我们分别讨论浓度、压强、温度的改变对化学平衡移动的影响。

1. 浓度对化学平衡的影响

在平衡的体系中增大反应物的浓度时,会使浓度商 Q_c 的数值因其分母增大而减小,于是使 $Q_c < K^{\ominus}_c$,这时平衡被破坏,反应向正方向进行。**由此可见,在其他条件不变的情况下,增加反应物的浓度或减小生成物的浓度,平衡向正反应方向移动;相反,减小反应物浓度或增大生成物浓度,平衡向逆反应方向移动。**

例如在反应 $C_2H_4(g) + H_2O(g) \rightleftharpoons C_2H_5OH(g)$ 中,在 773K 和 1000kPa 时 $K^{\ominus} = 0.015$,当 C_2H_4 与 H_2O 物质的量之比为 1:1 时,C_2H_4 的平衡转化率 6.7%;当 C_2H_4 与 H_2O 物质的量之比为 1:10 时,C_2H_4 的平衡转化率为 12%。

这充分表明,C_2H_4 与 H_2O 物质的量的比例从 1:1~1:10 时,C_2H_4 的转化率明显的提高。因此几种物质参加反应时,为了使价格昂贵的物质得到充分利用,常常加大价格低廉物质的投料比,以降低成本提高经济效益。

2. 压力对化学平衡的影响

压力对化学平衡的影响只对有气体参加的反应起作用。下面分两种情况进行讨论。

① 有气体参加,但反应前后气体分子数不等的反应。

例如:
$$2NO_2(g) \rightleftharpoons N_2O_4(g)$$
棕红色　　　无色

$NO_2(g)$ 和 $N_2O_4(g)$ 在一定条件下处于化学平衡状态。实验表明,如果体系压力增大,则混合气体的颜色逐渐变浅。这是因为气体压力增大,平衡向正反应方向移动,即向气体体积减小的方向移动,生成更多的 $N_2O_4(g)$。相反,当减小气体压力时,混合气体的颜色逐渐变深。因为气体压力减小,平衡向逆反应方向移动,即向气体体积增大的方向移动,生成了更多的 $NO_2(g)$。

另外,从反应式可以知道,反应物的总分子数为 2,生成物的总分子数为 1,反应前后分子总数是有变化的。增大压力,混合气体的颜色逐渐变浅,说明平衡向着气体减小的方向(正方向)移动;减小压力,混合气体的颜色逐渐变深,说明平衡向着气体增大的方向(逆方向)移动。

由此可见,在等温条件下,增大压力,平衡向气体分子数减少的方向移动;减小压力,则平衡向气体分子数增大的方向移动。

② 有气体参加,但反应前后气体分子数相等的反应。

例如:
$$CO(g) + H_2O(g) \rightleftharpoons CO_2(g) + H_2(g)$$

在等温的条件下达到平衡时,增大体系压力,正反应方向和逆反应方向的压力同等程度的增大。平衡不发生移动。

从上面的分析可以看出,增大压强时,平衡向气体分子数减少的方向移动;反之,减小压强,平衡向气体分子数增加的方向移动。而对于反应前后气体分子数不变的体系,由于所有气体物质的浓度随压强的变化而同时改变,因此反应维持不变。在这种情况下,压强的变化将同等程度地改变正反应和逆反应的速率。所以,改变压力只能改变反应达到平衡的时间,而不能使平衡移动。

3. 温度对化学平衡的影响

温度对化学平衡的影响与浓度、压力对平衡的影响不同。温度改变，使平衡常数值发生改变。

对于一个正反应是放热反应的可逆反应来说，升高温度，平衡常数减小，平衡向逆反应方向进行。相反，一个正反应是吸热的可逆反应，升高温度，平衡常数增大，平衡向正反应方向进行。

二、吕·查德里原理及其实践意义

在一个可逆反应的平衡体系中，增大反应物浓度，平衡就向正反应方向进行；如有气体参与反应的平衡体系中，增大体系压强，平衡就向减小气体分子数的方向移动；升高温度，平衡向吸热反应方向进行。这些因素对化学平衡的影响，1884年法国科学家吕·查德里（Le Chatelier）归纳出一条关于平衡移动的普遍规律：**如果改变影响平衡的一个条件（如浓度、压强或温度等），平衡就向能够减弱这种改变的方向移动**。

该原理适用于已达到平衡的体系，不适用于非平衡体系。

目前，随着现代工业化的进程加快，地球的能源、资源越来越少，人类对能源、资源的消耗在逐渐提高。特别是在化工生产过程中，如何采用最科学的工艺水平，充分利用原料、提高产量、缩短生产周期、降低成本等是企业所追求的最大经济效益和社会效益。如何应用吕·查德里原理，应结合实际生产过程加以考虑。

对于任何一个化学反应，增大反应物的浓度，都会提高反应速率。在生产中，常使用一种廉价易得的原料适当过量，以提高另一种原料的转化率。例如，为了使CO充分转化为CO_2常常通入过量的水蒸气；在硫酸工业中，为了让SO_2充分转化成为SO_3，通入过量的O_2。

对于气体参加的反应，且生成物的气体分子数减少的反应，增加压强平衡向正反应方向进行。例如，在合成氨工业中，增大压强能提高氨的产率。但是增加压强，会对设备的材质提出较高的要求。

对于吸热反应来说，升高温度可以提高转化率。在生产过程中，必须严格控制好温度。否则会浪费能源和得不到理想的转化率。

知识阅读

纳米材料简介

纳米是英文nanometer的译音，是一个物理学上的度量单位，1nm是10^{-9} m。当物质到纳米尺度后，大约是在1~100nm这个范围空间时，物质就会呈现出不同于该物质在晶体状态时表现出的性质，出现特殊性能，如小尺寸效应、表面效应、量子尺寸效应和宏观量子隧道效应。这些特性使得它们在力、声、磁、光、电、敏感和化学等方面呈现常规材料不具备的特性。与传统晶体相比，纳米材料具有高硬度、高扩散性、高塑性、韧性、低密度、低弹性模量、高电阻、高比热容、高膨胀系数、低热导率、强软磁性能等。这些特殊性能使纳米材料可广泛地用于高力学性能环境、光热吸收、非线性光学、磁记录、特殊导体、分子筛、超微复合材料、催化剂、热交换材料、敏感元件、烧结助剂、润滑剂等领域。这种既具不同于原来组成的原子、分子，也不同于宏观的物质的特殊性能构成的材料，称为纳米材料。

（1）力学性质及应用　应用纳米技术制成的超细或纳米晶粒材料，其韧性、强度、硬度大幅提高，使其在难以加工材料刀具等领域占据了主导地位。使用纳米技术制成的陶瓷、纤维广泛地应用于航空、航天、航海、石油钻探等领域。

(2) 磁学性质及应用　巨磁电阻效应的读出磁头可将磁盘的记录密度提高到 1.71 Gb·cm^{-2}。同时纳米巨磁电阻材料的磁电阻与外磁声间存在近似线性的关系，可以用作新型的磁传感材料，在光磁系统、光磁材料中有着广泛的应用。

(3) 电学性质及应用　由于晶界面上原子体积分数增大，纳米材料的电阻高于同类晶体材料，甚至发生尺寸诱导金属——绝缘体转变。利用纳米粒子的隧道量子效应和库仑堵塞效应制成的纳米电子器件具有超高速、超容量、超微型低能耗的特点，不久的将来可能全面取代目前的常规半导体器件。

(4) 热学性质及应用　由于界面原子的排列较为混乱、原子密度低、界面原子耦合作用变弱，纳米材料的比热容和热膨胀系数都大于同类晶体材料和非晶体材料的值。因此，其在储热材料、纳米复合材料的机械耦合性能应用方面有其广泛的应用前景。

(5) 光学性质及应用　纳米粒子的粒径远小于光波波长。与入射光有交互作用，光透性可以通过控制粒径和气孔率而加以精确控制，在光感应和光过滤中应用广泛。由于量子尺寸效应，纳米半导体微粒的吸收光谱一般存在蓝移现象，其光吸收率很大，所以可应用于红外线感测材料。

(6) 生物医药材料应用　纳米粒子比红细胞（6～9nm）小得多，可以在血液中自由运动，若利用纳米粒子研制成机器人，注入人体血管内，就可以对人体进行全身健康检查和治疗，疏通脑血管中的血栓，清除心脏动脉脂肪沉积物等，还可吞噬病毒，杀死癌细胞。在医药方面，可在纳米材料的尺寸上直接利用原子、分子的排布，制备具有特定功能的药品，纳米材料粒子将使药物在人体内的输运更加方便。

习　题

一、解释概念

1. 反应速率和反应速率常数；2. 实验平衡常数和标准平衡常数。

二、判断题（说明理由）

1. 绝大多数化学反应都是可逆的。
2. 反应速率越大，平衡常数也越大。
3. 反应达平衡时：
① 正反应速率为零。
② 正反应速率等于逆反应速率。
③ 反应物与产物的浓度一定相等。
④ 反应物与产物的浓度均为常数。
⑤ 平衡常数不再改变。

三、选择题

1. 在体积可变的密闭容器中，反应 $mA(g)+nB(s) \rightleftharpoons pC(g)$ 达到平衡后，压缩容器的体积，发现 A 的转化率随之降低，下列说法中，正确的是（　　）。

A. $(m+n)$ 必定小于 p　　B. $(m+n)$ 必定大于 p　　C. m 必定小于 p　　D. m 必定大于 p

2. 对于 $3Fe(s)+4H_2O(g) \xrightarrow{\text{高温}} Fe_3O_4(s)+4H_2(g)$，反应的化学平衡常数的表达式为（　　）。

A. $K=\dfrac{c_{Fe_3O_4} c_{H_2}}{c_{Fe} c_{H_2O}}$　　B. $K=\dfrac{c_{Fe_3O_4} c_{H_2}^4}{c_{Fe}^3 c_{H_2O}^4}$　　C. $K=\dfrac{c_{H_2}^4}{c_{H_2O}^4}$　　D. $K=\dfrac{c_{H_2}^4}{c_{H_2O}^4}$

3. 少量铁粉与 100mL 0.01mol·L^{-1} 的稀盐酸反应，反应速率太慢。为了加快此反应速率而不改变 H_2 的产量，可以使用如下方法中的（　　）。

① 加 H_2O　　　　　　② 加 NaOH 固体　　　　③ 滴入几滴浓盐酸
④ 加 CH_3COONa 固体　⑤ 加 NaCl 溶液　　　　　⑥ 滴入几滴硫酸铜溶液
⑦ 升高温度（不考虑盐酸挥发）　　　　　　　　⑧ 改用 10mL 0.1mol·L^{-1} 盐酸

A. ①⑥⑦　　　　　　B. ③⑤⑧　　　　　　C. ③⑦⑧　　　　　　D. ⑤⑦⑧

4. 可逆反应 $a\text{A}(g)+b\text{B}(l) \rightleftharpoons c\text{C}(g)$，改变温度（其他条件不变）和压强（其他条件不变）对上述反应正、逆反应速率的影响分别如下图所示，以下叙述正确的是（　　）。

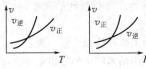

A. $a>c$，正反应为放热反应　　　　　　B. $a<c$，正反应为吸热反应

C. $a+b>c$，正反应为放热反应　　　　　D. $a+b<c$，正反应为吸热反应

5. 反应 $\text{A}(g)+3\text{B}(g) \rightleftharpoons 2\text{C}(g)$ 是放热反应，达到平衡后，将气体混合物的温度降低，下列叙述中正确的是（　　）。

A. 正反应速率加大，逆反应速率减小，平衡向正反应方向移动

B. 正反应速率变小，逆反应速率增大，平衡向逆反应方向移动

C. 正反应速率和逆反应速率减小，平衡向正反应方向移动

D. 正反应速率和逆反应速率减小，平衡向逆反应方向移动

四、计算题

反应 $\text{CO}(g)+\text{H}_2\text{O}(g) \rightleftharpoons \text{H}_2(g)+\text{CO}_2(g)$ 在某温度 T 时，$K_c=9$。若 CO 和 H_2O 的起始浓度皆为 $0.02\text{mol}\cdot\text{L}^{-1}$，求 CO 的平衡转化率。

第三章 溶液和胶体

■【知识目标】
1. 理解分散系、溶液、胶体性质。
2. 掌握浓度概念及浓度换算公式。
3. 掌握稀溶液依数性。

■【能力目标】
1. 掌握浓度概念及浓度表达式,熟练进行有关简单计算。
2. 具有独立正确使用容量瓶、移液管和吸量管的能力。

第一节 溶 液

一、分散系

分散系是指一种物质在另一种物质里被分散成微小粒子的体系。分散系是由分散质和分散剂两部分构成。被分散的物质称为**分散质**,起分散作用的物质称为**分散剂**。

在分散系中,分散质和分散剂分别可以是气态物质、液态物质或固态物质。按照分散质和分散剂的聚集状态,可将分散系分为九种,见表3-1。

表3-1 按聚集状态分类的分散系

分散质	分散剂	实 例	分散质	分散剂	实 例
气	气	空气	固	液	糖水
液	气	云、雾	气	固	泡沫塑料
固	气	烟尘	液	固	凝胶
气	液	泡沫	固	固	某些合金
液	液	酒精溶液			

根据分散质粒子的大小,将分散系分为三类,见表3-2。

表3-2 按分散质颗粒大小分类的分散系

	粗分散系	胶体分散系	分子分散系
颗粒直径大小	>100nm	100～1nm	1～0.1nm
		高分子溶液、溶胶	
分散质存在形式	分子的大聚集体	大分子、小分子的聚集体	小分子、离子或原子
主要性质	不能透过滤纸,多相	能透过滤纸,但不能透过半透膜,多相或单相	能透过滤纸,单相
	普通显微镜可见	超显微镜可见	电子显微镜也不可见
实例	悬浮体如泥浆	胶水、$Fe(OH)_3$溶胶	NaCl溶液等

从表 3-2 中的颗粒大小及性质来看，三类分散系之间似乎有明显区别，但是它们之间没有截然的界限，三者之间的过渡是逐渐的。

粗分散系主要包括悬浊液和乳浊液。固体分散质分散在液体物质中所形成的粗分散系称为**悬浊液**，如泥水。液体分散质分散在另一种液体中所形成的粗分散系称为**乳浊液**，如油井中抽出的原油、橡胶树流出的胶乳、某些杀虫剂的乳化液等都是乳浊液。悬浊液和乳浊液的特点是分散程度低、不均匀和稳定性差，久置后分散质和分散剂会彼此分离。

分子分散系又叫**溶液**。溶液是物质在自然界中存在的最主要的形式之一。人体的血液、淋巴液以及各种腺体的分泌液都以溶液的状态存在。在日常生活中，人吃的食物也必须经过人体消化系统消化，最后形成溶液，才能为人体所吸收和利用。诸多临床使用的药剂，也必须配制成溶液方能使用。溶液在工农业生产中有广泛的应用。在工业上许多物质必须配成溶液才能进行合成。譬如，氯碱工业电解制氯，必须将固体的食盐配制成饱和溶液方能进行电解。在农业上，无论施用哪种化肥或农药，都应配制成一定浓度的溶液，才能被农作物有效地吸收。化工生产中的萃取、浓缩、盐析等操作以及生物化学学科及生命科学等研究领域都离不开溶液。

二、溶液

1. 溶液的一般概念

分散质以分子、原子或离子状态分散于分散剂中所构成的均匀而又稳定的分散体系叫做**溶液**。溶液中被溶解的物质称**溶质**，能溶解溶质的物质称**溶剂**。根据溶液的不同状态，它可分为固态溶液如合金；液态溶液如食盐水、糖水；气态溶液如空气。

日常生活和工业上所指的溶液，一般都是水溶液。应当指出，溶液是一个均匀的混合物，即单一相中物质的分散程度达到了分子级水平。一般而言，溶质的粒径必须小于 1×10^{-9} m，溶液的基本特征表现为均匀性和稳定性。均匀性是指在溶液中，任一部分的浓度均相同；稳定性是指当外界条件如温度、压力等不发生改变时，溶质和溶剂不会发生分离。

2. 溶解度

在一定温度和压力下，物质在一定量溶剂中溶解的最大量为该物质的溶解度。对固体物质而言，它们的溶解度一般指 100g 溶剂中所溶解该固体物质的质量。溶解度是衡量某物质在某溶剂中溶解能力的尺度，也是物质溶解性的定量表示。

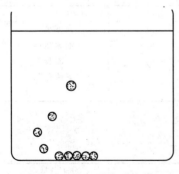

图 3-1　溶解平衡示意图

固体物质的溶解实际上存在着两个相反的过程：一方面是固体表面的分子或离子由于自身的振动以及受到溶剂分子的撞击和吸引逐渐脱离固体表面并扩散到溶剂中去，这个过程称为**溶解**。另一方面，已溶解的溶质粒子在溶液中不停运动，当它们与未溶解的固体表面相撞时，又重新吸引到固体表面上，这个过程称为**结晶**。溶解开始时，溶质的溶解速率相当大，几乎可以认为结晶的速率趋于零，随着溶解的进行，溶液的浓度不断增大，最后溶解速率与结晶速率相等，体系达到动态的平衡状态（图 3-1）。

当一个溶液体系处于溶解平衡状态时，溶液中多余的固体似乎不再溶解，溶液的浓度为最高值，这种处于溶解平衡状态的溶液，称为饱和溶液。所以溶解度可以理解为在一定温度和压力下，某物质溶解在一定量溶剂中而达到饱和状态时的量。

应该指出的是，饱和溶液不一定是浓溶液。譬如氯化银溶液在 100℃ 时的饱和溶液，其溶解度为0.002g/100g水。不饱和溶液不一定是稀溶液，譬如在100℃时硝酸钾溶液浓度为100g/100g水，尽管溶液浓度很大，但仍是不饱和溶液。由于各种物质溶解度差别很大，根据固体物质溶解度不同，一般把室温下，溶解度在10g以上的物质称为"易溶"物质；1～10g之间的物质称为"可溶"物质；0.01～1g之间的称为"微溶"物质；0.01g以下的称为"难溶"物质。

3. 溶液浓度的表示方法

不论化工生产还是科学实验都需要配制一定浓度的溶液。在不同的场合下，往往需要用不同的方法来表示浓度。化学上常用的浓度表示法有质量分数、物质的量浓度、物质的质量摩尔浓度及物质的量分数。

(1) 质量分数（w_B） 溶质B的质量与溶液的质量之比，称为溶质的**质量分数**，用符号w_B表示。质量分数无量纲，用小数或百分数表示。

$$w_B = \frac{m_B}{m} = \frac{m_B}{m_A + m_B} \tag{3-1}$$

式中　m_B——溶质的质量；
　　　m——溶液的质量；
　　　m_A——溶剂的质量。

譬如市售95.6%的硫酸就是每100g硫酸溶液中含95.6g纯硫酸和4.4g水。

质量分数是不随温度的变化而变化的。

在水质分析或环境保护方面，过去常用ppm（百万分浓度，是指每千克溶液中含溶质的质量，单位为mg/kg）和ppb（十亿分浓度，是指每千克溶液中含溶质的质量，单位为μg/kg）来表示溶液的浓度。现在已经不提倡使用，而是使用质量分数来表示。

(2) 物质的量浓度（c_B） 1L溶液中含溶质B的物质的量就是溶质B的**物质的量浓度**，以c_B表示。

$$c_B = \frac{n_B}{V} \tag{3-2}$$

式中　c_B——溶质B的物质的量浓度，$mol \cdot L^{-1}$；
　　　n_B——溶质B的物质的量，mol；
　　　V——溶液体积，L。

由于溶液体积随温度而变，所以c_B也随温度变化而改变。

【例3-1】　如何配制0.5L 1$mol \cdot L^{-1}$的硫酸镁溶液（$MgSO_4 \cdot 7H_2O$的摩尔质量为246.5$g \cdot mol^{-1}$）。

解：根据物质的量浓度定义，$c_B = \frac{n_B}{V} = \frac{m_B/M_B}{V}$得

$$m_B = c_B V M_B$$
$$m_B = 1 \times 246.5 \times 0.5 = 123.25g$$

答：准确称取123.25g $MgSO_4 \cdot 7H_2O$，溶于100mL蒸馏水，然后定容至500mL。

(3) 质量摩尔浓度（b_B） 在1kg溶剂A中含有溶质B的物质的量的多少，称为溶质B的**质量摩尔浓度**，以b_B表示。

$$b_B = \frac{n_B}{m_A} \tag{3-3}$$

式中　b_B——溶质B的质量摩尔浓度，$mol \cdot kg^{-1}$；
　　　n_B——溶质B的物质的量，mol；

m_A——溶剂质量，kg。

质量摩尔浓度不随温度变化而变化。

【例 3-2】 一种防冻液为 40g 乙二醇（$C_2H_6O_2$）与 60g 水的混合物，求该溶液质量摩尔浓度。

解：$C_2H_6O_2$ 的摩尔质量是 $62.1 \text{g} \cdot \text{mol}^{-1}$。

$$b_B = \frac{n_B}{m_A} = \frac{40/62.1}{60 \times 10^{-3}} = 10.7 \text{mol} \cdot \text{kg}^{-1}$$

答：该溶液的质量摩尔浓度为 $10.7 \text{mol} \cdot \text{kg}^{-1}$。

（4）物质的量分数（x_B） 在研究溶液的某些性质时，必须考虑溶质、溶剂的相对量，经常用溶质 B 的物质的量占溶液中各物质的量之和的比值，称为**物质的量分数**（也叫摩尔分数），以 x_B 表示。

$$x_B = \frac{n_B}{n} \tag{3-4}$$

式中 n_B——溶质 B 的物质的量，mol；

n——混合物总的物质的量，mol。

对于一个两组分的溶液来说，溶质的物质的量分数 x_B 与溶剂的物质的量分数 x_A 分别为：

$$x_B = \frac{n_B}{n_A + n_B}; \quad x_A = \frac{n_A}{n_A + n_B}; \quad x_A + x_B = 1$$

式中 x_B——溶质 B 的物质的量分数；

x_A——溶剂 A 的物质的量分数；

n_A——溶剂 A 的物质的量。

【例 3-3】 0.5mol 乙醇（C_2H_5OH）溶于 2mol 水中，求乙醇的物质的量分数。

解：根据物质的量分数公式得

$$x_{C_2H_5OH} = \frac{n_{C_2H_5OH}}{n_{C_2H_5OH} + n_{H_2O}} = \frac{0.5}{0.5 + 2} = 0.2$$

答：乙醇的物质的量分数为 0.2。

此外，常用于化工生产和实验室还有比例浓度。如 1∶1 的盐酸就是指 1 体积盐酸和 1 体积水之比。

三、电解质溶液

在水溶液中或熔融状态下能导电的化合物称为**电解质**，不能导电的化合物称为**非电解质**。根据电解质在水溶液中导电能力的强弱又可分为**强电解质**和**弱电解质**。酸、碱等无机化合物都是电解质，其中强酸、强碱都是强电解质，如 HCl、NaOH 等；弱酸、弱碱是弱电解质，如 CH_3COOH、$NH_3 \cdot H_2O$ 等。有机化合物中的羧酸、酚和胺等大多是弱电解质。

1. 解离度

不同的电解质在水溶液中解离的程度不同，解离的大小常用解离度表示。**解离度**是指溶液中已解离的电解质的物质的量占解离前电解质物质的量的百分数，用 α 表示。

$$\alpha = \frac{\text{已解离的物质的量}}{\text{解离前的物质的量}} \times 100\% \tag{3-5}$$

弱电解质在水中只有部分解离，解离度较小，在水溶液中存在解离平衡；而强电解质在水中解离比较完全，在水溶液中不存在解离平衡。

2. 强电解质

（1）**强电解质** 在水溶液中能完全解离的物质称为强电解质。理论上，强电解质在水溶液中的解离度应该是 100%，但根据溶液导电性实验所测得的强电解质在溶液中的解离度都小于 100%，而且随着浓度的增大而降低。为什么会出现强电解质电离不完全的假象呢？1923 年德拜（Debye）和休克尔（Hückel）提出强电解质离子相互作用而形成"离子氛"的概念，解释了造成这种现象的原因。虽然强电解质在水溶液中是完全解离的，但由于离子间的相互作用，每个离子都被带异号电荷的离子所包围，形成"离子氛"。溶液中离子的不断运动，使"离子氛"被拆散，但又随时形成。由于"离子氛"的存在，溶液的导电性就要比理论上的低一些，产生了一种解离不完全的假象。

可见，强电解质解离度与弱电解质的解离度有着不同的涵义，弱电解质的解离度表示解离了的分子百分数，而强电解质的解离度仅反映溶液中离子间相互牵制作用的强弱程度，称为**表观解离度**。表 3-3 中列出了几种常见强电解质的表观解离度。

表 3-3 部分强电解质的表观解离度（298K，0.10 mol·L^{-1}）

电解质	KCl	ZnSO$_4$	HCl	HNO$_3$	H$_2$SO$_4$	NaOH	Ba(OH)$_2$
表观解离度/%	86	40	92	92	61	91	81

（2）**活度和活度系数** 为了定量描述电解质溶液中离子间的牵制作用，引入活度的概念。单位体积电解质溶液中，表观上所含有的离子浓度称为**活度**，也称**有效浓度**。活度 a 与实际浓度 c 的关系为：

$$a = fc \tag{3-6}$$

f 称为活度系数，它反映了电解质溶液中离子相互牵制作用的大小，溶液越浓，离子电荷越高，离子间的牵制作用越大，f 就越小，活度和浓度间的差距越大，反之亦然。当溶液浓度极稀时，离子间相互作用极微，$f \to 1$，此时活度与浓度基本趋于一致。

（3）**离子强度** 某离子的活度系数不仅受它本身浓度和电荷的影响，还受溶液中其他离子的浓度及电荷的影响，为了说明这些影响，引入离子强度的概念。

$$I = \frac{1}{2}(c_1 Z_1^2 + c_2 Z_2^2 + c_3 Z_3^2 + \cdots) \tag{3-7}$$

I 为离子强度，c_1、c_2、c_3 及 Z_1、Z_2、Z_3 等分别表示各离子的浓度（用质量摩尔浓度表示，稀溶液也可用物质的量浓度表示）及电荷数（绝对值）。离子强度是溶液中存在的离子所产生的电场强度的量度。它仅与溶液中各离子的浓度和电荷有关，而与离子本性无关。

3. 弱电解质

在水溶液中只有部分解离的化合物称为弱电解质。弱电解质在水溶液中大部分是以分子的形式存在，只有部分解离成离子，如 H$_2$O、CH$_3$COOH、NH$_3$ 等物质。弱酸弱碱等弱电解质在水溶液中存在着解离平衡。如：

$$CH_3COOH \rightleftharpoons H^+ + CH_3COO^-$$

$$NH_3 + H_2O \rightleftharpoons NH_4^+ + OH^-$$

关于弱酸弱碱等弱电解质的解离平衡我们将在第五章进行详细讨论。

第二节 稀溶液的依数性

研究发现，在挥发性溶剂中加入难挥发性溶质后，它们所表现的一类性质是相同的，这类性质只与溶液的组成有关，而与溶质的本性无关。包括稀溶液的蒸气压下降、凝固点降低、沸点升高和产生渗透压等。这类性质的改变大小取决于一定量的溶剂中加入溶质的量的多少。但这些性质的变化规律仅仅适用于难挥发的非电解质稀溶液，这一类性质称为**稀溶液依数性**。

一、溶液的蒸气压下降

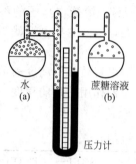

图 3-2 溶液蒸气压下降
(a) 纯溶剂水的气-液平衡；
(b) 蔗糖溶液的气-液平衡

在单位时间内由液面蒸发的分子数和由气相中回到液体中的分子数相等时，气、液两相处于动态平衡状态，这时蒸汽的压力叫做该液体的**饱和蒸气压**。在一定温度下，任何纯溶剂都有一定的饱和蒸气压。若在纯溶剂中加入一定量的难挥发性溶质，由于溶剂摩尔分数下降，使单位面积上的溶剂分子数减少，同时溶质分子和溶剂分子的相互作用，也阻碍了溶剂的蒸发。因此，在单位时间内从溶液中蒸发出来的溶剂分子要比纯溶剂少。结果在蒸发和凝聚达到平衡时，溶液的蒸气压必然比纯溶剂的蒸气压小，即溶液的**蒸气压下降**。难挥发非电解质稀溶液的蒸气压小于纯溶剂的蒸气压，如图 3-2 所示。

在图 3-2 中，对于纯溶剂水的气-液平衡体系，当温度一定时，可测出该温度下的纯溶剂蒸气压；对于蔗糖溶液的气-液平衡体系，其液面被难挥发性溶质——蔗糖分子占据，单位时间内由稀溶液液面逸出的水分子数小于由纯溶剂——水液面逸出的水分子数，致使蔗糖溶液的蒸气压小于纯溶剂水的蒸气压。压差可借助压力计来量度。

1887 年法国物理学家拉乌尔（F. M. Raoult）通过大量的实验得出一条关于溶剂蒸气压的规律。指出：**在一定温度下，难挥发非电解质稀溶液的蒸气压等于纯溶剂的蒸气压乘以溶剂在溶液中的摩尔分数**。其表达式为：

$$p = p_A^* x_A \tag{3-8}$$

式中　p——溶液的蒸气压，Pa；

　　　p_A^*——纯溶剂的蒸气压，Pa；

　　　x_A——溶剂的摩尔分数。

对于一个两组分的系统来说，设 x_B 为溶质的摩尔分数，由于 $x_A + x_B = 1$，即 $x_A = 1 - x_B$，所以

$$p = p_A^* x_A = p_A^* (1 - x_B) = p_A^* - p_A^* x_B$$
$$\Delta p = p_A^* - p = p_A^* x_B \tag{3-9}$$

式中　Δp——溶液蒸气压的下降值；

　　　x_B——溶质的摩尔分数。

二、溶液沸点升高

液态物质的沸点是指液态物质的饱和蒸气压等于外界压力时的温度。液体的沸点是随外界压力而改变的，通常所指的沸点是指外压为 101.325kPa 时的沸点，也称正常沸点。例如水在 100℃ 时的蒸气压恰好是 101.325 kPa，所以水的正常沸点是 100℃。高原地区由于空气稀薄，气压较低，所以水的沸点低于 100℃。

由于难挥发非电解质稀溶液的蒸气压比纯溶剂的蒸气压低，所以温度达到纯溶剂的沸点时，溶液不能沸腾。为了使溶液在此压力下沸腾，就必然要使溶液的温度升高，促使溶剂分子热运动加剧，以增加溶液的蒸气压。只有当溶液的蒸气压达到外界大气压（101.325 kPa）

时，溶液才会沸腾（图 3-3）。溶液的沸点高于纯溶剂的沸点，这种现象称为**沸点升高**。

溶液沸点升高的真正原因是溶液的蒸气压下降。由拉乌尔定律可知，难挥发非电解质稀溶液的蒸气压下降 Δp 与溶液的质量摩尔浓度成正比，因而难挥发非电解质稀溶液的沸点升高也与溶质的质量摩尔浓度成正比，即

$$\Delta T_b = K_b b_B \quad (3-10)$$

式中　ΔT_b——溶液的沸点升高值；
　　　K_b——溶剂的沸点升高常数，$K \cdot kg \cdot mol^{-1}$；
　　　b_B——溶质的质量摩尔浓度。

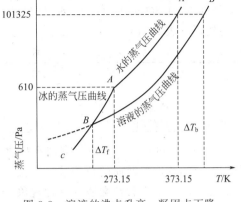

图 3-3　溶液的沸点升高，凝固点下降

因为溶液沸腾后，随溶剂不断蒸发，溶液的浓度不断增大，所以与纯液体不同，溶液在沸腾时沸点不能保持恒定而是不断提高。

三、凝固点下降

液态物质的凝固点是指液态物质和它的固态物质蒸气压相等时的温度，即液相和固相达到平衡共存时的温度。在 101.325kPa 和 273.15K 时，水和冰两相能平衡共存，所以该温度即为水的凝固点。

在纯水中加入少量电解质后，因形成溶液其蒸气压下降，而固体冰的蒸气压仍维持不变，所以在 273.15K 时，溶液的蒸气压小于冰的蒸气压，溶液和冰不能共存，此时，冰要融化。冰的融化为吸热过程，系统温度降低，冰和溶液的蒸气压也都随之下降。但冰的蒸气压下降的幅度大于溶液的蒸气压下降的幅度（图 3-3），某一温度时，冰和溶液的蒸气压再次达到相等，两相平衡共存，此时的温度即为溶液的凝固点。显然，溶液的凝固点低于纯溶剂的凝固点，这种现象称为**凝固点下降**。

溶液的凝固点下降也是由溶液的蒸气压下降造成的。溶液越浓，溶液的蒸气压下降越多，凝固点下降越大。同理，非电解质稀溶液的凝固点下降也与溶质 B 的质量摩尔浓度成正比，即

$$\Delta T_f = K_f b_B \quad (3-11)$$

式中　ΔT_f——溶液凝固点的下降值；
　　　K_f——溶剂凝固点降低常数，$K \cdot kg \cdot mol^{-1}$。

表 3-4 中列出了常用溶剂的 K_b 和 K_f。

表 3-4　常用溶剂的 K_b 和 K_f

溶剂	K_b(273K)	K_f(273K)	溶剂	K_b(273K)	K_f(273K)
水	0.512	1.86	醋酸	3.07	3.9
乙醇	1.22	—	氯仿	3.63	—
苯	2.53	5.12	乙醚	2.02	—

研究表明，植物的抗旱性和耐寒性与溶液蒸气压下降及凝固点下降密切相关。当植物所处的环境温度发生较大改变时，植物细胞中的有机体就会产生大量的可溶性碳水化合物来提高细胞液的浓度。由于细胞液浓度增加，细胞液的蒸气压下降较大，使植物水分蒸发减少，因此表现出一定的抗旱能力。同时，细胞液浓度越大，其凝固点下降越大，使细胞能在较低

的温度环境中不结冰，表现出一定的耐寒能力。

下面将 0.500mol·L⁻¹ 糖水、0.500mol·L⁻¹ 尿素溶液的沸点、冰点和密度与纯溶剂水作比较，见表 3-5。

表 3-5 某些稀溶液的性质

物　　　质	沸点/℃	冰点/℃	密度(20℃)/g·cm⁻³
纯水	100	0	0.9982
0.500mol·L⁻¹ 糖水	100.27	−0.93	1.0687
0.500mol·L⁻¹ 尿素溶液	100.24	−0.94	1.0012

由表 3-5 可见，稀溶液与溶剂水相比，沸点升高，冰点下降。沸点升高、冰点下降的数值与溶液的浓度（溶质的粒子数）有关，与溶质的本性无关。

在实际生活中常常会遇到这种现象，例如汽车水箱里加入乙二醇以防止水的冻结，盐和冰的混合物可作为制冷剂；而对于含有植物油量大的汤其沸点要高于水的沸点，可以解释为汤是含有盐的水溶液，其沸点要大 100℃，因此喝时感到格外的烫。

四、溶液的渗透压

1. 渗透现象及渗透压

渗透性是指分子或离子透过半透膜的性质。半透膜是一种多孔性的薄膜，选择性的允许某些粒子通过。具有这种性质的膜有猪的膀胱、肠衣、植物的细胞壁等。这里所研究的渗透是特指溶剂分子透过半透膜，由纯溶剂向溶液或由较稀溶液一侧向较浓溶液一侧渗透的现象。

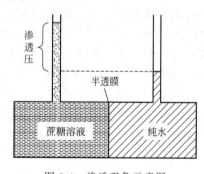

图 3-4 渗透现象示意图

将蔗糖溶液和水用理想半透膜（只允许水通过而不允许溶质通过的薄膜）隔开，并使膜两侧的液面相平，经过一段时间后会发现，蔗糖一侧的液面升高，而纯水一侧液面降低，如图 3-4 所示。这说明溶剂分子通过半透膜进入到了溶液中。这种溶剂分子从一个液相通过半透膜向另一个液相自动扩散的过程称为**渗透**。

产生渗透现象的原因是由于单位体积内纯溶剂中的溶剂分子数大于溶液中的溶剂分子数。在单位时间内，由纯溶剂通过半透膜进入溶液的溶剂分子数比由溶液中进入纯溶剂的多，而溶质分子不能通过半透膜，致使溶液的液面升高。液面升至一定高度后，纯水压力增大，使膜两侧水分子向相反方向扩散的速度相等，这时液面不再升高，即单位时间内水分子从纯水进入蔗糖溶液的数目与从蔗糖溶液进入纯水的数目相等，体系就建立起一个动态平衡，这种平衡称为**渗透平衡**。当蔗糖液面高度不再发生变化时，若要使两边的液面相同，就得在蔗糖液面上外加压力，我们把这种外加压力称为该溶液的**渗透压**，用 Π 表示。

$$\Pi = c_B RT \tag{3-12}$$

式中　Π——溶液的渗透压，kPa；

c_B——溶液的物质的量浓度，mol·L⁻¹；

T——体系的温度，K。

可见，产生渗透现象必须具备两个条件：一是有半透膜；二是膜内外两种溶液的浓度不同。如果膜两侧为浓度不等的两个溶液，也能发生渗透现象。溶剂（水）渗透的方向为：从稀溶液向浓溶液渗透。

2. 渗透压的应用

渗透现象在动植物有机体的生理过程中有着重要的作用。众所周知，细胞膜是一种容易透水而几乎不能透过溶解于细胞液中物质的薄膜。当水流入细胞中，产生过剩的压力，将细胞稍微绷紧，并使之保持紧张的状态，这就是植物的柔软组织如草茎、叶片、花瓣等都具有弹性的原因。如果割断植物，则由于水的蒸发，细胞液的体积缩小，细胞膜便萎缩，植物因此枯萎。但只要将刚开始枯萎的植物放在水中，渗透作用立即开始，细胞膜重新绷紧，植物便基本上恢复原状。

渗透压在医学上具有重要意义，是促进水在人体中运动的主要力量，人体血液的平均渗透压约为 7.8×10^5 Pa。临床实践中，对患者输液常用 0.9% 氯化钠溶液和 5% 葡萄糖溶液，这是由体液的渗透压所决定的。这两种溶液的渗透压和血浆总的渗透压基本相等，称为**等渗溶液**。倘若所输体液浓度稀，水流入红细胞内，使红细胞肿胀以致细胞膜破裂，引起渗透性溶血，将所输浓度稀的溶液称为**低渗溶液**；倘若输入体液浓度高，红细胞内的水向外流，溢入血浆中，红细胞失水，细胞膜发生折叠，成为所谓曼陀罗果形，所输浓度高的溶液称为**高渗溶液**。

0.9% 氯化钠溶液和 5% 葡萄糖溶液，对于红细胞和血浆都是等渗的。因此在输液时，既不会发生渗透性溶血又不会使细胞皱缩，红细胞处于最佳的生理状态，可见注射或静脉输液时，必须使用与体液渗透压相等的等渗溶液，否则由于渗透作用，可引起血球膨胀或萎缩而产生严重的后果。

第三节 胶 体

胶体分散系是由颗粒在 1~100nm 的分散质组成的系统，它在工农业生产和科学研究上都具有重要的作用。它可分为两类：一类是胶溶液，又称为溶胶，是由小分子、原子或离子聚集成较大颗粒而形成的多相系统，如简单的化合物 $Fe(OH)_3$ 和 As_2S_3 溶胶等；另一类是高分子溶液，它是由一些高分子化合物所组成的溶液。如许多蛋白质与其大分子能形成胶体溶液。高分子化合物由于其结构较大，整个分子大小属于胶体分散系，因此表现出许多与胶体相同的性质。胶体对于研究生命科学显得格外重要，人体的组织和细胞实际上都是胶态的，其中发生的反应涉及胶体化学。

这里所讲的胶体是指以水作为分散剂，固体物质为分散质所形成的胶体溶液。

一、胶体的性质

1. 光学性质——丁达尔效应

英国科学家丁达尔（Tyndall）在 1869 年发现，当一束光通过透明的溶胶时，在与光线垂直的方向上可以观察到一条发亮的圆锥状光柱（见图 3-5），这一现象称为**丁达尔效应**，丁达尔效应是胶体所特有的现象。

图 3-5 胶体的光学性质

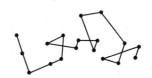

图 3-6 布朗运动

丁达尔效应的形成与物质对光的散射现象有关。当光照射物质时，若光的波长略大于微粒直径，则会发生明显的散射现象，每个微粒就成为一个发光点，从物质的侧面观察，即可看到一条光柱。当可见光照射到胶体时，由于可见光的波长为400～760nm，胶体的粒径为1～100nm，故会有明显的丁达尔效应。若用可见光照射溶液，因溶液的粒径小于1nm，远小于光的波长，所以溶液不会发生明显的散射，也观察不到丁达尔效应，这样就可以根据能否发生丁达尔效应来区分胶体和溶液。

2. 动力学性质——布朗运动

在超显微镜下，观察到胶体粒子不断地做无规则的运动，这是英国植物学家布朗（Brown）在1827年观察花粉悬浮液时首先看到的，故称这种运动叫**布朗运动**（见图3-6）。由于周围分散剂的分子从各个方向不断地撞击这些胶粒，而在每一瞬间受到的撞击力在各个方向是不相同的，因而胶体处于不断的、无秩序的运动状态。

3. 电化学性质——电泳现象

在溶胶中插入正、负两个电极，通入直流电，可以看到溶胶粒子会发生定向迁移。溶胶能产生电泳现象说明溶胶粒子是带电的。可以通过溶胶粒子在电场中迁移的方向来判断溶胶的带电性。

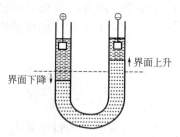

图3-7 电泳示意图

在一支U形管中注入红褐色的$Fe(OH)_3$溶胶，在U形管的两端各插入一个电极，如图3-7所示。通电一段时间后，发现U形管内阴极一端的溶胶界面上升，阳极一端溶胶界面下降。这表明$Fe(OH)_3$溶胶粒子带正电荷，在外加电场的作用下向阴极移动。这种在外加电场作用下，带电溶胶粒子发生定向移动的现象称为**电泳**。从电泳的方向可以判断胶粒所带电荷。溶胶向正极迁移，胶粒带负电，称为**负溶胶**，如金属硫化物、硅酸、金、银、土壤等多数情况下带负电；溶胶向负极迁移，胶粒带正电，称为**正溶胶**，如多数金属氢氧化物的胶体溶液带正电。

二、胶体的结构

胶体的性质与其内部结构有关。在胶体溶液中，首先是许多个中性分子聚集成直径为1～100nm的粒子，构成有晶体结构的核心，称为**胶核**，胶核本身不带电。胶核选择性吸附某种离子而使其表面带有电荷。这种决定胶核表面电位的离子称为**电位离子**。在溶液中分散着与电位离子带相反电荷的离子称为**反离子**。反离子一方面受静电吸引有靠近胶核的趋势，另一方面，由于离子的热运动，又有远离胶核的趋势。当这两种作用达到平衡时，一部分反离子紧紧吸附在胶核表面，并在电泳时一起移动，这部分反离子和胶核表面的电位离子一起形成的带电层，叫**吸附层**。胶核和吸附层构成胶粒。另一部分反离子分布在胶粒的周围，离胶粒近处较多，离胶粒远处较少，形成与吸附层电荷符号相反的另一个带电层，叫**扩散层**。这样，在胶粒表面由电性相反的吸附层和扩散层构成双层，统称为**双电层结构**（图3-8）。

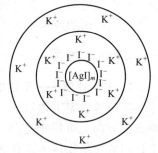

图3-8 AgI胶团结构示意图

例如，用稀$AgNO_3$与过量的稀KI溶液反应来制备AgI溶胶，其溶胶结构示意图如图3-8所示。在AgI溶胶中，由m个AgI分子聚集成胶核，胶核选择性地吸附了n个I^-（$m \gg n$），同时还紧密吸附了$(n-x)$个K^+，便形成了胶粒。扩散层中有x个K^+。AgI溶胶的胶团结构，也可用简式表示如下：

$$[(AgI)_m \cdot nI^- \cdot (n-x)K^+]^{x-} \cdot xK^+$$

胶核　电位离子　反离子　　　反离子
　　　　　　吸附层　　　扩散层(带电荷)
　　　　胶粒(带电荷)
　　　　　　胶团(电中性)

运用胶体的结构可以揭示电泳现象的本质。由于 $Fe(OH)_3$ 胶体溶液的胶粒是带正电荷的，在外加电场的作用下，带正电荷的胶粒向阴极移动，因此阴极附近的溶胶颜色逐渐变深，反离子向阳极移动，致使胶体溶液颜色逐渐变浅。倘若用 As_2S_3 胶体溶液做电泳实验，通电后，带负电荷的 As_2S_3 胶粒向阳极移动，因此阳极附近的胶体溶液颜色逐渐变深，反离子向阴极移动，致使胶体溶液颜色逐渐变浅。

三、胶体的破坏

胶体和粗分散系不同，有相当大的稳定性。这是由于胶粒带有相同的电荷，于是在胶粒间产生了一定的静电斥力，从而阻止它们互相接触而聚沉。另一方面，由于胶粒较小，能不停地做无规则运动，致使吸附在胶粒表面的粒子水化，形成一层水化膜，这也阻止了胶粒聚沉。一般而言胶体是稳定的，所以金溶胶一百多年不聚沉，牛奶也是一种稳定的胶体。

实际上，胶体的稳定性是相对的、有条件的。一旦在胶体溶液中加入强电解质、加入异电荷的溶胶或加热都会促使胶粒聚沉。通常往 As_2S_3 溶胶或 $Fe(OH)_3$ 溶胶中，分别加入少量电解质溶液如硫酸钠溶液时，由于电解质的加入，体系内正负离子的总浓度大大地增高，因此给带电的胶粒创造了吸引异号离子的条件，这样胶粒原来所带的电荷就逐渐被中和，甚至完全中和，胶粒间斥力大大减小，以至胶粒互相碰撞后引起聚集、变大而聚沉。实验证明，对于胶粒带正电荷的胶体溶液吸附电解质中的阴离子；反之，对于胶粒带负电荷的胶体溶液吸附电解质中的阳离子，正、负电荷中和，最后聚沉。在加热的条件下，由于增加了胶粒的碰撞，同样可以破坏胶体的稳定性而聚沉。

知识阅读

海水淡化路不远

海洋是生命的摇篮，海水不仅是宝贵的水资源，而且蕴藏着丰富的化学资源。加强对海水（包括苦咸水）资源的开发利用，进行海水淡化，是解决沿海和西部苦咸水地区淡水危机和资源短缺问题的重要措施，是实现国民经济可持续发展战略的重要保证。

我国是淡水资源紧缺的国家之一，近年来，由于人口的大量增长，经济的快速发展，我国不少地区缺水形势日益严峻。尤其是部分经济发达、人口密集、在国民经济中占有举足轻重地位的沿海地区，人均水资源量都低于 $500m^3$，因此，发展海水替代淡水，对解决城市水资源紧缺意义重大。

由于国内建设一个日产万吨的海水淡化工厂，需要投资 1.7 亿元，产水成本每吨 7 元，而其中电价成本接近 6 元，因此，目前我国的海水淡化应用还只是在西沙、南沙、长山岛等严重缺水的海岛开展。为尽快实现海水淡化产业化，国家正着手支持"海水资源利用技术产业化示范工程项目"建设，海水淡化和海水直接利用被我国政府列为重点发展的海洋新兴产业。日产千吨的反渗透海水淡化工程已在山东长岛和浙江嵊泗启动，下一步我国将设计万吨级海水淡化工程。

实践证明，利用现代科学技术进行海水淡化，确实是解决沿海城市和海岛淡水资源缺乏的有效途径。海水淡化后得到的饮用水不仅水质符合国家标准，而且比我国某些大城市的自来水水质要好。对海岛来说，海水淡化的成本比大陆运水成本低得多。目前，世界上通过海水淡化日产水量已达2300万吨，并以10%～30%的年增长率攀升，世界海水淡化市场年成交额已达数十亿美元。

海水淡化需要先进的技术支持，海水淡化中广泛使用的电渗析和反渗透及纳滤淡化海水等核心技术都要靠一张膜来完成，这种液体分离膜是由高分子材料制成的。在通常情况下，海水中的盐类是以离子形式存在的，钠带正电为正离子，氯带负电子为负离子。海水中正负离子所带电荷总量相等，所以海水不显电性。海水在通电的情况下，正离子受负极吸引向负极移动，负离子受正极吸引向正极移动。海水淡化的工作原理是，利用了海水中的离子在直流电场作用下可以定向迁移的现象，借助具有选择透过性的离子交换膜，使海水得到分离。这样如果把在两个电极之间用交替排列着的阴、阳离子交换膜分成许多室时，淡水和被浓缩的海水就会间隔地被分开，把淡化室中的水分别汇集起来，就可以得到所要的淡水。

我国自行设计开发的反渗透海水淡化技术，从海水中生产1吨淡水的能耗达到国际上5.5度电的水平，由于采用了国际先进的复合膜材料，使海水只通过一级脱盐，就可生产出优质的饮用水。

习 题

一、选择题

1. 将98%的市售浓硫酸500g缓慢加入200g水中，所得到的硫酸溶液的质量分数是（ ）。
   A. 49%　　B. 24.5%　　C. 19.6%　　D. 70%

2. 浓度为36.5%（密度为1.19g·cm^{-3}）的浓盐酸，其物质的量浓度为（ ）。
   A. $\dfrac{1000 \times 1.19 \times 36.5\%}{36.5}$　　B. $\dfrac{1000 \times 1.19 \times 36.5}{36.5\%}$
   C. $\dfrac{1 \times 1.19 \times 36.5\%}{36.5}$　　D. $\dfrac{36.5\% \times 1.19 \times 36.5}{1000}$

3. 将浓度为0.610mol·L^{-1}的硝酸溶液450mL，稀释为650mL，稀释后的硝酸的物质的量浓度为（ ）。
   A. 0.422mol·L^{-1}　　B. 0.0422mol·L^{-1}
   C. 4220mol·L^{-1}　　D. 42.3mol·L^{-1}

4. 溶解2.76g甘油于200g水中，凝固点下降为0.278K，则甘油的相对分子质量为（ ）。
   A. 78　　B. 92　　C. 29　　D. 60

二、问答题

1. 登山队员在高山顶上打开军用水壶时，为什么壶里的水会冒气泡？
2. 在农田施化肥时，化肥的浓度为何不能过浓，使用浓度很大的化肥将会产生什么后果？

三、填空题

1. 胶体的_____性质、_____性质和_____性质与它的结构有关。
2. $Fe(OH)_3$的胶团结构为_____，As_2S_3的胶团结构为_____。混合上述两种胶体（等体积），将会产生什么现象？
3. 写出下列弱酸在水中的解离方程式与K_a的表达式：
   A. 亚硫酸_____　　B. 草酸（$H_2C_2O_4$）_____
   C. 氢硫酸_____　　D. 氢氰酸（HCN）_____
   E. 亚硝酸（HNO_2）_____

四、计算题

1. 设0.10mol·L^{-1}氢氰酸（HCN）溶液的解离度为0.0079%，试求此时溶液的HCN的标准解离常数K_a。

2. 今欲配制 3% 的 Na_2CO_3 溶液（密度为 $1.03g \cdot cm^{-3}$）200mL，需要 $Na_2CO_3 \cdot 10H_2O$ 多少克？此溶液的浓度 c_B 为多少？

3. 将 100g 95% 的浓硫酸加到 400g 水中，稀释后溶液的密度为 $1.13g \cdot cm^{-3}$，计算稀释后溶液的质量分数、物质的量浓度及质量摩尔浓度。

4. 血红素 1.0g 溶于适量水中，配成 100cm^3 溶液。此溶液的渗透压为 0.366kPa（20℃时）。估算：（1）物质的量浓度；（2）血红素的相对分子质量。

5. 在 2.98g 水中溶解 25.0g 某未知物，该溶液 $\Delta T_f = 30K$。求该未知物的相对分子质量。

6. 医学上输液时，要求输入液体和血液的渗透压相等（即等渗溶液），临床上用的葡萄糖等渗溶液的冰点降低值为 0.543K，试求此葡萄糖溶液的质量分数和血液的渗透压（水的 $K_f = 1.86 K \cdot kg \cdot mol^{-1}$，葡萄糖的相对分子质量为 180，血液的温度为 310K）。

7. 20℃时将 15.0g 葡萄糖（$C_6H_{12}O_6$）溶于 200g 水。计算：（1）此溶液的凝固点（已知 $K_f = 1.86 K \cdot kg \cdot mol^{-1}$）；（2）在 101325Pa 压力下的沸点（已知 $K_b = 0.52 K \cdot kg \cdot mol^{-1}$）；（3）渗透压（假设物质的量浓度等于质量摩尔浓度）。

第四章 定量分析概述

■【知识目标】
1. 能了解准确度、精密度的概念及两者间的关系。
2. 能了解有效数字的概念，掌握有效数字的修约规则和运算规则。
3. 能清楚滴定分析法对滴定反应的要求与滴定方式。

■【能力目标】
1. 能准确读取、规范记录实验原始数据。
2. 能对各种测量或计量而得的数值进行有效数字修约及其运算。
3. 能正确操作滴定管，并能熟练地使用移液管、吸量管。

第一节 定量分析中的误差

定量分析的目的就是要准确测定试样中某物质的含量。但在测定中，即使用最可靠的分析方法，使用最精密的仪器，由很熟练的分析者进行测定，也不可能得到绝对准确的结果。同一个人对同一个样品进行多次测定，结果也不尽相同。这说明：在一定条件下，测量结果只能接近于真实值，而不能达到真实值；分析过程中的误差是客观存在的，是不可避免的。因此，需要找出误差产生的原因，研究避免误差的方法，以提高分析结果的准确度。

一、定量分析的结果评价

1. 准确度与误差

准确度是指分析结果与真实值的接近程度，以**误差**来表示。测定值大于真实值为正误差，反之，为负误差。误差越小，则分析结果的准确度越高，反之则低。测量值中的误差，有两种表示方法：绝对误差（E）和相对误差（RE）。**绝对误差**指测量值（x_i）与真实值（x_μ）之差。即

$$绝对误差 = 测量值 - 真实值$$
$$E = x_i - x_\mu \tag{4-1}$$

相对误差 RE 是指绝对误差占真实值的百分率：

$$相对误差 = \frac{绝对误差}{真实值} \times 100\%$$

$$RE = \frac{E}{x_\mu} \times 100\% \tag{4-2}$$

例如：用万分之一分析天平称量某试样两份，分别为 1.9562g 和 0.1950g。而两份试样

的真实值各为 1.9564g 和 0.1952g，计算它们的绝对误差分别为：

$$E_1 = 1.9562 - 1.9564 = -0.0002\text{g}$$
$$E_2 = 0.1950 - 0.1952 = -0.0002\text{g}$$

相对误差分别为：

$$RE_1 = \frac{-0.0002}{1.9564} \times 100\% = -0.01\%$$

$$RE_2 = \frac{-0.0002}{0.1952} \times 100\% = -0.1\%$$

从上述两组计算数据可见，两份试样的绝对误差相等，但相对误差不同。当被测定的量大时，相对误差小，测定的准确度高。反之，被测定的量小时，相对误差大，测定的准确度低。因此，绝对误差的数值并不能准确表达测得值的准确度，而采用相对误差来表示更为确切。

2. 精密度与偏差

在实际工作中，真实值常常是不知道的，因此无法求出分析结果的准确度，所以，一般用精密度来衡量分析结果的可靠程度。在相同条件下，多次平行测得结果彼此相接近的程度称**精密度**，以偏差表示。偏差分绝对偏差（d）和相对偏差（d_i）。单次测得值 x_i 与几次测定结果平均值 $\bar{x}$（通常是指算术平均值，即将测定值的总和除以测定次数。）的差值称为**绝对偏差**。

$$\text{绝对偏差} = \text{单次测定值} - \text{几次测定结果的平均值}$$

$$d = x_i - \bar{x} \tag{4-3}$$

$$\text{相对偏差} = \frac{\text{绝对误差}}{\text{测定结果的平均值}} \times 100\%$$

$$d_i = \frac{d}{\bar{x}} \times 100\% \tag{4-4}$$

绝对偏差和相对偏差也有正、负值。为正值时测定值偏高；为负值时，测定值偏低。

以上所述绝对偏差与相对偏差都是单次测定结果与平均值比较所得的偏差。对多次测定结果的精密度，常用平均偏差表示，平均偏差也分绝对平均偏差（$\bar{d}$）（简称平均偏差）和相对平均偏差（$\bar{d_i}$）。

$$\text{绝对平均偏差} = \frac{\text{单次测定绝对偏差的绝对值之和}}{\text{测定次数}}$$

$$\bar{d} = \frac{|d_1| + |d_2| + \cdots + |d_n|}{n} \tag{4-5}$$

$$\text{相对平均偏差} = \frac{\text{绝对平均偏差}}{\text{测定结果的平均值}} \times 100\%$$

$$\bar{d_i} = \frac{\bar{d}}{\bar{x}} \times 100\% \tag{4-6}$$

平均偏差与相对平均偏差都是正值。当测定所得数据的分散程度较大时，仅以其平均偏差还不能看出精密度好坏，需用标准偏差和变异系数来衡量精密度。

标准偏差是指个别测定的偏差平方值的总和除以测定次数减 1 后的开方值，也称为均方根偏差，以 s 表示。

$$s = \sqrt{\frac{\sum d_i^2}{n-1}} \tag{4-7}$$

相对标准偏差也称变异系数 CV，其计算式为

$$CV = \frac{s}{\bar{x}} \times 100\% \tag{4-8}$$

【例 4-1】 用基准物质无水 Na_2CO_3 标定 HCl 溶液的准确度（$mol \cdot L^{-1}$）所得数据为：0.2041，0.2049，0.2039，0.2043，计算分析结果的平均值（$\bar{x}$）、平均偏差、相对平均偏差。

解：（1）
$$\bar{x} = \frac{x_1 + x_2 + x_3 + \cdots + x_n}{n}$$
$$= \frac{0.2041 + 0.2049 + 0.2039 + 0.2043}{4}$$
$$= 0.2043$$

（2）$d_1 = -0.0002$，$d_2 = +0.0006$，$d_3 = -0.0004$，$d_4 = 0.0000$，则得
$$\bar{d} = \frac{|d_1| + |d_2| + |d_3| + |d_4|}{4}$$
$$= \frac{0.0002 + 0.0006 + 0.0004 + 0}{4}$$
$$= 0.0003$$

（3）相对平均偏差 $= \frac{\bar{d}}{\bar{x}} \times 100\% = \frac{0.0003}{0.2043} \times 100\% = 0.15\%$

答：平均值（$\bar{x}$）、平均偏差、相对平均偏差分别为 0.2043、0.0003 和 0.15%。

3. 精密度与准确度的关系

定量分析的结果可用准确度和精密度来评价，准确度是表示分析结果与真实值相接近的程度，它说明测量的可靠性和正确性。精密度是指相同条件下，多次平行分析结果相互接近的程度和重现性。

为了获得可靠的分析结果，在实际分析中，人们总是在相同条件下对试样平行测定几份，然后取平均值，如果几次测定的数据比较接近，表示分析结果的精密度高。那么准确度和精密度之间有什么关系呢？

例如：甲、乙、丙、丁 4 人分析同一试样（设其真实值为 10.15%），各分析 4 次，测定结果见图 4-1。由 4 人的分析结果来看，甲的分析结果准确度和精密度都好，结果可靠；乙是精密度高，准确度低；丙是精密度与准确度均差；丁是平均值接近于真实值处，但精密度不好，只能说这个结果是凑巧得来的，因此不可靠。

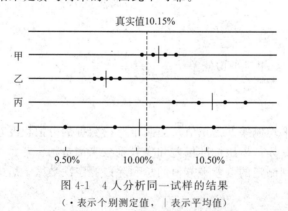

图 4-1 4 人分析同一试样的结果
（·表示个别测定值，|表示平均值）

由此可见，精密度是确保准确度的先决条件。精密度差，所测结果不可靠，就失去了测量准确度的前提。另外，精密度高不一定能保证准确度高，但可以找出精密而不准确的原

因,而后加以校正,才可以使测定结果既精密又准确,就可用精密度同时表达准确度。

4. 可疑值的取舍

在一系列的平行测定时,测得的数据总是有一定的离散性,这是由于随机误差所引起的,是正常的。特别大或特别小的数据,称为**离群值**,或**可疑值**。可疑值的取舍会影响测定结果的平均值,必须慎重。如果是实验操作、计算错误或疏忽造成的保留此数据,会影响平均值的可靠性。相反,如果随机误差造成的数据偏差较大,舍去此数值,则不能反映客观实际情况,再次测定,仍有可能出现。

对可疑值是弃去还是保留,实质上是区分随机误差和过失的问题,可用统计检验法来判断。通常可使用 Q 值检验法来确定可疑值的取舍,具体步骤如下:

(1) 将测定数据按从小到大顺序排列:x_1, x_2, x_3, ⋯, x_{n-1}, x_n。找出离群值 x_D(一般为 x_1 和 x_n)。

(2) 求出可疑值与其相邻的一个数据之差,然后除以最大值与最小值之差,计算舍弃商 $Q_{计}$ 值,即

$$Q_{计} = \frac{x_2 - x_1}{x_n - x_1}(检验\ x_1) \tag{4-9}$$

或:

$$Q_{计} = \frac{x_n - x_{n-1}}{x_n - x_1}(检验\ x_n)$$

(3) 比较 $Q_{计}$ 与 $Q_{表}$。如计算所得 $Q_{计}$ 值等于或大于表 4-1 中的一定置信度时的 $Q_{表}$ 值时,则该可疑值可以弃去。

表 4-1 Q 值表

n	3	4	5	6	7	8	9	10
$Q_{0.90}$	0.94	0.76	0.64	0.56	0.51	0.47	0.44	0.41
$Q_{0.95}$	0.97	0.84	0.73	0.64	0.59	0.54	0.51	0.49

【例 4-2】 测定 5 次某样品中钙的质量分数如下:40.12%、40.16%、40.18%、40.02%、40.20%。试用 Q 检验法检验并说明 40.02% 是否应该舍弃?

解:(1) 数据排序 40.02%、40.12%、40.16%、40.18%、40.20%

(2) 求 $Q_{计}$ 值 $Q_{计} = \dfrac{x_2 - x_1}{x_n - x_1} = \dfrac{40.12 - 40.02}{40.20 - 40.02} = 0.56$

(3) 查表 4-1,当 $n=5$ 时,$Q_{0.95}=0.73$,$Q_{0.95} > Q_{计}$,故 40.02% 这个数据应保留。

二、定量分析中误差来源

在图 4-1 的例中为什么乙做的结果精密度很好而准确度差呢?为什么每人所做的 4 次平行测定结果都有或大或小的差别呢?这是由于在分析过程中存在着各种性质不同的误差。

根据误差的性质和产生的原因,误差分为系统误差和偶然误差两大类。

1. 系统误差

系统误差是由于分析方法时某些固定原因造成的,在同一条件下重复测定时,它会重复出现,其值的大小和正负可以测定,所以又称可测误差。产生的原因主要有以下几个方面。

(1) 方法误差 这种误差是由于分析方法本身的某些不足而引起的。例如在滴定分析中,化学反应进行的不完全或有副反应、滴定终点与等当点不重合以及干扰离子的影响等,都会产生方法误差。

(2) 仪器误差 这种误差是由于测定仪器不够准确或未经校准所引起的误差。如分析天平两臂不等长、砝码生锈以及容量仪器的刻度不准等,都会产生此种误差。

（3）试剂误差　这种误差是指由于试剂或蒸馏水中含有微量杂质或干扰物质而引起的误差。

（4）操作误差　这种误差主要是指由于操作人员的主观因素所造成的误差。如不同的分析人员对滴定终点和颜色的判断，有的偏深，有的偏浅；滴定管读数偏高或偏低等。

2. 偶然误差

偶然误差是难以预料的某些偶然因素造成的，它的数值的大小、正负都难以控制，所以又称不可定误差、随机误差。如分析测定过程中，温度、湿度、气压的微小变动以及仪器性能的微小改变等都会引起测定数据的波动，从而产生偶然误差。在同一条件下多次测定所出现的随机误差，其大小、正负不定，是非单向性的，因此不能用校正的方法来减小或避免此项误差。

偶然误差是不能通过校正的方法减小的，但可通过增加平行测定次数来减小。在消除系统误差的前提下，随着测定次数的增多，其平均值将趋近于零，则多次测定结果的平均值将更接近于真实值。

注意：在测定过程中，由于分析人员不按操作规程办事和粗心大意所造成的误差，称为过失。如加错试剂、看错砝码、读错刻度、计算错误等，属于过失所得数据或结果，应弃去。

三、定量分析中误差的减免

从误差的分类和各种误差产生的原因看，只有熟练操作并尽可能地减少系统误差和随机误差，才能提高分析结果的准确度，减免误差的主要方法如下。

1. 对照试验

对照试验是检验系统误差的有效方法。把含量已知的标准试样或纯物质当作样品，按所选用的测定方法，与未知样品平行测定。由分析结果与已知含量的差值，便可得出分析误差；用此误差值对未知试样的测定结果加以校正。对照试验可用于减免分析方法、检验试剂是否失效或反应条件是否正常和分析仪器的误差。

2. 空白试验

在不加试样的情况下，按照实验的分析步骤和条件而进行的测定叫做空白试验，得到的结果称为"空白值"。从试样的分析结果中扣除空白值，就可以得到更接近于真实含量的分析结果。由试剂、蒸馏水、试验器皿和环境带入的杂质所引起的系统误差，可以通过空白试验来校正。空白值过大时，必须采取提纯试剂或改用适当器皿等措施来降低。

3. 校准仪器

在日常分析工作中，因仪器出厂时已进行过校正，只要仪器保管妥善，一般可不必进行校准。在准确度要求较高的分析中，对所用的仪器如滴定管、移液管、容量瓶、天平砝码等必须进行校准，求出校正值，并在计算结果时采用，以消除由仪器带来的误差。

4. 方法校正

某些分析方法的系统误差可用其他方法直接校正。例如，在重量分析中，使被测组分沉淀绝对完全是不可能的，必须采用其他方法对溶解损失进行校正。如在沉淀硅酸后，可再用比色法测定残留在滤液中的少量硅，在准确度要求高时，应将滤液中该组分的比色测定结果加到重量分析结果中去。

5. 进行多次平行测定

进行多次平行测定是减小随机误差的有效方法，随机误差粗看起来没有规律性，但事实上偶然中包含有必然，经过人们大量的实验发现，当测量次数很多时，随机误差的分布服从一般统计规律。

① 大小相近的正误差和负误差出现的机会相等，即绝对值相近而符号相反的误差是以同等的机会出现的。

② 小误差出现的频率较高，而大误差出现的频率较低。上述规律可用正态分布曲线图4-2表示，图中横坐标代表误差的大小，以标准偏差σ为单位，纵坐标代表误差发生的频率。

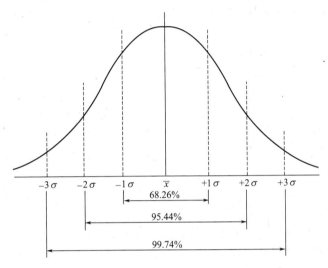

图 4-2　误差的正态分布曲线

可见在消除系统误差的情况下，平行测定的次数越多，则测得值的算术平均值越接近真实值。

应该指出，由于操作者的过失，如器皿不洁净、试液溅失、读数或记录差错而造成的错误结果，是不能通过上述方法减免的，因此必须严格遵守操作规程，认真仔细的进行实验，如发现错误测定结果，应予以剔除，不能用来计算平均值。

第二节　分析数据的处理

为了得到准确的分析结果，不仅要准确测量，而且还要正确记录和计算，即记录的数字不仅表示数量的大小，而且要正确地反映测量的精确程度。记录数据和计算结果究竟应该保留几位数字，必须根据测定方法和使用仪器的准确程度来决定。

一、有效数字

1. 有效数字的定义

分析工作中，实际上能测量到的数字称为有效数字。或者说，所有确定数字后加上最后一位不确定的数字就称为**有效数字**。对不确定数字允许有±1个单位的误差。

例如用通常的分析天平称某物体的质量为 0.3280g，这一数值中，0.328g 是准确的，最后一位数字"0"是可疑的；可能有上下一个单位的误差，即其真实质量在（0.3280±0.0001）g 范围内的某一数值。此时称量的绝对误差为±0.0001g；相对误差为：

$$\frac{\pm 0.0001}{0.3280} \times 100\% = \pm 0.03\%$$

若将上述称量结果记录为 0.328g，则该物体的实际质量将为（0.328g±0.001）g 范围内的某一数值，即绝对误差为±0.001g，而相对误差为 0.3％。可见，记录时在小数点后末尾多写一位或少写一位"0"数字，从数学角度看关系不大，但是记录所反映的测量精确度无形中被夸大或缩小了 10 倍。所以在数据中代表一定量的每一个数字都是重要的。这种在分析工作中实际能测量得到的数字称为有效数字。其末位一位是估计的、可疑的，是"0"也得记上。

2. 有效数字的位数

<u>有效数字位数</u>包括所有准确数字和一位估计读数。有效数字位数是从左侧第一个不为"0"的数字算起，有多少个数字，就为多少位有效数字。

数字"0"在数据中具有双重意义。若作为普通数字使用，它就是有效数字；若只起定位作用，它就不是有效数字。例如：

1.0002g	五位有效数字
0.5000g，27.03％，6.023×10^2	四位有效数字
0.0320g，1.06×10^{-5}	三位有效数字
0.0078g，0.30％	两位有效数字
0.2g，0.007％	一位有效数字

在 1.0002g 中间的三个"0"，0.5000g 中后边的三个"0"，都是有效数字；在 0.0078g 中的"0"只起定位作用，不是有效数字；在 0.0320g 中，前面的"0"起定位作用，最后一位"0"是有效数字。同样，这些数字的最后一位都是不定数字。

因此，在记录测量数据和计算结果时，应根据所使用的测量仪器的准确度，使所保留的有效数字中，只有最后一位是估计的"不定数字"。

分析化学中常用的一些数值，有效数字位数如下：

试样的质量	0.4370g（分析天平称量）	四位有效数字
滴定剂体积	18.34mL（滴定管读取）	四位有效数字
试剂体积	12mL（量筒量取）	两位有效数字
标准溶液浓度	$0.1000\text{mol}\cdot\text{L}^{-1}$	四位有效数字
被测组分含量	23.47％	四位有效数字
解离常数	$K_a=1.8\times10^{-5}$	两位有效数字
pH 值	5.40	两位有效数字

3. 有效数字修约规则

在计算一组准确度不同（即有效数字位数不同）的数据时，应按照确定了的有效数字将多余的数字舍弃，舍弃多余数字的过程称为"数字修约"。

目前，大多采用"四舍六入五成双"的规则对数字进行修约，这是我国关于数字修约的国家标准。即四要舍，六要入，五后有数就进位，五后没数看前方，前为奇数就进位，前为偶数（包括零）就舍光，无论舍去多少位，都要一次修停当。

例如，将下列数字修约成三位有效数字。

① 3.14159　　3.14　　　　② 2.71828　　2.72
③ 59.857　　59.9　　　　④ 45.354　　45.4
⑤ 42.75　　42.8　　　　⑥ 28.25　　28.2
⑦ 23.550　　23.6　　　　⑧ 27.451　　27.5

注意：① 一个数字的修约只能进行一次，不能分次修约。

② 使用计算器进行计算时，一般不对中间每一步骤的计算结果进行修约，仅对最后的结果进行修约，使其符合事先所确定的位数。

二、有效数字的运算规则

在进行有效数据运算时,为了保证最后运算结果只保留一位可疑数字,应遵守先修约、后运算的运算规则。

1. 加减运算

由于在加减运算中,误差按绝对误差方式传递,因此,运算结果的绝对误差应与各数中绝对误差最大者相对应,即以小数点位数最少的数字为标准。

例如:53.2、7.45 和 0.66382 相加,若各数据都按有效数字规定所记录,最后一位均是可疑数字,则 53.2 中的"2"已是可疑数字,三数相加后第一位小数已属可疑,它决定了总和的绝对误差。上述数据之和,其计算方法应该是:

$$53.2+7.45+0.66382=53.2+7.4+0.7=61.3$$

这是因为其中 53.2 的绝对误差最大为 ±0.1,它决定了总和的不确定性也在 ±0.1 的程度。所以在计算时各数都应以 53.2 为准,先修约到小数点后一位小数,再相加求和。

2. 乘除运算

由于在乘除法运算中,误差是按相对误差的方式传递的,因此,运算结果的相对误差应与各数中相对误差最大者相对应,即以有效数字位数最少的数字为准,而与小数点的位置无关。换句话讲,有效数字的位数取决于相对误差最大的数据的位数,即与有效数字位数最少的一致。例如:

$$\frac{0.0325 \times 5.1003 \times 60.06}{139.8} = \frac{0.0325 \times 5.10 \times 60.1}{140} = 0.0712$$

3. 复杂运算

复杂运算(对数、乘方、开方等)所取对数的位数应与真数有效数字位数相同,例如 $[H^+]=9.5 \times 10^{-6} mol \cdot L^{-1}$,$pH=5.02$。

第三节 滴定分析方法概述

一、滴定分析方法的原理

滴定分析法又称容量分析法,是用滴定的方法测定物质含量的一种方法。进行分析时,先将滴定剂配制成已知浓度的溶液——标准溶液,然后用滴定管将该标准溶液滴加到被测物质的溶液中,直到滴定剂与被测物质按化学计量关系定量反应完全为止,然后根据滴定剂的浓度和用量计算被测物质的含量。

已知准确浓度的试剂溶液称为**标准溶液**(又称滴定剂或滴定液)。将标准溶液滴加到被测物质溶液中的操作过程称为**滴定**。当加入的滴定剂与被测组分物质的量恰好符合化学反应式所表示的化学计量关系时,称为反应达到了**化学计量点**。在滴定过程中,当指示剂颜色突变而终止滴定时,称为**滴定终点**。由于滴定终点与化学计量点不一定恰好符合而造成的误差称为**终点误差**。

二、滴定分析的方法和方式

1. 滴定分析方法的分类

根据标准溶液和待测组分间的反应类型的不同,分为四类。

(1)酸碱滴定法 以酸碱中和反应为基础的一种滴定分析方法。例:

$$H^+ + OH^- \rightleftharpoons H_2O$$

(2) **沉淀滴定法** 以沉淀反应为基础的一种滴定分析方法。例：

$$Ag^+ + Cl^- \rightleftharpoons AgCl\downarrow \quad (白色)$$

(3) **氧化还原滴定法** 以氧化还原反应为基础的一种滴定分析方法。例：

$$Cr_2O_7^{2-} + 6Fe^{2+} + 14H^+ \rightleftharpoons 2Cr^{3+} + 6Fe^{3+} + 7H_2O$$

$$I_2 + 2S_2O_3^{2-} \rightleftharpoons 2I^- + S_4O_6^{2-}$$

(4) **配位滴定法** 以配位反应为基础的一种滴定分析方法。例：

$$Mg^{2+} + Y^{4-} \rightleftharpoons MgY^{2-} \quad (产物为配合物或配合离子)$$

$$Ag^+ + 2CN^- \rightleftharpoons [Ag(CN)_2]^-$$

2. 滴定分析 对化学反应的要求

① 必须具有确定的化学计量关系。即反应按一定的反应方程式进行，这是定量的基础。

② 反应必须定量地进行。通常要求达到 99.9% 以上。

③ 必须具有较快的反应速率。对于速率较慢的反应，有时可加热或加入催化剂来加速反应的进行。

④ 必须有适当简便的方法确定终点。

3. 滴定分析的滴定方式

(1) **直接滴定法** 用标准溶液直接进行滴定，利用指示剂或仪器测试指示化学计量点到达的滴定方式，称为<u>直接滴定法</u>。通过标准溶液的浓度及所消耗滴定剂的体积，计算出待测物质的含量。例如，用 HCl 溶液滴定 NaOH 溶液，用 $K_2Cr_2O_7$ 溶液滴定 Fe^{2+} 等。直接滴定法是最常用和最基本的滴定方法，如果反应不能完全符合上述反应的条件时，可以采用下述几种方式进行滴定。

(2) **返滴定法** 通常是在待测试液中准确加入适当过量的标准溶液，待反应完全后，再用另一种标准溶液返滴定剩余的第一种标准溶液，从而测定待测组分的含量，这种方式称为**返滴定法**。例如，Al^{3+} 与乙二胺四乙酸二钠二盐（简称 EDTA）溶液反应速率慢，不宜直接滴定，常采用返滴定法，即在一定的 pH 条件下与待测的 Al^{3+} 试液中加入过量的 EDTA 溶液，加热至 50~60℃，促使反应完全。溶液冷却后加入二甲酚橙指示剂，用标准锌溶液返滴定剩余的 EDTA 溶液，从而计算试样中铝的含量。

(3) **置换滴定法** **置换滴定法**是先加入适当的试剂与待测组分定量反应，生成另一种可被滴定的物质，再用标准溶液滴定反应产物。然后由滴定剂消耗量，反应生成的物质与待测组分的关系计算出待测组分的含量，这种方法称为置换滴定法。例如，用 $K_2Cr_2O_7$ 溶液标定 $Na_2S_2O_3$ 溶液的浓度时，是以一定量的 $K_2Cr_2O_7$ 在酸性溶液中与过量 KI 作用，析出相当量的 I_2，以淀粉为指示剂，用 $Na_2S_2O_3$ 溶液滴定析出的 I_2，进而求得 $Na_2S_2O_3$ 溶液的浓度。

(4) **间接滴定法** 某些待测组分不能直接与滴定剂反应，但可通过其他的化学反应，间接测定其含量，称为<u>间接滴定法</u>。例如，溶液中 Ca^{2+} 没有氧化还原的性质，但利用它与 $C_2O_4^{2-}$ 作用形成 CaC_2O_4 沉淀，过滤后，加入 H_2SO_4 使沉淀物溶解，用 $KMnO_4$ 标准溶液与 $C_2O_4^{2-}$ 作用，采用氧化还原滴定法可间接测定 Ca^{2+} 的含量。

三、基准物质与标准溶液

1. 基准物质

能用于直接配制或标定标准溶液的物质，称为**基准物质**。在实际应用中大多数标准溶液是先配制成近似浓度，然后用基准物质标定其准确浓度。

基准物质应符合以下要求：

① 物质必须具有足够的纯度，其纯度要求≥99.9%，通常用基准试剂或优级纯物质；

② 物质的组成（包括其结晶水含量）应与化学式相符合；

③ 试剂性质稳定；

④ 基准物质的摩尔质量应尽可能大，这样称量的相对误差就较小。

能满足上述要求的物质称为基准物质。在滴定分析中常用的基准物质有邻苯二甲酸氢钾（$KHC_8H_4O_4$）、$Na_2B_4O_7 \cdot 10H_2O$、无水 Na_2CO_3、$CaCO_3$、金属锌、金属铜、$K_2Cr_2O_7$、KIO_3、As_2O_3、NaCl 等，如表 4-2 所示。

表 4-2 常用基准物质的干燥条件及其应用

基准物质		干燥后的组成	干燥条件，温度/℃	标定对象
名称	分子式			
碳酸氢钠	$NaHCO_3$	Na_2CO_3	270～300	酸
十水合碳酸钠	$Na_2CO_3 \cdot 10H_2O$	Na_2CO_3	270～300	酸
硼砂	$Na_2B_4O_7 \cdot 10H_2O$	$Na_2B_4O_7$	放在装有 NaCl 和蔗糖饱和溶液的密闭器皿中	酸
二水合草酸	$H_2C_2O_4 \cdot 2H_2O$	$H_2C_2O_4$	室温空气干燥	碱或 $KMnO_4$
邻苯二甲酸氢钾	$KHC_8H_4O_4$	$KHC_8H_4O_4$	110～120	碱
重铬酸钾	$K_2Cr_2O_7$	$K_2Cr_2O_7$	140～150	还原剂
溴酸钾	$KBrO_3$	$KBrO_3$	130	还原剂
碘酸钾	KIO_3	KIO_3	130	还原剂
金属铜	Cu	Cu	室温干燥器中保存	还原剂
三氧化二砷	As_2O_3	As_2O_3	室温干燥器中保存	氧化剂
草酸钠	$Na_2C_2O_4$	$Na_2C_2O_4$	105～110	氧化剂
碳酸钙	$CaCO_3$	$CaCO_3$	110	EDTA
金属锌	Zn	Zn	室温干燥器中保存	EDTA
氧化锌	ZnO	ZnO	900～1000	EDTA
氯化钠	NaCl	NaCl	500～600	$AgNO_3$
氯化钾	KCl	KCl	500～600	$AgNO_3$
硝酸银	$AgNO_3$	$AgNO_3$	220～250	氯化物

2. 标准溶液的配制

<u>标准溶液</u>是已知准确浓度的试剂溶液，根据物质的性质，通常有两种配制的方法，即直接法和间接法。

（1）直接法 准确称取一定量的基准物质，溶解后定量转移入容量瓶中，加蒸馏水稀释至一定刻度，充分摇匀。根据称取基准物质的质量和容量瓶的容积，计算其准确浓度。

（2）间接法 对于不符合基准物质条件的试剂，不能直接配制成标准溶液，可采用间接法。即先配制成近似于所需浓度的溶液，然后用基准物质或另一种标准溶液来标定它的准确浓度。例如，HCl 易挥发且纯度不高，只能粗略配制成近似浓度的溶液，然后以无水碳酸钠为基准物质，标定 HCl 溶液的准确浓度。

（3）标准溶液浓度的表示法

① 物质的量浓度：指单位体积溶液中含溶质的物质的量。

② 滴定度：是指 1mL 滴定剂溶液相当于待测物质的质量（单位为 g），用 $T_{待测物/滴定剂}$ 表示。滴定度的单位为 $g \cdot mL^{-1}$。

四、滴定分析计算

滴定分析是用标准溶液滴定被测物质的溶液，溶液由于对反应物选取的基本单元不同，可以采用两种不同的计算方法。

假如选取分子、离子或原子作为反应物的基本单元，此时滴定分析结果计算的依据为：当滴定到化学计量点时，它们的物质的量之间关系恰好符合其化学反应所表示的化学计量关系。

1. 滴定分析计算依据

（1）待测物的物质的量 n_A 与滴定剂的物质的量 n_B 的关系　在滴定分析法中，设待测物质 A 与滴定剂 B 直接发生作用，则反应式如下：

$$aA + bB = cC + dD$$

当达到化学计量时，a mol 的 A 物质恰好与 b mol 的 B 物质作用完全，则 n_A 与 n_B 之比等于（他们的）化学计量数之比，即

$$n_A : n_B = a : b \tag{4-10}$$

例如，酸碱滴定法中，采用基准物质无水碳酸钠标定盐酸溶液的浓度时，反应式为：

$$2HCl + Na_2CO_3 = 2NaCl + H_2CO_3$$

根据式（4-10）得到

$$n_{HCl} = \frac{2}{1} n_{Na_2CO_3} = 2 n_{Na_2CO_3}$$

【例 4-3】　准确称取基准物无水 Na_2CO_3 0.1098g，溶于 20～30mL 水中，采用甲基橙作指示剂，标定 HCl 溶液的浓度，达到化学计量点时，用去 V_{HCl} 20.54mL，计算 c_{HCl} 为多少？（Na_2CO_3 的摩尔质量为 105.99g·mol^{-1}）

解：滴定反应如下

$$2HCl + Na_2CO_3 = H_2CO_3 + 2NaCl$$

因为

$$n_{HCl} = 2 n_{Na_2CO_3} = c_{HCl} V_{HCl}$$

$$n_{Na_2CO_3} = \frac{m_{Na_2CO_3}}{M_{Na_2CO_3}}$$

故

$$c_{HCl} = \frac{m_{Na_2CO_3}}{M_{Na_2CO_3} V_{HCl}} = \frac{2 \times 0.1098g}{105.99g \cdot mol^{-1} \times 20.54 \times 10^{-3}L} = 0.1009 mol \cdot L^{-1}$$

（2）稀释定律　因为溶液稀释后，浓度虽然降低，但所含溶质的物质的量没有改变。所以配制溶液时，如果是将浓度高的溶液稀释为浓度低的溶液，可采用下式计算：

$$c_1 V_1 = c_2 V_2 \tag{4-11}$$

式中　c_1, V_1——稀释前某溶液的浓度和体积；

c_2, V_2——稀释后所需溶液的浓度和体积。

待测物溶液的体积为 V_A，浓度为 c_A，到达化学计量点时消耗了浓度为 c_B 的滴定剂的体积为 V_B，则

$$c_A V_A = \frac{a}{b} c_B V_B \tag{4-12}$$

【例 4-4】　准确移取 25.00mL 的 H_2SO_4 溶液，用 0.09026mol·L^{-1} NaOH 溶液滴定，到达化学计量点时，消耗 NaOH 溶液的体积为 24.93mL，问 H_2SO_4 溶液的浓度为多少？

解：$2NaOH + H_2SO_4 = Na_2SO_4 + 2H_2O$

$$c_{H_2SO_4} V_{H_2SO_4} = \frac{1}{2} c_{NaOH} V_{NaOH}$$

$$c_{H_2SO_4} = \frac{c_{NaOH} V_{NaOH}}{2 V_{H_2SO_4}} = \frac{0.09026 mol \cdot L^{-1} \times 24.93 mL}{2 \times 25.00 mL} = 0.04500 mol \cdot L^{-1}$$

上述关系也能用于有关溶液稀释的计算。

实际应用中，常用基准物质标定溶液的浓度，而基准物质往往是固体，因此必须准确称取基准物的质量 m，溶解后再用于标定待测溶液的浓度。

2. 待测物含量的计算

若称取试样的质量为 m_S，测得待测物 A 的质量为 m_A，则待测物 A 的质量分数为

$$w_A = \frac{m_A}{m_S} \times 100\% \tag{4-13}$$

由式（4-10）得：

$$n_A = \frac{a}{b} n_B = \frac{a}{b} c_B V_B$$

又

$$n_A = \frac{m_A}{M_A}$$

即可求得待测物 A 的质量：

$$m_A = \frac{a}{b} c_B V_B M_A \tag{4-14}$$

则待测物 A 质量分数为：

$$w_A = \frac{\frac{a}{b} c_B V_B M_A}{m_s} \times 100\% \tag{4-15}$$

式（4-15）是滴定分析中计算被测物含量的一般通式。

【例 4-5】 称取工业纯碱试样 0.2648g，用 0.2000mol·L^{-1} 的 HCl 标准溶液滴定，用甲基橙为指示剂，消耗 V_{HCl} 24.00mL，求纯碱的纯度为多少？

解：

$$2HCl + Na_2CO_3 = H_2CO_3 + 2NaCl$$

$$n_{Na_2CO_3} = \frac{1}{2} n_{HCl}$$

$$w_{Na_2CO_3} = \frac{\frac{a}{b} c_{HCl} V_{HCl} M_{Na_2CO_3}}{m_s} \times 100\%$$

$$= \frac{\frac{1}{2} \times 0.2000 \text{mol} \cdot \text{L}^{-1} \times 24.00 \times 10^{-3} \text{L} \times 105.99 \text{g} \cdot \text{mol}^{-1}}{0.2648\text{g}} \times 100\% = 96.06\%$$

知识阅读

化学试剂的一般知识

化学试剂是指具有一定纯度标准的各种单质和化合物，对于某些用途来说，也可以是混合物。

随着化合物数目的增多，化学试剂的数量和品种正与日俱增。化学试剂基本上可分为无机化学试剂（无机物）与有机化学试剂（有机物）两大类。根据其用途，可分为通用试剂与专用试剂两类。

化学试剂的等级规格是根据不同的纯度来决定的，随着科学和工业的发展，对化学试剂的纯度要求也愈加严格，愈加专门化，因而出现了具有特殊用途的专用试剂。化学试剂的纯度级别及其类别和性质，一般在标签的左上方用符号注明，规格则在标签的右端，并用不同颜色的标签加以区别。

（1）一级品　即优级纯，又称保证试剂（符号 G.R.），我国产品用绿色标签作为标志，这种试剂纯度很高，适用于精密分析，亦可作基准物质用。

（2）二级品　即分析纯，又称分析试剂（符号 A.R.），我国产品用红色标签作为标志，纯度较一级品略差，适用于多数分析，如配制滴定液，用于鉴别及杂质检查等。

（3）三级品　即化学纯（符号 C.P.），我国产品用蓝色标签作为标志，纯度较二级品相差较多，适用于工矿日常生产分析。

（4）四级品　即实验试剂（符号 L.R.），我国产品用中黄色标签作为标志，杂质含量较高，纯度较低，在分析工作中常用作辅助试剂（如发生或吸收气体，配制洗液等）。

（5）基准试剂　它的纯度相当于或高于保证试剂，通常专用作容量分析的基准物质。称取一定量基准试剂稀释至一定体积，一般可直接得到滴定液，不需标定，基准品如标有实际含量，计算时应加以校正。

（6）光谱纯试剂（符号 S.P.）　杂质用光谱分析法测不出或杂质含量低于某一限度，这种试剂主要用于光谱分析中。

（7）色谱纯试剂　用于色谱分析。

（8）生物试剂　用于某些生物实验中。

（9）超纯试剂　又称高纯试剂。

在滴定分析中的基准物质至少应是二级品。用来确定滴定终点的指示剂其纯度往往不太明确，经常遇到的标签为蓝色的化学纯试剂。另外，生物化学中使用的生物试剂，其纯度的表示与化学试剂不同。例如：蛋白类试剂，经常以某种提纯方法来表示其纯度，如层析纯、电泳纯等。此外，相对于通用试剂，还有一些具有特殊用途的试剂，即专用试剂，如光谱纯试剂、色谱纯试剂、放射化学纯试剂及荧光试剂等。

试剂的纯度标准一般在标签的上端用符号标明。

习　题

一、问答题

1. 电光分析天平的分度值为 0.1mg/格，如果要求分析结果达到 1.0‰ 的准确度，问称取试样的质量至少是多少？如果称取 50mg 和 100mg，相对误差各是多少？

2. 分析天平的称量误差为 ±0.1mg，称样量分别为 0.05g、0.02g、1.0g 时可能引起相对误差是多少？这些结果说明什么问题？

3. 下列情况各引起什么误差，如果是系统误差，如何消除？

（1）称量试样时吸收了水分；

（2）试剂中含有微量被测组分；

（3）重量法测量 SiO_2 时，试样中硅酸沉淀不完全；

（4）称量开始时天平零点未调；

（5）滴定管读数时，最后一位估计不准；

（6）用 NaOH 滴定 CH_3COOH，选酚酞为指示剂确定终点颜色时稍有出入。

二、计算题

1. 将下列数据修约为三位有效数字：4.149、1.352、6.3612、22.5101、25.56、14.540。

2. 计算：(1) 0.213+31.24+3.06162；(2) 0.0223×21.78×2.05631。

3. 称取基准物 Na_2CO_3 0.1580g，标定 HCl 溶液的浓度，消耗 HCl 24.80mL，计算此 HCl 溶液的浓度为多少？

4. 称取铁矿石试样 0.3669g，用 HCl 溶液溶解后，经预处理使铁呈 Fe^{2+} 状态，用 $K_2Cr_2O_7$ 标准溶液标定，消耗 $K_2Cr_2O_7$ 28.62mL，计算以 Fe、Fe_2O_3 和 Fe_3O_4 表示的质量分数各为多少？

5. 称取草酸钠基准物 0.2178g 标定 $KMnO_4$ 溶液的浓度，用去 $KMnO_4$ 25.48mL，计算 c_{KMnO_4} 为多少？

6. $CaCO_3$ 试样 0.2500g，溶解于 25.00mL 0.2006mol·L^{-1} 的 HCl 溶液中，过量的 HCl 用 15.50mL 0.2050mol·L^{-1} 的 NaOH 溶液进行返滴定，求此试样中 $CaCO_3$ 的质量分数？

7. 分析不纯的碳酸钙（$CaCO_3$，其中不含干扰物质），称取试样 0.3000g，加入浓度为 0.2500mol·L^{-1} 的 HCl 标准溶液 25.00mL，煮沸除去 CO_2，用 0.2012mol·L^{-1} 的 NaOH 溶液返滴定过量的 HCl 溶液，消耗 NaOH 溶液 5.84mL，计算试样中 $CaCO_3$ 的质量分数。

8. 应在 500.0mL 0.08000mol·L^{-1} NaOH 溶液中加入多少毫升 0.5000mol·L^{-1} 的 NaOH 溶液，才能使最后得到的溶液浓度为 0.2000mol·L^{-1}？

第五章 酸碱平衡与酸碱滴定法

■【知识目标】
1. 理解酸碱质子理论。
2. 掌握一元弱酸、弱碱在水溶液中的质子转移平衡。
3. 理解同离子效应。
4. 掌握缓冲溶液的作用和组成、缓冲作用。

■【能力目标】
1. 能用酸碱滴定法测定物质的酸、碱含量。
2. 学会酸碱标准溶液的配制及标定方法。
3. 熟练掌握滴定的基本操作和指示剂的选择。

第一节 酸碱质子理论

　　酸和碱是矛盾对立的两个方面，它们相互依存并在一定条件下能够相互转化。经典的阿仑尼乌斯酸碱理论的核心是凡在水中电离出的阳离子全部是 H^+ 的化合物是酸；凡是在水中电离出的阴离子全部是 OH^- 的化合物是碱。随着人们对自然规律认识的不断发展，人们发现阿仑尼乌斯酸碱理论有一定的局限性，诸如 NH_4Cl、CH_3COONa 和 $NaHCO_3$ 等从组成上不符合阿仑尼乌斯酸碱定义的物质，它们在水溶液中却显酸性或碱性等。1923 年，丹麦的布朗斯特（J. N. Bronsted）和英国的劳莱（T. M. Lowry）同时独立地提出了酸碱的质子理论，从而扩大了酸碱的范围，更新了酸碱的含义。

一、酸碱质子理论

1. 酸碱的定义与共轭酸碱对

　　酸碱质子理论由丹麦化学家布朗斯特提出的，**酸碱质子理论认为**：凡是能给出质子（H^+）的物质称为酸；凡能接收质子（H^+）的物质称为碱。按照酸碱质子理论，CH_3COOH、HCl、HCO_3^-、NH_4^+、H_2O 等能给出质子，所以为酸；而 CH_3COO^-、OH^-、NH_3、CO_3^{2-}、HS^- 等能接受质子，所以为碱。它们之间的关系为：

$$酸 \rightleftharpoons 碱 + 质子$$
$$CH_3COOH \rightleftharpoons CH_3COO^- + H^+$$
$$NH_4^+ \rightleftharpoons NH_3 + H^+$$
$$HCO_3^- \rightleftharpoons CO_3^{2-} + H^+$$

　　CH_3COOH 能给出质子，为酸；CH_3COO^- 能接受质子，为碱；而碱 CH_3COO^- 接受质

子后变成相应的酸 CH_3COOH。CH_3COOH 与 CH_3COO^- 之间只差一个质子，称为**共轭酸碱对**，CH_3COOH 称为 CH_3COO^- 的**共轭酸**，CH_3COO^- 称为 CH_3COOH 的**共轭碱**。

酸碱质子理论扩大了经典的酸碱概念：

① 酸碱可以是中性分子，也可以是阳离子或阴离子；

② 根据酸碱质子理论，酸碱具有相对性，同一种物质在某对共轭酸碱体系中是碱，但在另一共轭酸碱对中是酸。例如：

$$H_2CO_3 \rightleftharpoons HCO_3^- + H^+, \quad HCO_3^- 为碱$$
$$HCO_3^- \rightleftharpoons CO_3^{2-} + H^+, \quad HCO_3^- 为酸$$

③ 质子理论中没有盐的概念。酸碱电离理论中的盐，在质子论中都可以是离子酸或离子碱。例如在质子理论中，NH_4Cl 中的 NH_4^+ 是酸，Cl^- 是碱。

常见共轭酸碱对及其酸碱强度顺序列于表5-1。

表5-1 常见共轭酸碱对及其酸碱强度顺序

酸强度	名称	酸化学式	共轭碱化学式	名称	碱强度
强 ↑	盐酸	HCl	Cl^-	氯离子	很弱
	硫酸	H_2SO_4	HSO_4^-	硫酸氢根	
	硝酸	HNO_3	NO_3^-	硝酸根	
	水合氢离子	H_3O^+	H_2O	水	
弱	硫酸氢根	HSO_4^-	SO_4^{2-}	硫酸根	弱
	磷酸	H_3PO_4	$H_2PO_4^-$	磷酸二氢根	
	氢氟酸	HF	F^-	氟离子	
	醋酸	CH_3COOH	CH_3COO^-	醋酸根	
	碳酸	H_2CO_3	HCO_3^-	碳酸氢根	
	氢硫酸	H_2S	HS^-	硫氢根	
	磷酸二氢根	$H_2PO_4^-$	HPO_4^{2-}	磷酸氢根	
	铵离子	NH_4^+	NH_3	氨	
	碳酸氢根	HCO_3^-	CO_3^{2-}	碳酸根	
	磷酸氢根	HPO_4^{2-}	PO_4^{3-}	磷酸根	
	水	H_2O	OH^-	氢氧根	
很弱	氢氧根	OH^-	O^{2-}	氧离子	强 ↓
	氢	H_2	H^-	负氢离子	
	甲烷	CH_4	CH_3^-	甲基负离子	

2. 酸碱反应

从酸碱质子理论可知，酸碱反应的实质是质子的传递过程，即质子从酸传递给碱。每个酸碱反应都由两个共轭酸碱对的半反应组成，酸1传递质子给碱2后，生成了碱1，而碱2得到质子后生成了酸2。酸1与碱1、碱2与酸2则为互为共轭酸碱。

$$\underbrace{酸1 + 碱2}_{共轭} \rightleftharpoons \underbrace{碱1 + 酸2}_{共轭}$$

式中，酸1、碱1表示一对共轭酸碱；酸2和碱2表示另一对共轭酸碱。

按酸碱质子理论，电离作用、中和反应和水解反应均可看作质子传递的酸碱反应。例如：

$$CH_3COOH + H_2O \rightleftharpoons CH_3COO^- + H_3O^+ \quad (CH_3COOH\text{ 电离})$$
$$H_2O + NH_3 \rightleftharpoons OH^- + NH_4^+ \quad (NH_3 \cdot H_2O\text{ 电离})$$

$$CH_3COOH + NH_3 \rightleftharpoons NH_4^+ + CH_3COO^- \quad \text{(弱酸弱碱中和)}$$

$$H_2CO_3 + OH^- \rightleftharpoons H_2O + HCO_3^- \quad \text{(弱酸弱碱中和)}$$

$$NH_4^+ + H_2O \rightleftharpoons H_3O^+ + NH_3 \quad (NH_4^+ \text{ 水解})$$

质子理论将酸碱理论发展到了一个新的阶段，质子理论的酸碱反应，不仅适用于水溶液，而且也适用于非水溶液，溶剂作用受到重视。酸碱的中和反应的实质是质子的传递作用。

二、溶液的酸碱性

1. 水的解离和溶液的酸碱性

纯水有微弱的导电能力，说明水分子可以发生微弱的解离。水的解离平衡可简写为：

$$H_2O \rightleftharpoons H^+ + OH^-$$

水的解离平衡和其他化学平衡一样，当达到平衡时，其化学平衡常数为：

$$K = \frac{c_{H^+} c_{OH^-}}{c_{H_2O}} \tag{5-1}$$

1L 纯水相当于 55.6mol 的水，因此可将 c_{H_2O} 看成是一常数，将它与 K 合并，用 K_w 表示，则有：

$$K_w = c_{H^+} c_{OH^-} \tag{5-2}$$

K_w 称为水的**离子积**。它表明在一定温度下，水中的 c_{H^+} 和 c_{OH^-} 之积是一个常数。它和其他的化学平衡常数一样，只与温度有关。只要温度一定，无论是在纯水还是酸性或碱性溶液中，水的离子积恒定不变。常温时，一般可认为 $K_w = 1.0 \times 10^{-14}$。通常溶液的酸碱性和 c_{H^+}、c_{OH^-} 关系可表示如下：

中性溶液　　$c_{H^+} = c_{OH^-} = 1.0 \times 10^{-7}\,\text{mol} \cdot \text{L}^{-1}$

酸性溶液　　$c_{H^+} > 1.0 \times 10^{-7}\,\text{mol} \cdot \text{L}^{-1} > c_{OH^-}$

碱性溶液　　$c_{H^+} < 1.0 \times 10^{-7}\,\text{mol} \cdot \text{L}^{-1} < c_{OH^-}$

2. pH

对于 H^+ 浓度很小的溶液，可以用 pH 或 pOH 来表示水溶液的酸碱性。"p"是一种运算符号，表示对某数值取以 10 为底的负对数。

溶液中 H^+ 浓度的负对数叫做 pH。

溶液中 OH^- 浓度的负对数叫做 pOH。

$$pH = -\lg c_{H^+} \quad \text{则} \quad pOH = -\lg c_{OH^-}$$

在 295K 时，水溶液中 $K_w = c_{H^+} c_{OH^-} = 1.0 \times 10^{-14}$，故有 $pH + pOH = 14$。

中性溶液　　$pH = pOH = 7$

酸性溶液　　$pH < 7$ 或 $pOH > 7$

碱性溶液　　$pH > 7$ 或 $pOH < 7$

pH 越小，酸性越强；反之，pH 越大，碱性越强。pH 的应用范围一般在 0～14 之间，即 c_{H^+} 在 $1 \sim 10^{-14}\,\text{mol} \cdot \text{L}^{-1}$ 之间，如果 $c_{H^+} > 1\,\text{mol} \cdot \text{L}^{-1}$，则 pH<0，这种情况下就直接用 c_{H^+} 表示，而不用 pH 表示溶液的酸碱性。pH 试纸在实验中广泛使用，它沾到不同 pH 值溶液时，会显出不同的颜色，将此颜色与标准色板比较，就可知道溶液的 pH 值。表 5-2 列出了几种常见液体的 pH。

表 5-2 常见液体的 pH

溶液	pH	溶液	pH
血液	7.35～7.45	牛奶	6.3～6.6
胃液	1.0～3.0	眼泪	7.4
唾液	6.5～7.5	葡萄酒	2.8～3.8
柠檬汁	2.2～2.4	啤酒	4～5
饮用水	6.5～8.5	人尿	4.8～8.4

三、酸碱指示剂

酸碱指示剂一般是弱的有机酸或有机碱，其共轭酸碱对具有不同的颜色。当溶液 pH 改变时，指示剂由于质子的转移引起指示剂分子或离子结构发生变化，使溶液呈现出不同的颜色变化。若以 HIn 代表一种有机弱酸型指示剂，它在水溶液中的电离平衡为：

$$HIn + H_2O \rightleftharpoons H_3O^+ + In^-$$
酸式　　　　　　　　　　碱式

平衡时指示剂的电离平衡常数为：

$$K_{HIn} = \frac{c_{In^-} \cdot c_{H^+}}{c_{HIn}} \quad c_{H^+} = K_{HIn} \times \frac{c_{HIn}}{c_{In^-}} \tag{5-3}$$

$$pH = pK_{HIn} - \lg \frac{c_{HIn}}{c_{In^-}} \tag{5-4}$$

由此可见，溶液的颜色由 c_{HIn}/c_{In^-} 决定，又由于在一定温度下，K_{HIn} 是常数。因此 c_{HIn}/c_{In^-} 仅与 pH 有关，即溶液颜色随 pH 改变而改变。

根据人眼对颜色的敏感度：

当 $c_{HIn}/c_{In^-} \geqslant 10$，即 $pH \leqslant pK_{HIn} - 1$ 时，只能看到酸式色；

当 $c_{HIn}/c_{In^-} \leqslant 1/10$，即 $pH \geqslant pK_{HIn} + 1$ 时，只能看到碱式色；

当 $10 \geqslant c_{HIn}/c_{In^-} \geqslant 1/10$ 时，看到的是它们混合颜色。

当 $c_{HIn} = c_{In^-}$ 时，$pH = pK_{HIn}$，此时的 pH 称为**理论变色点**。因此，指示剂的变色范围为：$pH = pK_{HIn} \pm 1$。

实际工作中指示剂的变色范围和理论计算有出入，这是因为指示剂变色范围是根据人的目测确定的，人眼睛对不同颜色敏感程度不同，造成实际变色范围与理论值有差异。例如甲基橙指示剂 $pK_a = 3.4$，理论计算其变色范围为：$pH = pK_a \pm 1 = 3.4 \pm 1 = 2.4 \sim 4.4$，但实测结果为：3.4～4.4。甲基橙指示剂变色点为 4（实测）。这是因为人眼对深色红色比较敏感，使得酸式范围一侧变窄。常用的酸碱指示剂见表 5-3。

表 5-3 常用酸碱指示剂

指示剂	pH 变色范围	颜色		pK_{HIn}	浓度
		酸式	碱式		
百里酚蓝	1.2～2.8	红	黄	1.7	1g·L^{-1}乙醇溶液
甲基黄	2.9～4.0	红	黄	3.3	1g·L^{-1}的90%乙醇溶液
甲基橙	3.1～4.4	红	黄	3.4	1g·L^{-1}水溶液
溴酚蓝	3.0～4.6	黄	紫	4.1	1g·L^{-1}乙醇溶液或其钠盐溶液
溴甲酚绿	4.0～5.6	黄	蓝	4.9	1g·L^{-1}的20%乙醇溶液
甲基红	4.4～6.2	红	黄	5.0	0.1%的60%乙醇溶液或1g·L^{-1}乙醇溶液
溴百里酚蓝	6.0～7.6	黄	蓝	7.3	1g·L^{-1}的20%乙醇溶液或其钠盐溶液
中性红	6.8～8.0	红	黄	7.4	1g·L^{-1}的60%乙醇溶液
酚红	6.8～8.4	黄	红	8.0	1g·L^{-1}的60%乙醇溶液或其钠盐溶液
酚酞	8.0～9.6	无	红	9.1	1g·L^{-1}乙醇溶液
百里酚酞	9.4～10.6	无	蓝	10.0	1g·L^{-1}乙醇溶液

第二节 酸碱平衡

强酸强碱在溶剂中与水发生的质子酸碱反应是完全反应的，没有酸碱平衡的存在。而弱酸和弱碱（弱电解质）在水溶液中是不完全反应的，在一定温度下，弱电解质在溶液中的解离是可逆的。溶液中即存在着弱电解质分子，也存在着由分子解离生成的离子，这些分子和离子处于动态平衡，称为**酸碱平衡**。

一、一元弱酸（碱）的解离平衡

1. 解离平衡常数

弱酸、弱碱是弱电解质，在水溶液中仅部分解离。酸碱解离平衡是化学平衡的一种，服从化学平衡定律。

一元弱酸以 CH_3COOH 为例，它的平衡式为：

$$CH_3COOH + H_2O \rightleftharpoons H_3O^+ + CH_3COO^- \quad 简写为 \quad CH_3COOH \rightleftharpoons H^+ + CH_3COO^-$$

其平衡常数表达式为

$$K_a = \frac{c_{H^+} \cdot c_{CH_3COO^-}}{c_{CH_3COOH}} \tag{5-5}$$

式中　K_a——酸的解离常数，简称解离常数；

c_{H^+}——H^+ 的平衡浓度；

$c_{CH_3COO^-}$——CH_3COO^- 的平衡浓度；

c_{CH_3COOH}——未解离的 CH_3COOH 分子的平衡浓度。

K_a 越大，弱酸的电离能力越强，给出 H^+ 能力越强，即酸性越强。

一元弱碱以氨水为例，它的解离平衡式为

$$NH_3 \cdot H_2O \rightleftharpoons NH_4^+ + OH^-$$

其平衡常数表达式为

$$K_b = \frac{c_{NH_4^+} \cdot c_{OH^-}}{c_{NH_3 \cdot H_2O}} \tag{5-6}$$

式中　K_b——碱的解离常数；

$c_{NH_4^+}$——NH_4^+ 的平衡浓度；

c_{OH^-}——OH^- 的平衡浓度；

$c_{NH_3 \cdot H_2O}$——未解离的 $NH_3 \cdot H_2O$ 分子的平衡浓度。

解离平衡常数与酸（碱）的本性及温度有关，而与物质的浓度无关。解离平衡常数的大小，代表着弱酸（碱）在水溶液中的解离程度以及弱酸（碱）的酸（碱）性的相对强弱。解离平衡常数越大，表示该酸（碱）的解离程度越大，酸（碱）性也越强。因而，K_a 和 K_b 是衡量酸碱强度的标度。

2. 解离平衡常数与解离度的关系

关于弱电解质的解离平衡常数与解离度之间的关系，以弱酸 HA 为例讨论。

$$HA \rightleftharpoons H^+ + A^-$$

起始浓度/mol·L^{-1}　　　　　　c　　　0　　0

平衡浓度/mol·L^{-1}　　　　　　$c-ca$　　ca　　ca

$$K_a = \frac{c_{H^+} \cdot c_{A^-}}{c_{HA}} = \frac{c^2 a^2}{c-ca} = \frac{ca^2}{1-a}$$

当 $c_{酸}/K_a > 500$，$a \leqslant 5\%$，此时可近似认为 $1-a \approx 1$，于是

$$K_a = ca^2 \text{ 或 } a = \sqrt{\frac{K_a}{c}}$$

对于一元弱碱溶液

$$BOH \rightleftharpoons B^+ + OH^-$$

同理可以得到

$$K_b = \frac{c_{B^+} c_{OH^-}}{c_{BOH}}$$

$$K_b = ca^2 \text{ 或 } a = \sqrt{\frac{K_b}{c}}$$

上式所表示的意义是：同一弱电解质的解离度与其浓度的平方根成反比，即浓度越稀，解离度越大；同一浓度的不同弱电解质的解离度与其解离平衡常数的平方根成正比。

【例 5-1】 298K 时，CH_3COOH 的解离常数为 1.76×10^{-5}。计算 $0.1 mol \cdot L^{-1}$ CH_3COOH 溶液的 H^+ 浓度、pH 和解离度。

解： 当酸解离出来的 H^+ 浓度远大于 H_2O 解离出的 H^+ 浓度时，可忽略水的解离，此时溶液中 $c_{H^+} \approx c_{CH_3COO^-}$。设 $c_{H^+} = x \, mol \cdot L^{-1}$。

$$CH_3COOH \rightleftharpoons H^+ + CH_3COO^-$$

平衡浓度　　　　　　　　　　$0.1-x$　　　x　　　x

$$K_a = \frac{c_{H^+} c_{CH_3COO^-}}{c_{CH_3COOH}} = \frac{x^2}{0.10-x} = 1.76 \times 10^{-5}$$

因为　　　　　　　　　　　　$c/K_a > 500$

所以可用近似计算　　　　　$0.10 - x \approx 0.10 \, (mol \cdot L^{-1})$

$$c_{H^+} = x = \sqrt{1.76 \times 10^{-5} \times 0.10} = 1.33 \times 10^{-3} (mol \cdot L^{-1})$$

$$pH = -\lg c_{H^+} = -\lg 1.33 \times 10^{-3} = 2.88$$

$$a = \frac{x}{c} \times 100\% = \frac{1.33 \times 10^{-3}}{0.10} = 1.33\%$$

答： 溶液的 H^+ 浓度、pH 和解离度分别为 $1.33 \times 10^{-3} mol \cdot L^{-1}$、2.88 和 1.33%。

二、多元弱酸（碱）的解离平衡

多元弱酸（碱）的解离是分步进行的，每一步有一个解离平衡常数。

二元酸（碳酸）

$$H_2CO_3 \rightleftharpoons H^+ + HCO_3^- \qquad K_{a_1} = 4.3 \times 10^{-7}$$
$$HCO_3^- \rightleftharpoons H^+ + CO_3^{2-} \qquad K_{a_2} = 5.6 \times 10^{-11}$$

三元酸（磷酸）

$$H_3PO_4 \rightleftharpoons H^+ + H_2PO_4^- \qquad K_{a_1} = 7.52 \times 10^{-3}$$
$$H_2PO_4^- \rightleftharpoons H^+ + HPO_4^{2-} \qquad K_{a_2} = 6.23 \times 10^{-8}$$
$$HPO_4^{2-} \rightleftharpoons H^+ + PO_4^{3-} \qquad K_{a_3} = 2.2 \times 10^{-13}$$

一般而言，对于二元弱酸：$K_{a_1} \gg K_{a_2}$

对于三元弱酸：$K_{a_1} \gg K_{a_2} \gg K_{a_3}$

由于第二步解离需从带有一个负电荷的离子中再解离出一个阳离子 H^+，显然比中性分子困难；此外，由第一步解离出的 H^+ 将抑制第二步的解离。同理，第三步解离比第二步更

困难。多元弱酸解离特点归结如下：

① 多元弱酸解离时，溶液中的 H^+ 主要是由一级解离产生的。当 $c/K_a > 500$ 时，可以根据公式 $c_{H^+} = \sqrt{K_a c_{酸}}$，将多元弱酸当作一元弱酸处理进行近似计算。

② 二元弱酸溶液中，酸根的浓度近似等于 K_{a_2}，与酸的浓度无关。

③ 多元弱酸根的浓度极低，当需要大量此种酸根时，往往用其盐来代替。

三、水溶液中共轭酸碱对 K_a 与 K_b 的关系

酸、碱并非孤立，酸是碱和质子的结合体，这种关系称为酸碱的共轭关系。右边的碱是左边酸的共轭碱；左边的酸是右边碱的共轭酸。弱电解质在溶液中存在着电离平衡。我们以 CH_3COOH 的电离为例，来讨论共轭酸碱之间的关系。

$$CH_3COOH + H_2O \rightleftharpoons CH_3COO^- + H_3O^+$$

上式可简写为
$$CH_3COOH \rightleftharpoons H^+ + CH_3COO^-$$

$$K_a = \frac{c_{H^+} c_{CH_3COO^-}}{c_{CH_3COOH}}$$

CH_3COO^- 的电离平衡为
$$CH_3COO^- + H_2O \rightleftharpoons CH_3COOH + OH^-$$

$$K_b = \frac{c_{CH_3COOH} c_{OH^-}}{c_{CH_3COO^-}}$$

所以有
$$K_a K_b = \frac{c_{H^+} c_{CH_3COO^-}}{c_{CH_3COOH}} \times \frac{c_{CH_3COOH} c_{OH^-}}{c_{CH_3COO^-}} = c_{H^+} c_{OH^-} = K_w$$

即
$$K_a = \frac{K_w}{K_b} \text{ 或 } K_b = \frac{K_w}{K_a}$$

由此可以看出，酸越强，它的共轭碱越弱；酸越弱它的共轭碱越强。

四、同离子效应及缓冲溶液

1. 同离子效应

在弱酸或弱碱水溶液中，加入含有相同离子的强电解质时，会使酸碱平衡发生移动。

例如，当在 $0.10 \text{mol} \cdot L^{-1}$ CH_3COOH 溶液中，滴加几滴甲基橙指示剂，溶液呈红色，向溶液中加入固体 CH_3COONa，振荡，则红色渐渐褪去，最后变成黄色。这是因为 CH_3COOH-CH_3COONa 溶液中存在着下列解离平衡。

$$CH_3COOH \rightleftharpoons H^+ + CH_3COO^-$$
$$CH_3COONa \rightleftharpoons Na^+ + CH_3COO^-$$

由于 CH_3COONa 完全解离为 Na^+ 和 CH_3COO^-，溶液中 CH_3COO^- 浓度增大，使 CH_3COOH 的解离平衡向左移动，从而降低了 CH_3COOH 的解离度。同理，在氨水溶液中加入氯化铵，由于 NH_4^+ 浓度大大增加，也会使下列平衡向左移动，因而 NH_3 的解离度会变小。

$$NH_3 + H_2O \rightleftharpoons NH_4^+ + OH^-$$
$$NH_4Cl \rightleftharpoons NH_4^+ + Cl^-$$

由此得出结论：<u>在已经建立平衡的弱电解质溶液中，加入与其含有相同离子的另一强电解质后，使弱电解质的解离平衡发生移动，降低了弱电解质的解离度的效应称为同离子效应</u>。同离子效应只降低解离度，而不改变解离平衡常数。

2. 缓冲溶液

许多化学反应（包括生物化学反应）需要在一定的pH范围内进行，然而某些反应有

H^+ 或 OH^- 的生成或消耗，溶液的 pH 会随反应的进行而发生变化，从而影响反应的正常进行。在这种情况下，就要借助缓冲溶液来稳定溶液的 pH，以维持反应的正常进行。

(1) **缓冲溶液及其组成**　在一般的水溶液中，若加入少量强酸、强碱或用水稀释，其 pH 会发生明显变化。但在 CH_3COOH 和 CH_3COONa 组成的混合溶液中加入少量 HCl 或者 NaOH 溶液，或加水稀释时，溶液的 pH 几乎不变。这种能够抵抗外来少量强酸、强碱或稀释而保持体系 pH 基本不变的作用，称为**缓冲作用**。具有缓冲作用的溶液称为**缓冲溶液**。

缓冲溶液之所以具有缓冲作用，是因为缓冲溶液中有抗酸成分和抗碱成分，通常把这两种成分称为缓冲对或缓冲系。常见的缓冲对有如下三种类型：

弱酸及盐，如 CH_3COOH-CH_3COONa、H_3PO_4-NaH_2PO_4；

弱碱及其盐，如 NH_3H_2O-NH_4Cl；

多元弱酸的酸式盐及其次级盐，如 NaH_2PO_4-Na_2HPO_4、Na_2HPO_4-Na_3PO_4。

(2) **缓冲作用的原理**　缓冲溶液为什么会具有抗酸、抗碱、抗稀释的作用呢？现以 CH_3COOH-CH_3COONa 混合溶液为例说明缓冲作用的原理。在 CH_3COOH—CH_3COONa 混合溶液中存在以下解离过程。

CH_3COOH 是弱电解质，在溶液中只有少量解离，主要以 CH_3COOH 分子形式存在：

$$CH_3COOH \rightleftharpoons H^+ + CH_3COO^-$$

CH_3COONa 是强电解质，在水溶液中完全解离成 Na^+ 和 CH_3COO^-：

$$CH_3COONa \rightleftharpoons Na^+ + CH_3COO^-$$

由于 CH_3COONa 完全解离，所以溶液中存在着大量的 CH_3COO^-。弱酸 CH_3COOH 只有较少部分解离，加上由 CH_3COONa 解离出的大量 CH_3COO^- 产生的同离子效应，使 CH_3COOH 的解离度变得更小，因此溶液中除大量的 CH_3COO^- 外，还存在大量的 CH_3COOH 分子。这种在溶液中同时存在大量弱酸分子及该弱酸酸根离子（或大量弱碱分子及该弱碱的阳离子），就是缓冲溶液组成上的特征。缓冲溶液中的弱酸及其盐（或弱碱及其盐）称为缓冲对。

当向此混合溶液中加入少量强酸时，溶液中大量的 CH_3COO^- 将与加入的 H^+ 结合而生成难解离的 CH_3COOH 分子，以致溶液的 H^+ 浓度几乎不变。此时，CH_3COO^- 起到了抵抗酸的作用，称为**抗酸成分**。当加入少量强碱时，由于溶液中的 H^+ 将与 OH^- 结合并生成 H_2O，使 CH_3COOH 的解离平衡向右移动，继续解离出的 H^+ 仍与 OH^- 结合，致使溶液中的 OH^- 浓度也几乎不变，此时，CH_3COOH 起到了抵抗碱的作用，称为**抗碱成分**。由此可见，缓冲溶液同时具有抵抗外来少量酸或碱的作用，其抗酸、抗碱作用是由缓冲对的不同部分来担负的。

若向 CH_3COOH-CH_3COONa 缓冲溶液中加水稀释时，溶液中 CH_3COOH 和 CH_3COO^- 的浓度同时减少，CH_3COOH 解离平衡几乎不移动，H^+ 浓度没有明显升高，溶液 pH 几乎不变。

应当指出，缓冲溶液的缓冲能力是有一定限度的。如果向缓冲溶液中加入大量的强酸、强碱或显著稀释，溶液中的抗酸成分或抗碱成分将耗尽，缓冲溶液就不再具有缓冲能力了。

(3) **缓冲溶液的选择和配制**　缓冲溶液的应用极其广泛，在实际工作中常会遇到缓冲溶液的选择和配制问题。怎样选择和配制合适的缓冲溶液呢？

缓冲溶液本身具有的 pH 称为缓冲 pH，其大小与弱酸（碱）的解离常数 pK_a（pK_b）以及弱酸（碱）的浓度及其对应的盐的浓度都有关系。若配制一定 pH 的缓冲溶液，缓冲溶液的配制一般应遵循以下原则。

① 选择合适的缓冲对：所选缓冲对弱酸的 pK_a 或 pK_b 尽量接近于所需 pH，并尽量在缓冲对的缓冲范围内（pH=pK_a±1）。

② 缓冲溶液的总浓度要适当，一般 0.1～0.5mol·L^{-1} 之间。

③ 计算所需缓冲对的量，为方便计算和配制，常用相同浓度的缓冲对溶液，分别取不同体积混合即可。

④ 实际值与计算 pH 常有出入，需用 pH 计或精密 pH 试纸校正。

⑤ 所选择的缓冲溶液，不能与反应物或生成物发生作用。对于药用缓冲溶液还必须考虑到是否有毒性等。

各种缓冲溶液的配制方法，实际操作时可查阅有关书籍或手册。一般说来，欲配制 pH 3.7～5.7 的缓冲溶液，可用 CH_3COOH-CH_3COONa 混合液；配制 pH 6.2～8.2 的缓冲溶液，可用 NaH_2PO_4-Na_2HPO_4 混合液；配制 pH 9.0～11.0 的缓冲溶液，可用 $NH_3·H_2O$-NH_4Cl 混合液。

(4) 缓冲溶液的应用　缓冲溶液在化学上的应用颇为广泛，如离子的分离、提纯以及分析检验，经常需要控制溶液的 pH。例如，欲除去镁盐中的杂质 Al^{3+}，可采用氢氧化物沉淀的方法。但因 $Al(OH)_3$ 具有两性，如果加入 OH^- 过多，不仅 $Al(OH)_3$ 会溶解，达不到分离的目的，而且 $Mg(OH)_2$ 也可能沉淀，造成损失；反之，若加入 OH^- 太少，则 Al^{3+} 沉淀不完全。这时，如采用 NH_3-NH_4Cl 的混合溶液作为缓冲溶液，保持溶液 pH 在 9 左右，就能使 Al^{3+} 沉淀完全，而 Mg^{2+} 仍留在溶液中，达到分离的目的。

在自然界特别是生物体内缓冲作用更至关重要。如适合于大部分作物生长的土壤，其 pH 在 5～8 的范围内，正是由于土壤中存在的多种弱酸以及相应的盐，维持了土壤的酸碱性变化不大。人体内血液的 pH 必须严格控制在 7.4 左右的一个很小的范围内，pH 升高或降低较大时都会引起"碱中毒"或"酸中毒"症。当 pH 改变达到 0.4 个单位时，将会有生命危险。维持血液中 pH 稳定的缓冲对有几种，其中属于无机物的有 H_2CO_3-HCO_3^- 及 $H_2PO_4^-$-HPO_4^{2-} 两种缓冲对。

第三节　酸碱滴定曲线与指示剂的选择

酸碱滴定法是利用酸碱反应来进行滴定的分析方法，又叫中和法。其实质是酸碱中和反应，可表示为：

$$H^+ + OH^- \rightleftharpoons H_2O$$

酸碱滴定过程中，随着滴定剂的加入，溶液的酸碱度在不断发生着变化，这些变化我们可通过酸度计测量出来，也可用公式计算出来。若取滴定剂的加入量为横坐标，溶液的 pH 为纵坐标作图，则得到一条曲线，该曲线称为**酸碱滴定曲线**。酸碱滴定曲线可以直观地反映出酸碱滴定过程中溶液酸碱度的变化规律，并为滴定过程选择合适的指示剂提供了依据。

一、强碱（酸）滴定强酸（碱）

1. 滴定过程中 pH 值的计算和滴定曲线

现以 c_{NaOH}=0.1000mol·L^{-1} 的溶液滴定 20.00mL c_{HCl}=0.1000mol·L^{-1} 溶液为例，讨论强碱滴定强酸时溶液酸碱度的变化。强碱与强酸之间滴定反应的实质应为：

$$H^+ + OH^- \rightleftharpoons H_2O$$

为了计算滴定过程中的 pH，可将整个滴定过程分四个阶段。

(1) 滴定前　溶液的 pH 取决于 HCl 溶液的原始浓度。

$$c_{H^+} = c_{HCl} = 0.1000 \text{mol} \cdot \text{L}^{-1} \quad pH = 1.00$$

（2）化学计量点前　HCl 过量，溶液的酸度取决于剩余 HCl 的浓度。

$$c_{H^+} = \frac{c_{HCl}(V_{HCl} - V_{NaOH})}{V_{HCl} + V_{NaOH}}$$

加入 18.00mL NaOH，余 2.00mL HCl 溶液。

$$c_{H^+} = \frac{0.1000 \times 2.00}{20.00 + 18.00} = 5.00 \times 10^{-3} (\text{mol} \cdot \text{L}^{-1})$$

$$pH = 2.30$$

加入 19.80mL NaOH 时，还余有 0.20mL HCL 溶液。

$$c_{H^+} = \frac{0.20 \times 0.1000}{20.00 + 19.80} = 5.00 \times 10^{-4} (\text{mol} \cdot \text{L}^{-1})$$

$$pH = 3.30$$

（3）化学计量点时　当滴入的 NaOH 溶液到达理论终点时，NaOH 和 HCl 刚好反应完全，溶液呈中性。

$$c_{H^+} = c_{OH^-} = 1.0 \times 10^{-7} \quad pH = 7$$

（4）化学计量点后　溶液的组成为 NaCl 与 NaOH 混合溶液，溶液 pH 取决于过量的 NaOH。

$$c_{NaOH} = \frac{c_{NaOH}(V_{NaOH} - V_{HCl})}{V_{HCl} + V_{NaOH}}$$

$$c_{H^+} = \frac{K_w}{c_{OH^-}}$$

当加入 20.02mL NaOH 溶液时，

$$c_{OH^-} = \frac{0.1000 \times 0.02}{20.00 + 20.02} = 5.00 \times 10^{-5} (\text{mol} \cdot \text{L}^{-1})$$

$$c_{H^+} = \frac{1.0 \times 10^{-14}}{5.00 \times 10^{-5}} = 0.20 \times 10^{-9}$$

$$pH = 9.70$$

按照上述方法可逐一计算出滴定过程中各阶段溶液的 pH，并将数据汇集到表 5-4。

表 5-4　用 $0.1000 \text{mol} \cdot \text{L}^{-1}$ NaOH 滴定 20.00mL $0.1000 \text{mol} \cdot \text{L}^{-1}$ HCl

加入 NaOH/mL	滴定百分数/%	剩余 HCl/mL	过量 NaOH/mL	pH	
0	0	20.00		1.00	
18.00	90.00	2.00		2.28	
19.80	99.00	0.20		3.30	
19.98	99.90	0.02		4.30	⎫
20.00	100.00	0.00（化学计量点）		7.00	⎬ 突跃范围
20.02	100.10		0.02	9.70	⎭
20.20	101.00		0.20	10.70	
22.00	110.00		2.00	11.70	
40.00	200.00		20.00	12.50	

以溶液的 pH 为纵坐标，以 NaOH 加入量为横坐标作图，即可得强碱滴定强酸的滴定曲线，如图 5-1（a）所示。

观察滴定曲线可看出：

① NaOH 从 0～19.98mL，pH 从 1.0 增加到 4.3，ΔpH＝3.3，不显著渐变，曲线平坦。

② 在化学计量点附近，NaOH 从 19.98～20.02mL，pH 从 4.3 增加到 9.7，ΔpH＝5.4，变化近 5.4 个 pH 单位，这种 pH 的急剧改变称为滴定突跃。滴定误差从 −0.1% 到 +0.1% 对应的 pH 范围称为滴定的突跃范围，简称突跃范围。上述滴定的突跃范围为 4.30～9.70。

③ 化学计量点后，pH 主要由过量 NaOH 来决定，变化比较缓慢，曲线后段又转为平坦。

2. 指示剂的选择

选择理想的指示剂应该是在理论终点（化学计量点）变色为最理想，但滴定过程中这样的指示剂很难找到。实际上只要指示剂能在突跃范围内变色就可以保证测定结果的准确性。

在 pH 为 4.3～9.7 的突跃范围内，可以选择甲基橙、酚酞、甲基红做指示剂。凡变色点的 pH 值处于滴定突跃范围内的指示剂均适用，都可以用于指示滴定终点，且都能使滴定保证足够的准确度（相对误差在 0.1% 以内）。

查阅表 5-3 常见的酸碱指示剂变色范围可知，酚酞：8.0～9.6（由无～红），甲基红 4.4～6.2（由红～黄），甲基橙 3.1～4.4（由红～橙），这三者均可选为指示剂，但以甲基红和酚酞为最好。同理，如用 $0.1000\text{mol}\cdot\text{L}^{-1}$ HCl 滴定 20.00mL $0.1000\text{mol}\cdot\text{L}^{-1}$ NaOH 溶液，滴定曲线的形状与 $0.1000\text{mol}\cdot\text{L}^{-1}$ NaOH 滴定 20.00mL $0.1000\text{mol}\cdot\text{L}^{-1}$ HCl 溶液的滴定曲线的相反 [图 5-1（b）]。此时亦可选甲基红、酚酞、甲基橙作为指示剂。此外，指示剂的选择还应考虑人的视觉对颜色变化的敏感性，即颜色由浅到深，人的视觉较敏感，因此以甲基红为最佳。

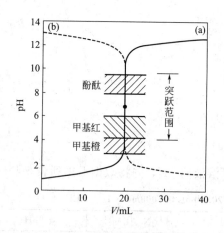

图 5-1 $0.1000\text{mol}\cdot\text{L}^{-1}$ NaOH 滴定
20.00mL $0.1000\text{mol}\cdot\text{L}^{-1}$ HCl 溶液的滴定曲线（a）
及 $0.1000\text{mol}\cdot\text{L}^{-1}$ HCl 滴定 20.00mL
$0.1000\text{mol}\cdot\text{L}^{-1}$ NaOH 溶液的滴定曲线（b）

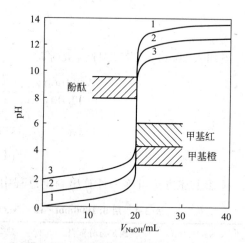

图 5-2 突跃范围与酸碱浓度的关系
NaOH 滴定同浓度 HCl，浓度分别为
1—$1.000\text{mol}\cdot\text{L}^{-1}$；
2—$\text{mol}\cdot\text{L}^{-1}$；3—$\text{mol}\cdot\text{L}^{-1}$

3. 影响滴定突跃范围的因素

在同一体系下，滴定突跃范围与酸碱浓度有关（图 5-2）。酸碱溶液浓度增大 10 倍，突跃范围增加两个 pH 单位；每降低 10 倍浓度，突跃范围缩小 2 个 pH 单位。如果用 0.01mol

·L^{-1} NaOH 滴定 0.01mol·L^{-1} HCl，突跃范围为 5.30～8.70，可选择甲基红作指示剂，不能用甲基橙，否则误差达 1% 以上。

二、强碱（酸）滴定一元弱酸（碱）

1. 滴定过程中 pH 的计算和滴定曲线

以 0.1000mol·L^{-1} NaOH 标准溶液滴定 20.00mL 0.1000mol·L^{-1} CH$_3$COOH 溶液为例，讨论强碱滴定一元弱酸的滴定曲线和指示剂的选择。

滴定反应： $NaOH + CH_3COOH \rightleftharpoons CH_3COONa + H_2O$

（1）滴定前　溶液的 pH

$$CH_3COOH \rightleftharpoons H^+ + CH_3COO^- \quad K_a = 1.8 \times 10^{-5}$$

$$c_{H^+} = \sqrt{K_{CH_3COOH} c_{CH_3COOH}} = \sqrt{1.8 \times 10^{-5} \times 0.1} = 1.34 \times 10^{-3} (mol \cdot L^{-1})$$

$$pH = 2.87$$

（2）化学计量点前　生成的 CH$_3$COONa 和溶液中剩余的 CH$_3$COOH 组成 CH$_3$COOH-CH$_3$COONa 缓冲溶液体系中，溶液的 pH 为：

$$c_{H^+} = K_a \frac{c_{CH_3COOH}}{c_{CH_3COO^-}}$$

$$pH = pK_{CH_3COOH} - \lg \frac{c_{CH_3COOH}}{c_{CH_3COONa}}$$

当加入 19.98mL NaOH 溶液时，剩余 0.02mL CH$_3$COOH，

$$c_{CH_3COOH} = \frac{0.1000 \times 0.02}{20.00 + 19.98} = 5.0 \times 10^{-5} (mol \cdot L^{-1})$$

$$c_{CH_3COO^-} = \frac{0.1000 \times 19.98}{20.00 + 19.98} = 5.0 \times 10^{-2} (mol \cdot L^{-1})$$

$$pH = 7.75$$

（3）化学计量点时　CH$_3$COOH 全部被中和生成 CH$_3$COONa，由于 CH$_3$COO$^-$ 为一元弱碱

$$CH_3COO^- + H_2O \rightleftharpoons CH_3COOH + OH^-$$

由于 $c_{CH_3COO^-} \approx 0.05000 mol \cdot L^{-1}$，$c/K_b > 500$。可按一元最简式计算，因而

$$c_{OH^-} = \sqrt{K_b c} = \sqrt{\frac{K_w}{K_a} c}$$

$$c_{OH^-} = \sqrt{\frac{1 \times 10^{-14}}{1.8 \times 10^{-5}} \times \frac{0.1000}{2}} = 5.4 \times 10^{-6} (mol \cdot L^{-1})$$

$$pH = 8.72$$

（4）化学计量点后　由于过量 NaOH 的存在，抑制了 CH$_3$COO$^-$ 的离解，溶解的 pH 主要取决于过量的 NaOH，其计算方式和强碱滴定强酸时相同。

当 NaOH 的量为 20.02mL 时：

$$c_{OH^-} = \frac{c_{NaOH} V_{NaOH} - c_{CH_3COOH} V_{CH_3COOH}}{V_{CH_3COOH} + V_{NaOH}}$$

$$c_{OH^-} = \frac{0.1000 \times 0.02}{20.00 + 20.02} = 4.998 \times 10^{-5} (mol \cdot L^{-1})$$

$$pH = 9.70$$

按照上述方法逐一计算出滴定过程中溶液的 pH，见表 5-5，并绘制滴定曲线如图 5-3 所示。

表 5-5 用 $0.1000 mol \cdot L^{-1}$ NaOH 滴定 20.00mL $0.1000 mol \cdot L^{-1}$ CH_3COOH

加入 NaOH 量 /mL	CH_3COOH 被滴定百分数/%	剩余 CH_3COOH /mL	过量 NaOH /mL	c_{H^+} /mol·L^{-1}	pH	
0	0	20.00		1.00×10^{-1}	2.87	
18.00	90.00	2.00		5.26×10^{-3}	5.70	
19.80	99.00	0.20		5.03×10^{-4}	6.73	
19.98	99.90	0.02		5.00×10^{-5}	7.74	突跃范围
20.00	100.00	0.00		1.00×10^{-7}	8.72	
20.02	100.10		0.02	2.00×10^{-10}	9.70	
20.20	101.00		0.20	2.00×10^{-11}	10.70	
22.00	110.00		2.00	2.10×10^{-12}	11.70	
40.00	200.00		20.00	3.00×10^{-13}	12.50	

2. 滴定曲线的特点与指示剂的选择

观察图 5-3 所示的 $0.1000 mol \cdot L^{-1}$ NaOH 滴定 20.00mL $0.1000 mol \cdot L^{-1}$ CH_3COOH 溶液的滴定曲线，并与 NaOH 滴定强酸 HCl 的滴定曲线比较，有如下特点。

① 起始点 pH≈1，因为 CH_3COOH 是弱酸，滴定前溶液中的 c_{H^+} 比较低。

② 突跃范围在 pH=7.75~9.7，比 NaOH 滴定 HCl 的突跃范围要小得多。

③ 由于滴定一开始即有 CH_3COONa 生成，它抑制 CH_3COOH 离解，使 pH 急剧增大。也即 c_{H^+} 降低。继续滴定时 CH_3COOH 浓度减少，CH_3COONa 浓度相应增大，形成缓冲溶液，pH 增大速度减慢，滴定曲线又呈现平坦状。接近终点时 CH_3COOH 量很少，缓冲作用消失，水解作用增强，pH 急剧增大，理论终点附近有较少的滴定突跃在碱性范围。

④ 化学计量点后：NaOH 抑制 CH_3COONa 水解，pH 由 NaOH 来决定。

⑤ 滴定突跃范围为 7.75~9.7，碱性范围，可选酚酞、百里酚酞等。

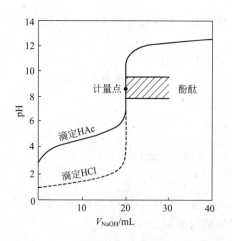

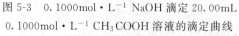

图 5-3 $0.1000 mol \cdot L^{-1}$ NaOH 滴定 20.00mL $0.1000 mol \cdot L^{-1}$ CH_3COOH 溶液的滴定曲线

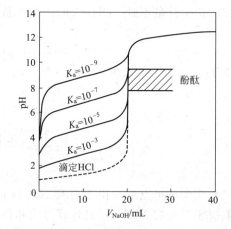

图 5-4 $0.1000 mol \cdot L^{-1}$ NaOH 滴定 20.00mL $0.1000 mol \cdot L^{-1}$ 各种不同强度的弱酸溶液的滴定曲线

3. 影响滴定突跃范围的因素及弱酸被强碱溶液滴定的判定依据

在滴定弱酸时，滴定突跃范围的大小除与溶液的浓度有关外，还与酸的强度有关。图 5-4 为 $0.1000 mol \cdot L^{-1}$ NaOH 溶液滴定 $0.1000 mol \cdot L^{-1}$ 不同弱酸溶液的滴定曲线。

由图 5-4 可见：

① 当浓度一定时，K_a 越大，突跃范围越大；K_a 越小，突跃范围越小。当 $K_a < 10^{-9}$ 时，滴定曲线上已无明显突跃，利用一般酸碱指示无法判断终点。

② 弱酸能否用强碱直接进行滴定是有条件的。一元弱酸能否被准确滴定的判据是只有 $c_{酸}K_{酸} \geqslant 10^{-8}$ 时才可进行滴定分析，否则无明显突跃范围，指示剂无法确定滴定终点。

强酸滴定一元弱碱与强碱滴定一元弱酸的情况类似。如 $0.1000\text{mol} \cdot \text{L}^{-1}$ HCl 滴定 20.00mL 的 $0.1000\text{mol} \cdot \text{L}^{-1}$ $NH_3 \cdot H_2O$ 溶液，滴定曲线如图 5-5 所示。化学计量点时产物为 NH_4Cl，pH 为 5.28。突跃范围为 pH 4.3～6.3，在酸性范围。所以应选择在酸性范围内变色的指示剂，如甲基橙或甲基红。

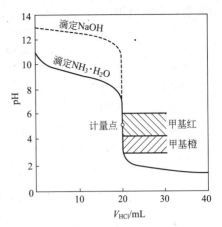

图 5-5　$0.1000\text{mol} \cdot \text{L}^{-1}$ HCl 滴定 $0.1000\text{mol} \cdot \text{L}^{-1}$ $NH_3 \cdot H_2O$ 20.00mL 的滴定曲线

强酸滴定弱碱的突跃范围也与弱碱的强度及其浓度有关。弱碱能否被强酸直接准确滴定，通常也以 $c_{碱}K_{碱} \geqslant 10^{-8}$ 作为判断依据。

三、酸碱滴定法的应用

酸碱滴定可用来测定各种酸、碱以及能够与酸碱起作用的物质，还可以用间接的方法测定一些非酸又非碱的物质。因此，酸碱滴定法的应用非常广泛。我国的国家标准（GB）和有关的部颁标准中，许多试样如化学试剂、化工产品、食品添加剂、水样、石油产品等，凡涉及酸度、碱度项目的，多数都采用简便易行的酸碱滴定法。或者应用于农业生产中作物、肥料、土壤、饲料中某些成分的测定。下面举几个应用实例。

1. 食用醋中总酸度的测度（GB/T 12456—2008）

CH_3COOH 是一种重要的农产加工品，又是合成有机农药的一种重要原料。而食醋中的主要成分是 CH_3COOH，也有少量其他弱酸，如乳酸等。

测定时，将食醋用加热冷却（即不含 CO_2）的蒸馏水适当稀释后，用标准 NaOH 溶液滴定。中和后产生 CH_3COONa，化学计量点时 pH 8.7，应选用酚酞为指示剂，滴定至呈现红色即为终点。由所消耗的标准溶液及浓度可计算总酸度。

2. 工业硼酸中硼酸含量的测定

硼酸是一种弱酸（$K_a = 5.7 \times 10^{-10}$），不能用碱标准溶液直接滴定，其含量的测定采用间接滴定法，即用甘露醇或甘油强化硼酸，生成具有较强酸性的甘露醇或甘油配位硼酸。生成的酸 $K_a = 5.5 \times 10^{-5}$，能够满足 $cK_a > 10^{-8}$，因此可用 NaOH 标准溶液进行滴定。化学计量点的 pH 在 9.0 左右，故可选用酚酞作指示剂，用氢氧化钠标准溶液滴定至粉红色即为终点。

3. 混合碱的分析

混合碱是 Na_2CO_3 与 NaOH 或 Na_2CO_3 与 $NaHCO_3$ 的混合物。欲测定同一份试样中各组分含量，可用 HCl 标准溶液滴定，根据滴定过程中 pH 变化的情况，选用两种不同的指示剂分别在第一、第二化学计量点到达，即常称为"双指示剂法"。此法简便、快速，在生产实际中应用广泛。

在混合试液中加入酚酞指示剂，此时呈现红色，用盐酸标准溶液滴定，溶液由红色恰变为无色，则试液中所含 NaOH 完全被中和，所含 Na_2CO_3 被中和一半，反应式如下：

$$NaOH + HCl = NaCl + H_2O$$
$$Na_2CO_3 + HCl \rightleftharpoons NaCl + NaHCO_3$$

再加入甲基橙指示剂（变色 pH 范围 3.1～4.4），继续用盐酸标准溶液滴定，使溶液由黄色转变为橙色即为终点。根据所消耗的盐酸标准溶液来计算混合碱的含量。

4. 铵盐中含氮量的测定

肥料或土壤试样中常需要测定氮的含量，如硫酸铵化肥中含氮的测定。由于铵盐（NH_4^+）作为酸，它的 K_a 值为：

$$K_a = \frac{K_w}{K_b} = \frac{10^{-14}}{1.8 \times 10^{-5}} = 5.6 \times 10^{-10}$$

不能直接用碱标准溶液滴定，需采取间接的测定方法，主要有下列两种。

（1）蒸馏法　将处理好的含 NH_4^+ 的试样置于蒸馏瓶中，加入过量的浓 NaOH 溶液，使 NH_4^+ 转化为 NH_3，然后加热蒸馏，用过量的 HCl 溶液吸收 NH_3，生成 NH_4Cl。蒸馏完毕，用 NaOH 标准溶液返滴定过量的 HCl，采用甲基红或甲基橙为指示剂。

对于有机含氮化合物，用浓硫酸消化处理以破坏有机物，通常加 $CuSO_4$ 作催化剂。试样消化分解完全后，有机物中的氮转为 NH_4^+，按上述蒸馏法测定，这种方法称为凯氏定氮法。它适用于蛋白质、胺类、酰胺类及尿素等有机化合物中氮含量的测定。

（2）甲醛法　此法适用于以铵态氮形式存在的、强酸弱碱盐类型的氮肥中氮量的测定。如硫酸铵、氯化铵、硝酸铵等。

铵盐在水中全部解离，甲醛与 NH_4^+ 发生下列反应：

$$6HCHO + 4NH_4^+ = (CH_2)_6N_4H^+ + 3H^+ + 6H_2O$$

生成物 $(CH_2)_6N_4H^+$ 是六亚甲基四胺 $(CH_2)_6N_4$ 的共轭酸，六亚甲基四胺的 $K_b \approx 10^{-9}$，为一元弱碱，其共轭酸的 $K_a \approx 10^{-5}$，可用碱直接滴定，所以加入滴定剂 NaOH 时，将与上一反应中生成的游离 H^+ 和共轭酸反应：

$$4NaOH + (CH_2)_6N_4H^+ + 3H^+ = 4H_2O + (CH_2)_6N_4 + 4Na^+$$

总反应为：

$$6HCHO + 4NH_4^+ + 4NaOH = (CH_2)_6N_4 + 4Na^+ + 10H_2O$$

从滴定反应可知 1mol 的 NH_4^+ 与 1mol 的 NaOH 相当。滴定到达化学计量点时 pH 约为 9.0，可选用酚酞为指示剂，溶液呈现淡红色即为终点。

蒸馏法操作麻烦，分析流程长，但准确度高。甲醛法简便、快速，其准确度比蒸馏法差些，但可满足工农业生产要求，应用较广。

知识阅读

酸碱指示剂的发现

对酸碱指示剂的发现与使用，可追溯到 17 世纪。英国化学家波意耳是第一位把各种天然植物的汁液用作指示剂的科学家。一次，园丁把深紫色的紫罗兰放在波意耳的工作室，波意耳很喜欢紫罗兰的艳丽和芬芳，他取出一束花，带进了他的实验室。在一个实验告一段落后，波意耳拿起紫罗兰回到工作室，这时才发现有几滴盐酸溅到了紫罗兰上，并微微冒出白雾。

波意耳把花束浸在水里，过了一段时间，瞧了一眼紫罗兰，意外地看到紫罗兰变成红色了。真是奇迹！波意耳立即跑进实验室，用花瓣试验了几种酸溶液，又试了几种碱溶液。发现花瓣呈现两种不同颜色。

波意耳采集了各种花朵，提取它们的浸出液，后来又大量收集了药草、地衣、五倍子、树皮和树根制备了各种颜色的浸出液。经过他的努力，终于发现了石蕊酸碱指示剂，那是用石蕊地衣提取出来的紫色浸出液，用这种浸出液加入不同比例的酸碱液，会显示出不同的颜色。因此，可以用它标定不同溶液的酸碱度。

他在《颜色的试验》一书中描述了怎样用植物的汁液来做指示剂。他所使用的植物的种类很多，有紫罗兰、玉米花、玫瑰花、雪花、苏木（巴西木）樱草、洋红和石蕊。波意耳在该书中对紫罗兰的描述为："用上好的紫罗兰的浆汁滴在一张纸上，再在上面滴 2～3 滴酒精。那么，当醋或者几乎所有其他的酸滴在浸有植物浆汁和酒精混合物的纸上时，你就会发现植物的浆汁立即转变成红色。使用这种方法的好处是，在进行实验时只需要使用少量的植物浆汁，就能使颜色的变化非常明显。"

在波意耳之后，荷兰科学家布尔哈夫又发现可以利用紫罗兰和石蕊作指示剂来检出碱性化合物。

到 18 世纪，人们对指示剂又进行了更深入的研究和广泛使用。在天然植物浆汁作指示剂的使用中，人们常抱怨这些浆汁的颜色变化不够清晰和敏锐，这直接导致化学合成指示剂的发展。第一个获得成功的指示剂是酚酞，它遇碱变红遇酸不变色，不久又合成了甲基橙指示剂。到 19 世纪末，化学合成指示剂已有 40 多种。

至今，酸碱指示剂仍广泛应用在化学实验中。

习 题

一、选择题

1. 根据酸碱质子理论，下列只可以作酸的是（   ）。
   A. HCO_3^- B. H_2CO_3 C. OH^- D. H_2O

2. 下列为两性物质是（   ）。
   A. CO_3^{2-} B. H_3PO_4 C. HCO_3^- D. HCl

3. 某酸碱提示剂的 $pK_{HIn}=5.0$，则其理论变色范围是（   ）。
   A. 2～8   B. 3～7   C. 4～6

4. 下列用于标定 HCl 的基准物质是（   ）。
   A. 无水 Na_2CO_3 B. $NaHCO_3$ C. 邻苯二甲酸氢钾

5. 某混合碱首先用盐酸滴定至酚酞变色，消耗 HCl V_1（mL），接着加入甲基橙指示剂，滴定至甲基橙由黄色变为橙色，消耗 V_2（mL），若 $V_1>V_2$，则其组成为（   ）。
   A. $NaOH-Na_2CO_3$ B. Na_2CO_3
   C. $NaHCO_3-NaOH$ D. $NaHCO_3-Na_2CO_3$

6. NaOH 滴定 CH_3COOH 时，应选用的指示剂是（   ）。
   A. 甲基橙   B. 甲基红   C. 酚酞   D. 都可以

7. 下列物质的浓度均为 $0.10 mol \cdot L^{-1}$，其中能用强碱直接滴定的是（   ）。
   A. 氢氰酸（$K_a=6.2\times10^{-10}$）   B. 硼酸（$K_a=7.3\times10^{-10}$）
   C. 醋酸（$K_a=1.76\times10^{-5}$）   D. 苯酚（$K_a=1.1\times10^{-10}$）

二、判断题

1. 温度一定，无论酸性溶液或碱性溶液，水的离子积常数一样。（   ）
2. 共轭酸碱对 NH_3-NH_4^+，NH_4^+ 为共轭酸。（   ）
3. 用 NaOH 滴定某弱酸时，滴定突跃范围只与弱酸的浓度有关。（   ）

三、简答题

1. 根据酸碱质子理论，酸碱的定义是什么？酸碱反应的实质是什么？
2. 用酸碱质子理论判断下列物质哪些是酸？哪些是碱？哪些是两性物质？
   HCl、CO_3^{2-}、HCO_3^-、$H_2PO_4^-$、NH_4^+、NH_3、S^{2-}、H_2S
3. 什么是滴定突跃？它的大小与哪些因素有关？酸碱滴定中指示剂的选择原则是什么？

四、计算题

1. 25℃时，CH_3COOH 的 $K_a = 1.76 \times 10^{-5}$，计算 CH_3COO^- 的 K_b。

2. 计算下列溶液的 pH：

   (1) $0.10 \text{mol} \cdot L^{-1}$ HNO_3 溶液；

   (2) $0.01 \text{mol} \cdot L^{-1}$ CH_3COOH 溶液。

3. 称取邻苯二甲酸氢钾基准物质 0.4112g，标定 NaOH 溶液，滴定至终点时用去 NaOH 溶液 20.11mL，求 NaOH 溶液的浓度（已知 $M_{邻苯二甲酸氢钾} = 204.2 \text{g} \cdot \text{mol}^{-1}$）。

4. 称取工业纯碱试样 0.3020g，溶解后以甲基橙为指示剂，用 $0.1980 \text{mol} \cdot L^{-1}$ 的 HCl 标准溶液滴定，消耗盐酸 26.50mL，求纯碱的纯度？

5. 用甲醛法测定某铵盐样品的氮含量。准确称取样品 0.4802g，溶解后加入中性甲醛，反应完全后，以酚酞为指示剂，用 $0.1098 \text{mol} \cdot L^{-1}$ 的 NaOH 标准溶液滴定至终点，消耗 NaOH 溶液 25.60mL，计算铵盐样品中氮的含量。

第六章 沉淀滴定法

■【知识目标】
1. 了解沉淀溶解平衡、溶度积、溶解度的概念。
2. 掌握溶度积规则。
3. 了解影响沉淀溶解平衡的因素;掌握沉淀滴定法的原理、特点。

■【能力目标】
1. 会应用溶度积规则判断沉淀的生成和溶解。
2. 掌握 $AgNO_3$ 和 NH_4SCN 标准溶液的配制与标定的方法、操作技术及计算。
3. 掌握滴定终点的正确判断,会应用沉淀滴定法进行有关物质的测定。

第一节 沉淀溶解平衡

科学实验和生产实践中,常利用沉淀反应来制备难溶化合物进行离子的分离、鉴定和去除溶液中的杂质等。

一、溶解度和溶度积

1. 溶解度

实验证明任何难溶电解质,在水溶液中总是或多或少地溶解,绝对不溶解的物质是不存在的。溶解性是物质的重要性质之一。物质的溶解性常用溶解度来表示,其定义为:在一定温度下的饱和溶液中,一定量的溶剂里含有溶质的质量。对于物质在水中可溶性物质的溶解能力来说,常用100g水中所溶解的溶质最大克数即溶解度来表示。如果在100g水中能溶解1g以上的溶质,这种溶质称为可溶的;小于0.01g时,称为难溶的;溶解度介于可溶与难溶之间的,称为微溶的。例如 $AgCl$、$BaSO_4$、$CaCO_3$ 都是难溶的强电解质。

2. 溶度积

将 $AgCl$ 晶体放入水中,在水分子的作用下,晶体表面的部分 Ag^+ 和 Cl^- 离开晶体表面进入水中,成为自由运动的水合离子,这一过程称为**溶解**;同时,Ag^+ 和 Cl^- 在水中相互碰撞,重新结合成 $AgCl$ 晶体,或在晶体固体表面的吸引下又重新回到固体表面,这一过程称为**沉淀**。在溶液中沉淀和溶解是同时存在的。在一定温度下,当沉淀速率和溶解速率相等时,就达到了沉淀-溶解平衡:

$$AgCl(s) \rightleftharpoons Ag^+(aq) + Cl^-(aq)$$

根据化学平衡定律,其平衡常数表达式为:

$$K = \frac{c_{Ag^+} c_{Cl^-}}{c_{AgCl}}$$

因 AgCl 是固体，c_{AgCl} 可视为常数，则把它归并到常数 K 中，则上式为：

$$Kc_{AgCl} = K_{sp} = c_{Ag^+} c_{Cl^-}$$

K_{sp} 是难溶电解质沉淀-溶解平衡的平衡常数，称为**溶度积常数**，简称**溶度积**。

对于一般的难溶电解质 $A_m B_n$，在一定温度下，当达到沉淀-溶解平衡时，其饱和溶液的平衡方程式为：

$$A_m B_n(s) \rightleftharpoons mA^{n+}(aq) + nB^{m-}(aq)$$

其溶度积表达式为：

$$K_{sp} = c_{A^{n+}}^m \, c_{B^{m-}}^n \tag{6-1}$$

式中　K_{sp}——溶度积；

$c_{A^{n+}}$，$c_{B^{m-}}$——平衡时离子的浓度；

m，n——A^{n+}，B^{m-} 方程式系数。

可见一般的沉淀反应，不管进行得如何完全，溶液中总存在着相应的离子，它们的关系符合溶度积表达式。

溶度积常数 K_{sp} 表示：在一定温度下，难溶电解质的饱和溶液中，各离子浓度的幂次方的乘积为一常数，其大小反映了物质的溶解能力。

溶度积常数和其他平衡常数一样，具有以下特点：K_{sp} 与物质的本性有关，不同的难溶电解质，其溶度积常数则不同；K_{sp} 与温度有关，随着温度的变化而变化；K_{sp} 与浓度无关，溶液浓度的变化只会使沉淀溶解平衡移动，K_{sp} 值不会改变。

3. 溶解度和溶度积的关系

溶解度可表示各类物质（包括电解质和非电解质、易溶电解质和难溶电解质）的溶解性能，而溶度积只能用来表示难溶电解质的溶解性能。溶度积不受外加的共同离子浓度影响，而溶解度则不同。溶度积只能比较相同类型难溶电解质的溶解性能，溶解度则比较直观。溶解度和溶度积都反映了物质的溶解能力，二者之间必然存在着联系，单位统一时，可以相互换算。

溶度积表达式中，离子的浓度用物质的量浓度来表示，而溶解度常用各种不同的量来表示，从一些手册上查出的溶解度的单位常以 g·(100g 水)$^{-1}$ 表示。所以由溶解度求溶度积时，先要把溶解度换算成物质的量浓度，即换算成单位为 mol·L^{-1}。

【例 6-1】 25℃时，AgCl 的溶解度为 1.91×10^{-3} g·L^{-1}，求 AgCl 的溶度积常数（已知 $M_{AgCl} = 143.3$ g·mol^{-1}）。

解：AgCl 的相对分子质量为 143.3，AgCl 饱和溶液的物质的量浓度为：

$$\frac{1.93 \times 10^{-3} \text{g·L}^{-1}}{143.3 \text{g·mol}^{-1}} = 1.35 \times 10^{-5} \text{ mol·L}^{-1}$$

根据 AgCl 在溶液中的离解：

$$AgCl \rightleftharpoons Ag^+ + Cl^-$$

$$K_{sp} = c_{Ag^+} c_{Cl^-} = (1.35 \times 10^{-5})^2 = 1.82 \times 10^{-10}$$

答：AgCl 的溶度积常数 1.82×10^{-10}。

【例 6-2】 25℃时，AgBr 的 $K_{sp} = 5.4 \times 10^{-13}$，求 AgBr 的溶解度（已知 $M_{AgBr} = 187.8$ g·mol^{-1}）。

解：设 AgBr 的溶解度为 s

$$AgBr \rightleftharpoons Ag^+ + Br^-$$

平衡时
$$K_{sp}=c_{Ag^+}c_{Br^-}$$
$$c_{Ag^+}=c_{Br^-}=\sqrt{K_{sp}}=7.3\times10^{-7}\ (\text{mol}\cdot\text{L}^{-1})$$
$$s=7.3\times10^{-7}\text{mol}\cdot\text{L}^{-1}\times187.8\text{g}\cdot\text{mol}^{-1}=1.4\times10^{-4}\text{g}\cdot\text{L}^{-1}$$

答：AgBr 的溶解度为 $1.4\times10^{-4}\text{g}\cdot\text{L}^{-1}$。

通过例 6-2 可以总结出几种不同类型难溶电解质的溶度积 K_{sp} 和溶解度 s 之间的换算关系。

① AB 型：如 AgCl、AgBr、$BaSO_4$、$CaCO_3$ 等，$K_{sp}=s^2$。

② AB_2 或 A_2B 型：如 Ag_2S 及 Ag_2CrO_4 等，$K_{sp}=4s^3$。

③ AB_3 或 A_3B 型：如 Ag_3PO_4、$Fe(OH)_3$ 及 $Al(OH)_3$，$K_{sp}=27s^4$。

对于相同类型的难溶电解质，可通过溶度积的数据直接比较其溶解度的大小。如 AgCl 与 AgBr(AB 型)、Ag_2S 与 Ag_2CrO_4(A_2B 型) 等，K_{sp} 越小，溶解度也越小。对于不同类型的难溶电解质溶解能力比较，可通过溶度积数据换算为溶解度后再进行比较。

二、溶度积规则及其应用

某一难溶电解质在一定条件下能否生成沉淀，已有的沉淀能否发生溶解，可以根据溶度积规则判断。

在某难溶电解质的溶液中，任一时刻有关离子浓度幂的乘积称为**离子积**，用符号 Q_i 表示，
$$A_mB_n(s)\rightleftharpoons mA^{n+}+nB^{m-}$$
$$Q_i=[A^{n+}]^m[B^{m-}]^n$$

式中 $[A^{n+}]$，$[B^{m-}]$——溶液中任一时刻 A^{n+}、B^{m-} 的浓度。

对于某一难溶电解质来说，在一定条件下，沉淀能否生成或溶解，从 Q_i 与 K_{sp} 的关系可以判断出来。

① $Q_i<K_{sp}$ 时，为不饱和溶液，若体系中有固体存在，固体将溶解直至饱和为止。所以 $Q_i<K_{sp}$ 是沉淀溶解的条件。

② $Q_i=K_{sp}$ 时，是饱和溶液，处于动态平衡状态，无沉淀析出。

③ $Q_i>K_{sp}$ 时，为过饱和溶液，有沉淀析出，直至饱和。所以 $Q_i>K_{sp}$ 是沉淀生成的条件。

三、沉淀-溶解平衡的移动

1. 沉淀的生成

（1）加入沉淀剂　根据溶度积规则，在难溶电解质的溶液中，若 $Q_i>K_{sp}$，就会生成沉淀。因此，只要设法增加溶液中某一离子的浓度，就会使多相平衡向生成沉淀的方向移动。促使沉淀生成最常用的方法是加入沉淀剂。

一定温度下，K_{sp} 是常数，溶液中沉淀-溶解平衡总是存在，因而溶液中没有一种离子的浓度会等于零，没有一种沉淀反应是绝对完全的。所谓"沉淀完全"并不是说溶液中某种离子完全不存在，而是其含量极少。定性分析中，一般要求在溶液中的离子浓度小于 $1.0\times10^{-5}\text{mol}\cdot\text{L}^{-1}$；定量分析中，通常要求离子浓度小于 $1.0\times10^{-5}\text{mol}\cdot\text{L}^{-1}$。

（2）同离子效应　同离子效应在沉淀-溶解平衡中的作用较大。在饱和的难溶电解质的溶液中，加入与难溶电解质具有相同离子的强电解质，其溶解度会降低。在重量分析中及一些生产上同离子效应有重要的应用。欲使某种离子沉淀完全，可将另一种离子（即沉淀剂）

过量。例如，在重量分析法中，为了减少洗涤沉淀的溶解损失，常利用含有相同离子的溶液代替纯水洗涤沉淀。由硝酸银和盐酸为原料生产 AgCl 时，由于硝酸银来自金属银，银为贵重金属，应充分利用。因此，常加入过量的盐酸，促使 Ag 沉淀完全。

2. 沉淀的溶解

（1）酸效应　在难溶弱酸盐或难溶氢氧化物的饱和溶液中加入强酸，酸中的氢离子与难溶物生成弱电解质或微溶气体使沉淀溶解。

这种通过控制溶液的 pH 可使一些难溶弱酸盐和难溶氢氧化物溶解的现象称为**酸效应**。

（2）配位效应　在沉淀-溶解平衡溶液中加入一些其他试剂，使沉淀和其发生配位反应，生成配离子，导致沉淀溶解或部分溶解，其溶解度增大的现象称为**配位效应**。

例如：在难溶盐 AgCl 的饱和溶液中，加入 $NH_3 \cdot H_2O$，这时 NH_3 分子能与 Ag^+ 发生配位反应生成稳定的配离子 $[Ag(NH_3)_2]^+$，从而降低了 c_{Ag^+}，使其 $Q_i < K_{sp}$，原平衡被破坏，AgCl 沉淀开始溶解。

四、分步沉淀

在实际中，溶液中有多种离子存在，加入某种试剂，将会和多种离子都生成沉淀。由于各种物质的溶度积不同，它们沉淀的次序也先后不同。

这种由于难溶电解质溶度积不同，加入同一种沉淀剂后使混合离子按顺序先后沉淀下来的现象称为**分步沉淀**。

分步沉淀的基本原则：当溶液中同时存在几种离子时，离子积 Q_i 最先达到溶度积 K_{sp}（即 $Q_i > K_{sp}$）的难溶电解质首先沉淀。

也就是说，离子沉淀的先后次序，决定于沉淀的溶度积和被沉淀离子的浓度。同类型难溶电解质，被沉淀离子浓度相同时，则生成难溶物 K_{sp} 小的离子先沉淀，K_{sp} 大的后沉淀。对于不同类型的难溶电解质，溶液中各离子浓度又不同，则必须经过计算后才能确定。

五、沉淀的转化

在含有沉淀的溶液中，加入适当的另一种沉淀剂，可使溶液中原有的沉淀物转化为另一种沉淀，这种由一种沉淀转化为另一种沉淀的过程称为**沉淀的转化**。

在含有 $BaCO_3$ 白色沉淀的溶液中，加入淡黄色的 K_2CrO_4 溶液。搅拌沉淀后，溶液白色消褪，沉淀呈黄色，表明 $BaCO_3$ 已转化为黄色的 $BaCrO_4$ 沉淀。

为什么会发生沉淀的转化？$BaCO_3$ 饱和溶液中存在 $BaCO_3 \rightleftharpoons Ba^{2+} + CO_3^{2-}$ 沉淀溶解平衡，当在 $BaCO_3$ 饱和溶液中加入 K_2CrO_4 溶液时，CO_3^{2-}、CrO_4^{2-} 都极力争夺 Ba^{2+}，欲与之生成相应的沉淀，由于 $K_{sp(BaCrO_4)} = 1.17 \times 10^{-10}$ 较小，而 $K_{sp(BaCO_3)} = 2.58 \times 10^{-9}$ 较大，此时溶液中 $c_{Ca^{2+}} \cdot c_{CrO_4^{2-}} > K_{sp(BaCrO_4)}$，故 $BaCrO_4$ 沉淀生成，从而使 Ba^{2+} 浓度降低，$c_{Ba^{2+}} \cdot c_{CO_3^{2-}} < K_{sp(BaCO_3)}$，而使 $BaCO_3$ 沉淀溶解。这样 $BaCO_3$ 不断溶解而 $BaCrO_4$ 不断沉淀，直至全部转化为 $BaCrO_4$ 为止。竞争结果是 $BaCO_3$ 的沉淀溶解平衡被破坏而建立 $BaCrO_4$ 的沉淀溶解平衡。

综上所述，借助适当试剂的作用，可将许多难溶电解质转化为更难溶的电解质。二者的溶解度相差越大，这种转化越容易。反之在某些情况下，也能将难溶电解质转化为较易溶的难溶电解质。例如锅炉中的锅垢常含有难溶于水及酸的 $CaSO_4$，用 Na_2CO_3 溶液处理，就能转化为疏松的可溶于酸的 $CaCO_3$ 沉淀，使锅垢容易除去。

第二节 沉淀滴定法及其应用

一、沉淀滴定法概述

沉淀滴定法是以沉淀反应为基础的一种滴定分析方法。用作沉淀滴定的沉淀反应必须满足以下条件:
① 沉淀反应按一定的化学计量关系进行,生成的沉淀溶解度小;
② 沉淀反应必须迅速、不易形成过饱和溶液;
③ 有确定化学计量点的简单方法;
④ 沉淀无显著的吸附现象,不影响等量点的测定。

能完全满足上述条件的反应并不多,在分析上应用最广泛的是银量法。以生成难溶性银盐的沉淀反应为基础的滴定分析方法通常称为银量法。主要用于测定 Cl^-、Br^-、I^-、Ag^+ 及 SCN^- 等离子的化合物,在化学工业、环境监测、水质分析、农药检验以及冶金工业中有重要意义。

根据确定终点时所用指示剂不同,银量法分为莫尔法、佛尔哈德法以及法扬斯法等,本教材重点介绍莫尔法与佛尔哈德法。

二、沉淀滴定法及指示剂的选择

(一) 莫尔法

莫尔法是以铬酸钾为指示剂,在中性或弱碱性介质中,用硝酸银标准溶液滴定的一种银量法。

1. 基本原理

在含 Cl^- 的试液中加入 K_2CrO_4 指示剂,然后滴加 $AgNO_3$ 标准溶液,产生 $AgCl$ 白色沉淀,当 Cl^- 沉淀完全后,继续滴加的 $AgNO_3$ 就与溶液中的 K_2CrO_4 指示剂反应,产生 Ag_2CrO_4 砖红色沉淀,指示滴定终点的到达。

滴定前 将 K_2CrO_4 加到含 Cl^-、Br^- 待测液中,无变化。

终点前 $Ag^+ + Cl^- \rightleftharpoons AgCl\downarrow$ $K_{sp(AgCl)} = 1.8 \times 10^{-10}$

终点时 $2Ag^+ + CrO_4^{2-} \rightleftharpoons Ag_2CrO_4\downarrow$ $K_{sp(Ag_2CrO_4)} = 1.1 \times 10^{-12}$
         黄色   砖红色

因为 $AgCl$ 和 Ag_2CrO_4 的溶度积不同,根据分步沉淀原理,在滴定过程中 $AgCl$ 首先沉淀,随着 $AgNO_3$ 标准溶液的不断加入,Cl^- 浓度越来越小,Ag^+ 浓度越来越大,当溶液中 Cl^- 基本沉淀完全后,稍过量的 $AgNO_3$ 标准溶液与 K_2CrO_4 指示剂反应生成砖红色的 Ag_2CrO_4(量少时为橙色)。

2. 滴定条件

(1) 铬酸钾指示剂的用量 根据溶度积原理,可以计算等量点时恰好析出 Ag_2CrO_4 沉淀所需的 CrO_4^{2-} 的浓度,在等量点时 $c_{Ag^+} c_{Cl^-} = K_{sp(AgCl)} = 1.8 \times 10^{-10}$

$$c_{Ag^+} = 1.34 \times 10^{-5} \text{ mol} \cdot \text{L}^{-1}$$

Ag_2CrO_4 开始沉淀,溶液中 CrO_4^{2-} 浓度为

$$CrO_4^{2-} = \frac{K_{sp(Ag_2CrO_4)}}{c_{Ag^+}^2} = \frac{1.1 \times 10^{-12}}{1.8 \times 10^{-10}} = 6.1 \times 10^{-3} \text{ (mol} \cdot \text{L}^{-1}\text{)}$$

即在化学计量点,恰好析出 Ag_2CrO_4 沉淀所需的 CrO_4^{2-} 浓度是 6.1×10^{-3} mol·L^{-1},

实际上由于 CrO_4^{2-} 本身呈黄色，浓度要稍大些。实验证明 CrO_4^{2-} 浓度为 $5×10^{-3} mol·L^{-1}$ 为宜。实际工作中：最适宜的用量是 5% K_2CrO_4 溶液，每次加 0.5~1mL。

(2) 溶液的酸度　莫尔法滴定的溶液应为中性和弱碱性，pH=6.5~10.5 最适宜。

因为当 pH<6.5 时：$2CrO_4^{2-} + 2H^+ \rightleftharpoons 2HCrO_4^- \rightleftharpoons Cr_2O_7^{2-} + H_2O$

当 pH>10.5 时：$2Ag^+ + 2OH^- \rightleftharpoons 2AgOH↓$
　　　　　　　　　　　　　　　　　└→ $Ag_2O + H_2O$

当溶液中有铵离子盐存在时，因形成 $[Ag(NH_3)_2]^+$ 而多消耗 $AgNO_3$ 标准溶液，此时溶液的酸度为 6.5~7.2 最适宜。

调节方法：若溶液碱性太强，用稀 HNO_3 调节，若溶液酸性太强时，用 $NaHCO_3$ 或 $NaB_4O_7·10H_2O$ 调节。

(3) 注意事项　生成的 AgCl 或 AgBr 沉淀吸附 Cl^- 或 Br^-，使终点提前到达。所以滴定时必须剧烈摇动溶液，使被吸附的 Cl^- 或 Br^- 释放出来。

3. 测定范围

① 主要用于测定 Cl^-、Br^-，不能测定 I^-、SCN^-，因 AgI 和 AgSCN 强烈吸附 I^-、SCN^-，从而使终点提早出现，并使终点变色不敏锐。

② 凡能与 Ag^+ 和 CrO_4^{2-} 生成沉淀的阴离子和阳离子，如 PO_4^{3-}、AsO_4^{3-}、S^{2-}、CO_3^{2-}、Ba^{2+}、Pb^{2+}、Hg^{2+} 等都会干扰测定。

③ 适用于 Ag^+ 滴定 Cl^-，不能用 Cl^- 滴定 Ag^+，因为在含 Ag^+ 溶液中加入指示剂后，Ag^+ 首先与 CrO_4^{2-} 生成 Ag_2CrO_4，在滴加 Cl^- 标准溶液时，虽然 Ag_2CrO_4 沉淀可以转化为 AgCl，但转化的速率很慢。若使用莫尔法测 Ag^+，只能采用返滴定的方式。

（二）佛尔哈德法

1. 测定原理

佛尔哈德法是以铁铵矾 $NH_4Fe(SO_4)_2·12H_2O$ 为指示剂，在酸性溶液中，用 NH_4SCN（或 KSCN）作标准溶液进行滴定的一种银量法。佛尔哈德法分为直接滴定法和返滴定法。

(1) 直接滴定法　在稀 HNO_3 中，以铁铵矾作指示剂，用 NH_4SCN 的标准溶液直接滴定被测物质。当滴定到化学计量点时，稍微过量的 SCN^- 与 Fe^{3+} 生成 $[Fe(SCN)]^{2+}$ 配离子，溶液呈红色，即为滴定终点。

例如直接滴定 Ag^+，滴定反应如下：

终点前　　　　　　$Ag^+ + SCN^- \rightleftharpoons AgSCN↓$（白色）　$K_{sp}=1.2×10^{-12}$

终点时　　　　　　$Fe^{3+} + SCN^- \rightleftharpoons [Fe(SCN)]^{2+}$（红色）　$K_{sp}=138$

由于 AgSCN 沉淀能吸附溶液中的 Ag^+，使 Ag^+ 浓度降低，而少消耗 NH_4SCN 标准溶液使终点提前出现，因此，滴定过程中需剧烈摇动锥形瓶，使被吸附的 Ag^+ 释放出来。此法可直接测定 Ag^+，且优于莫尔法。

(2) 返滴定法　在待测溶液中，加入过量的准确体积的 $AgNO_3$ 标准溶液，待 $AgNO_3$ 与被测物质反应完全后，以铁铵矾作指示剂，用 NH_4SCN 标准溶液滴定剩余的 Ag^+，滴定至出现浅红色时为终点。

其滴定过程如下：

加入过量 $AgNO_3$ 后　　　Ag^+（过量）$+ X^- \rightleftharpoons AgX↓$

回滴剩余 $AgNO_3$　　　　Ag^+（剩余量）$+ SCN^- \rightleftharpoons AgSCN↓$（白色）

终点时　　　　　　　　　$Fe^{3+} + SCN^- \rightleftharpoons FeSCN^{2+}$（红色）

此法可直接测定 Cl^-、Br^-、SCN^-、I^- 和 Ag^+。

2. 滴定条件

（1）指示剂用量　指示剂用量大小对滴定准确度有影响，一般控制 Fe^{3+} 浓度为 $0.0155\ mol·L^{-1}$ 为宜。

（2）溶液酸度　佛尔哈德法适宜在酸性介质中进行，酸度应控制在 $0.1 \sim 1\ mol·L^{-1}$，如果在中性或碱性介质中，则指示剂水解而析出 $Fe(OH)_3$ 沉淀，降低 Fe^{3+} 浓度；Ag 在碱性溶液中会生成 Ag_2O 沉淀；如果酸度过大，则部分 SCN^- 形成 $HSCN(K_a=0.14)$，$SCN^- + H^+ \longrightarrow HSCN$，使 SCN^- 浓度降低。

在酸性溶液中，Al^{3+}、Zn^{2+}、Ba^{2+} 及 SO_4^{2-}、PO_4^{2-}、CO_3^{2-} 等许多阴离子的存在不产生干扰，故本法的选择性较好。

（3）注意事项

① 由于 AgSCN 沉淀吸附 Ag^+，使终点提前，结果偏低。所以滴定时应充分摇动溶液，使被吸附的 Ag^+ 及时释放出来。

② 测定 Cl^- 时，由于 AgCl 的溶解度大于 AgSCN，在等量点时，Ag^+ 被 SCN^- 滴定完后，稍过量的 SCN^- 可能与 AgCl 反应，使 AgCl 转化为 AgSCN，红色消褪，继续滴加 NH_4SCN 形成的红色又会随摇动而消失。这种转化作用将在 Cl^- 与 SCN^- 建立一定平衡关系时，才会出现持久的红色。这必然多消耗 NH_4SCN 溶液，使测得的 Cl^- 含量偏低，产生较大的测定误差。为避免上述现象，通常将 AgCl 沉淀与溶液分开。一是在返滴定前将 AgCl 过滤除去，但操作繁琐。另一方法是加入有机溶剂，如硝基苯或邻苯二甲酸二丁酯，用力摇动，使 AgCl 沉淀被包裹起来，与溶液隔离，阻止 AgCl 向 AgSCN 转化，该法简便，效果显著。AgBr、AgI 的溶解度都比 AgSCN 小，不会发生沉淀转化问题。

③ 测定 I^- 时，应先加入过量的 $AgNO_3$ 标准溶液，待 AgI 定量沉淀完全后，再加入铁铵矾作指示剂，避免 Fe^{3+} 将 I^- 氧化为 I_2，使测定结果偏低。

三、标准溶液的配制和标定

1. $AgNO_3$ 标准溶液的配制和标定

硝酸银可以制得纯品，符合基准物的要求，可以用直接法配制。

将分析纯的硝酸银结晶置于烘箱内，在 110℃ 烘干 2h，以除去吸湿水。然后称取一定量烘干的 $AgNO_3$，溶解后注入一定体积的容量瓶中，加水稀释至刻度并摇匀，即得一定浓度的标准溶液。

由于 $AgNO_3$ 与有机物接触易起还原作用，应保存于玻璃瓶中。$AgNO_3$ 有腐蚀性，应注意勿与皮肤接触。滴定时应使用酸式滴定管。$AgNO_3$ 见光易分解：

$$2AgNO_3 = 2Ag + 2NO_2\uparrow + O_2\uparrow$$

故 $AgNO_3$ 标准溶液应贮存于棕色瓶中，并置于暗处。

$AgNO_3$ 中往往含有金属银、有机物、亚硝酸盐及铵盐等杂质，所以配制成溶液之后一般还应进行标定。标定 $AgNO_3$ 溶液最常用的基准物为 NaCl，但因为 NaCl 易吸潮，故在使用前于 500~600℃ 下干燥，冷却后，置于密封瓶中，保存于干燥器内备用。

标定 $AgNO_3$ 溶液可以用前面讲过的任一方法，但最好使标定方法与用此标准溶液进行试样测定的方法相同，以便消除系统误差。

2. NH_4SCN 标准溶液的配制和标定

NH_4SCN 试剂一般含有杂质，且易潮解，只能先配制成近似浓度的溶液，然后再进行标定。

标定 NH_4SCN 溶液最简单的方法是量取一定体积的 $AgNO_3$ 标准溶液，以铁铵矾溶液作指示剂，用 NH_4SCN 溶液直接滴定。

也可用 NaCl 作基准物，采用佛尔哈德法，同时标定 $AgNO_3$ 和 NH_4SCN 两种溶液。方法是先准确称取一定量的 NaCl，溶于水后，加入过量的 $AgNO_3$ 溶液，以铁铵矾作指示剂，用 NH_4SCN 溶液回滴过剩的 $AgNO_3$，若已知 $AgNO_3$ 和 NH_4SCN 两种溶液的体积比，则由基准物 NaCl 的质量和两种溶液的用量，即可计算两种溶液的准确浓度。

四、银量法应用示例和计算

1. 天然水中 Cl^- 含量的测定

天然水中几乎都含有 Cl^-，其含量变化范围很大，河水、湖泊中 Cl^- 含量较低，海水、盐湖及某些地下水中含量则较高。水中 Cl^- 含量一般用莫尔法测定。若水中还含有 SO_4^{2-}、PO_4^{3-} 及 S^{2-}，则采用佛尔哈德法测定。

2. 有机卤化物中卤素的测定

有机物中所含卤素多系共价键结合，须经适当处理使其转化为卤离子后，才能用银量法测定。以农药"六六六"为例，它是六氯环己烷的简称。通常是将试样与 KOH 乙醇溶液一起加热回流煮沸，使有机氯以 Cl^- 形式转入溶液。溶液冷却后，加 HNO_3 调至酸性，用佛尔哈德法测定释放出的 Cl^-。

3. 银合金中银的测定

将银合金溶于硝酸制成溶液，制得的溶液，除去干扰离子，加入铁铵矾为指示剂，用 NH_4SCN 为标准溶液按沉淀滴定法进行测定。

知识阅读

含氟牙膏

含氟牙膏中氟化物通常为以下两种：单氟磷酸钠（Na_2PO_3F）与氟化钠（NaF），这两种氟化物可单独添加也可同时使用（即双氟牙膏）。

含氟牙膏防蛀原理为：龋齿发生在牙釉质上，也可能是局部发生在牙釉下面的牙本质里，是由去矿化作用引起的。去矿化作用是指有机酸穿透牙釉质表面使牙齿的矿物质——羟基磷灰石溶解，这些酸是由口腔细菌在糖代谢或可酵解的碳水化合物代谢过程中释放出来的。由于细菌在牙齿表面形成一层黏附着的菌斑，细菌制造的酸能够长时间地跟牙齿表面密切接触，因此，羟基磷灰石被酸溶解，生成磷酸氢根离子和钙离子向齿外扩散，被唾液冲走。

$$Ca_{10}(PO_4)_6(OH)_2 + 8H^+ \rightleftharpoons 10Ca^{2+} + 6HPO_4^{2-} + 2H_2O$$

氟离子会与羟基磷灰石反应生成氟磷灰石：

$$Ca_{10}(PO_4)_6(OH)_2 + 2F^- \rightleftharpoons Ca_{10}(PO_4)_6F_2 + 2OH^-$$

氟离子被吸收后，通过吸附或离子交换的过程，在组织和牙齿中取代羟基磷灰石的羟基，使之转化为氟磷灰石，在牙齿的表面形成坚硬的保护层，使硬度增高、抗酸性增强，抑制腐蚀性增强，抑制嗜酸菌的活性。溶解度研究证实，氟磷灰石比羟磷灰石更能抵抗酸的侵蚀。据研究，牙釉质表层 $60\mu m$ 厚度里氟磷灰石的含量是釉质内层的 10 倍，细菌分泌的酸是通过微小的孔洞进入牙齿的釉质引起含氟磷灰石较少的内层牙质云矿化的。在 X 射线照片上去矿化的亚表层区域显示一个不透光的白斑。临床观察表明含氟牙膏能通过沉积氟磷灰石使白斑再矿化。氟离子也能减少蛀牙，因为它比起较大氢氧根离子在磷灰石晶体结构里更匹配，还因为它能抑制口腔细菌产酸。故使用含氟牙膏能使人的牙齿更健康。

第六章 沉淀滴定法

习 题

一、填空题

1. 摩尔法是在中性或弱碱性介质中，以_____作指示剂的一种银量法，而佛尔哈德法是在酸性介质中，以_____作指示剂的一种银量法。
2. 根据滴定方式、滴定条件和选用指示剂的不同，银量法可分为_____、_____和_____。
3. 同离子效应使难溶电解质的溶解度_____。
4. 已知 As_2S_3 的溶解度为 $2.0×10^{-3}g·L^{-1}$，则它的溶度积 K_{sp} 是_____。
5. 某难溶强电解质 A_2B_3，其溶解度 s 与溶度积 K_{sp} 的关系式是_____。
6. 在含有 Cl^-、Br^-、I^- 的混合溶液中，已知三者浓度均为 $0.010 mol·L^{-1}$，若向混合溶液中滴加 $AgNO_3$ 溶液，首先应沉淀出的是_____，而_____沉淀最后析出[$K_{sp(AgCl)}=1.8×10^{-10}$，$K_{sp(AgBr)}=5.0×10^{-13}$，$K_{sp(AgI)}=8.3×10^{-17}$]。
7. 用佛哈德法测定 Br^- 和 I^- 时，不需要过滤除去银盐沉淀，这是因为_____、_____的溶解度比_____的小，不会发生_____反应。
8. 佛尔哈德法中消除 AgCl 沉淀转化影响的方法有_____除去 AgCl 沉淀或加入_____包围 AgCl 沉淀。

二、选择题

1. 摩尔法用 $AgNO_3$ 标准溶液滴定 NaCl 时，所用的指示剂是（   ）。
 A. KSCN   B. $K_2Cr_2O_7$ C. K_2CrO_4 D. $NH_4Fe(SO_4)_2·12H_2O$
2. 加 $AgNO_3$ 试剂生成白色沉淀，证明溶液中有 Cl^- 存在，需在（   ）介质中进行。
 A. 氨性   B. NaOH 溶液   C. 稀 CH_3COOH D. 稀 HNO_3
3. 佛尔哈德法测定 Cl^- 时，溶液中忘记加硝基苯，在滴定过程中剧烈摇动，则会使结果（   ）。
 A. 偏低   B. 偏高   C. 无影响   D. 正负误差不一定
4. 某难溶物质的化学式是 M_2X，则溶解度 s 与溶度积 K_{sp} 的关系是（   ）。
 A. $s=K_{sp}$ B. $s^2=K_{sp}$ C. $2s^2=K_{sp}$ D. $4s^3=K_{sp}$
5. $Mg(OH)_2$ 沉淀在下列四种情况下，其溶解度最大的是（   ）。
 A. 在纯水中   B. 在 $0.10 mol·L^{-1} CH_3COOH$ 溶液中
 C. 在 $0.10 mol·L^{-1}$ 氨水中   D. 在 $0.10 mol·L^{-1} MgCl_2$ 溶液中
6. 摩尔法测定 Cl^- 时，pH 为 $0.5\sim10.5$，若酸度过高或碱度过高则产生（   ）。
 A. AgCl 溶解   B. Ag_2CrO_4 溶解   C. Ag_2O 沉淀   D. AgCl 吸附 Cl^-
7. 下面叙述中，正确的是（   ）。
 A. 溶度积大的化合物溶解度肯定大
 B. 向含 AgCl 固体的溶液中加适量的水使 AgCl 溶解又达平衡时，AgCl 溶度积不变，其溶解度也不变
 C. 将难溶物质放入水中，溶解达到平衡时，离子浓度的乘积就是该物质的溶度积
 D. AgCl 水溶液的导电性很弱，所以 AgCl 为弱电解质
8. 用摩尔法测定时，不能存在的阳离子是（   ）。
 A. K^+ B. Na^+ C. Ba^{2+} D. Ag^+
9. 以 Fe^{3+} 为指示剂，NH_4SCN 为标准溶液滴定 Ag^+ 时，应在（   ）条件下进行。
 A. 酸性   B. 碱性   C. 弱碱性   D. 中性
10. pH=4 时用莫尔法滴定 Cl^- 含量，将使结果（   ）。
 A. 偏高   B. 偏低   C. 忽高忽低   D. 无影响
11. 摩尔法测定氯的含量时，其滴定反应的酸度条件是（   ）。
 A. 强酸性   B. 弱酸性   C. 强碱性   D. 弱碱性或近中性
12. 指出下列条件适于佛尔哈德法的是（   ）。
 A. pH $6.5\sim10$ B. 以 K_2CrO_4 为指示剂

C. 滴定酸度为 0.1~1mol·L^{-1} D. 以荧光黄为指示剂

三、判断题

1. 控制一定的条件，沉淀反应可以达到绝对完全。（   ）
2. 难溶强电解质的 K_{sp} 越小，其溶解度也就越小。（   ）
3. 同离子效应可使难溶强电解质的溶解度大大降低。（   ）
4. 借助适当试剂，可使许多难溶强电解质转化为更难溶的强电解质，两者的 K_{sp} 相差越大，这种转化就越容易。（   ）
5. AgCl 固体在 1.0mol·L^{-1} NaCl 溶液中，由于盐效应的影响使其溶解度比在纯水中要略大些。（   ）
6. 为使沉淀损失减小，洗涤 $BaSO_4$ 沉淀时不用蒸馏水，而用稀 H_2SO_4。（   ）
7. 用水稀释 AgCl 的饱和溶液后，AgCl 的溶度积和溶解度都不变。（   ）
8. 向 $BaCO_3$ 饱和溶液中加入 Na_2CO_3 固体，会使 $BaCO_3$ 溶解度降低，溶度积减小。（   ）
9. 在常温下，Ag_2CrO_4 和 $BaCrO_4$ 的溶度积分别为 $2.0×10^{-12}$ 和 $1.6×10^{-10}$，前者小于后者，因此 Ag_2CrO_4 要比 $BaCrO_4$ 难溶于水。（   ）
10. 佛尔哈德法是在中性或弱碱性介质中，以铁铵矾作指示剂来确定滴定终点的一种银量法。（   ）

四、计算题

1. 已知下列物质的溶解度，试计算其溶度积常数。
   (1) $CaCO_3$ $s_{CaCO_3}=5.3×10^{-3} g·L^{-1}$
   (2) Ag_2CrO_4 $s_{Ag_2CrO_4}=2.1×10^{-2} g·L^{-1}$

2. 已知下列物质的溶度积常数，试计算在饱和溶液中各种离子的浓度。
   (1) CaF_2 $K_{sp(CaF_2)}=3.9×10^{-11}$
   (2) $PbSO_4$ $K_{sp(PbSO_4)}=1.6×10^{-8}$

3. 通过计算说明将下列各组溶液以等体积混合时，哪些能生成沉淀？哪些不能？各混合溶液中 Ag^+ 和 Cl^- 的浓度分别是多少？
   (1) $1.5×10^{-6}$ mol·L^{-1} $AgNO_3$ 和 $1.5×10^{-5}$ mol·L^{-1} NaCl
   (2) $1.5×10^{-4}$ mol·L^{-1} $AgNO_3$ 和 $1.5×10^{-4}$ mol·L^{-1} NaCl
   (3) $1.0×10^{-2}$ mol·L^{-1} $AgNO_3$ 和 $1.0×10^{-3}$ mol·L^{-1} NaCl

4. 称取分析纯 $AgNO_3$ 4.326g，加水溶解后定容至 250.00mL，取出 20.00mL，用 NH_4SCN 溶液滴定，总计用去 18.48mL，则 $AgNO_3$ 和 NH_4SCN 溶液的浓度各为多少？

5. 称取分析纯 NaCl 1.1690g，加水溶解后配成 250.0mL 溶液，吸取此溶液 25.00mL，加入 $AgNO_3$ 溶液 30.00mL，剩余的 Ag^+ 用 NH_4SCN 回滴，总计用去 12.00mL。已知直接滴定 25.00mL $AgNO_3$ 溶液时需要 20.00mL NH_4SCN 溶液。计算 $AgNO_3$ 和 NH_4SCN 溶液的浓度。

6. 取基准试剂 NaCl 0.2000g 溶于水，加入 $AgNO_3$ 标准溶液 50.00mL，以铁铵矾作指示剂，用 NH_4SCN 标准溶液滴定，用去 25.00mL。已知 1.00mL NH_4SCN 标准溶液相当于 1.20mL $AgNO_3$ 标准溶液。计算 $AgNO_3$ 和 NH_4SCN 溶液的浓度。

7. 将浓度为 0.1131mol·L^{-1} $AgNO_3$ 溶液 32.00mL，加入含有氯化物的试样 0.2368g 的溶液中，然后用浓度为 0.1151mol·L^{-1} NH_4SCN 溶液滴定剩余的 $AgNO_3$ 溶液，用去 10.04mL，试求试样中氯的含量。

8. 取水样 50.00mL，加入 0.01028mol·L^{-1} $AgNO_3$ 溶液 25.00mL，用 4.20mL 0.0095mol·L^{-1} 的 NH_4SCN 溶液滴定剩余的 $AgNO_3$，求水中氯离子的含量（用 mg·L^{-1} 表示）。

第七章 氧化还原滴定法

■【知识目标】
1. 明确氧化还原反应的基本概念及规律。
2. 熟悉并掌握高锰酸钾法、重铬酸钾法和碘量法的基本原理及其应用。

■【能力目标】
1. 学生能学会化学氧化还原方程式配平。
2. 培养学生能独立进行氧化还原滴定的操作能力。
3. 会对氧化还原滴定分析结果进行计算。

第一节 氧化还原平衡

涉及电子得失（或转移）的化学反应称为**氧化还原反应**。反应中电子的得失（或转移），表现为参与反应的氧化剂和还原剂氧化数发生变化。因此在研究氧化还原反应时，首先要掌握氧化数的概念。

一、氧化数

元素的氧化数是区别氧化还原反应和非氧化还原反应的主要依据。也是定义氧化剂、还原剂和配平氧化还原反应方程式的主要依据。

1970年国际纯粹和应用化学联合会（IUPAC）定义：**氧化数**是某一个原子的电荷数，这个电荷数可由假设把每个键中的电子指定给电负性（表示原子吸引电子能力大小的数值）更大的原子而求得。

确定氧化数的规则如下。

① 在单质中元素的氧化数等于零；在离子型化合物中，某元素原子的氧化数就等于该元素的离子电荷数，如 $MgCl_2$ 中镁原子的氧化数为 $+2$，氯原子为 -1；在共价化合物中，某元素原子的氧化数就等于该原子的形式电荷数，如 CO_2 中碳原子的氧化数为 $+4$，氧原子为 -2。

② 在化合物中所有元素的氧化数的代数和等于零。在离子中所有元素的氧化数的代数和等于该离子的电荷数。

③ 氢在化合物中的氧化数一般为 $+1$，但在活泼金属的氢化物中氢为 -1；氧在化合物中的氧化数一般为 -2，但在过氧化物（如 H_2O_2 和 BaO_2）中氧的氧化数为 -1，在超氧化物中（如 KO_2）为 $-\dfrac{1}{2}$。

氧化数可以为整数，也可以用分数或小数表示。

根据上述规则可计算化合物中某元素原子的氧化数。

【例 7-1】 求四氧化三铁（Fe_3O_4）中铁的氧化数。

解：设铁的氧化数为 x，则 $(-2)\times 4 + 3x = 0$

$$x = +\frac{8}{3} = +2\frac{2}{3}$$

二、氧化还原的实质

根据氧化数的概念，在反应中，元素氧化数升高的过程称为**氧化**（失去电子），氧化数降低的过程称为**还原**（得到电子）。在反应过程中通过元素化合价变化来体现。所以在化学反应中有元素氧化数变化的反应叫做**氧化还原反应**。这种反应可以理解成由两个半反应构成，即**氧化反应**和还原反应。此类反应都遵守**电荷守恒**。在氧化还原反应里，氧化与还原必然以等量同时进行。两者可以比喻为阴阳之间相互依靠、转化、消长且互相对立的关系。氧化数升高的物质是**还原剂**（失去电子），本身被氧化，具有还原性。氧化数降低的物质是**氧化剂**（得到电子），本身被还原，具有氧化性。

还有一类反应，即氧化数升高和降低都发生在同一化合物的同一种元素，这种氧化还原反应称为**歧化反应**，也叫**自身氧化还原反应**。例如：

$$Cl_2 + H_2O \Longrightarrow HClO + HCl$$

$$4KClO_3 \xrightarrow{\triangle} 3KClO_4 + KCl$$

在反应中，Cl_2 和 $KClO_3$ 既是氧化剂又是还原剂。

三、常用的氧化剂和还原剂

在化学上常用的氧化剂有单质、氧化物、含氧酸及其盐和某些重金属盐。如氧气、卤素、过氧化氢、过氧化钠、卤素含氧酸及其盐（$NaClO$、$KClO_3$、$HClO_4$ 等）、硝酸及其盐、浓硫酸、高锰酸钾、重铬酸钾、铋酸钠（$NaBiO_3$）以及铜盐、银盐和三价铁盐等。

常用的还原剂有单质、低价金属盐、氢碘酸、碘化钾、甲酸及其盐、亚硫酸及其盐、硫酸亚铁、硫代硫酸钠等一系列物质。

四、氧化还原方程式的配平

氧化还原反应往往比较复杂，参加反应的物质也比较多，配平这类反应方程式不像配平其他反应方程式那样容易，所以有必要介绍一下氧化还原方程式的配平方法。最常用的有离子-电子法、氧化值法等。

1. 离子-电子法

此法配平步骤如下。

① 根据实验事实或反应规律先将反应物、生成物写成一个没有配平的离子方程式。例如：

$$H_2O_2 + I^- \Longrightarrow H_2O + I_2$$

② 再将上述反应分解为两个半反应方程式（一个是氧化反应，一个是还原反应），并分别加以配平，使每一个半反应的原子数和电荷数相等（加一定数目的电子）。

$$2I^- - 2e^- \Longrightarrow I_2 \qquad\qquad 氧化反应$$

$$H_2O_2 + 2H^+ + 2e^- \Longrightarrow 2H_2O \qquad\qquad 还原反应$$

值得注意的是，这里得失电子数是根据离子的电荷数的变化来确定的。例如对 I^- 来说，必须有 2 个 I^- 氧化 I_2：$2I^- = I_2$。

再根据反应式两边不但电子数要相等，而且同时电荷数也要相等的原则，可确定所失去电子数为 2。

对于 H_2O_2 被还原为 H_2O 来说，需要去掉一个 O，为此可在反应式的左边加上 2 个（因为反应在酸性介质中进行），使所去掉的 O 变成：$H_2O_2 + 2H^+ = 2H_2O$。

然后再根据离子电荷数可确定所得到的电子数为 2。

③ 根据氧化剂得到的电子数和还原剂失去的电子数必须相等的原则，以适当系数乘氧化反应和还原反应，然后相加就得到一个配平了的离子方程式。

$$\begin{array}{r|l} 1 & H_2O_2 + 2H^+ + 2e^- = 2H_2O \\ +1 & 2I^- - 2e^- = I_2 \\ \hline & H_2O_2 + 2H^+ + 2I^- = 2H_2O + I_2 \end{array}$$

由此可见，用离子-电子法配平，可直接产生离子反应方程式。

在半反应方程式中，如果反应物和生成物内所含的氧原子数目不同，可以根据介质的酸碱性，分别在半反应方程式中加 H^+ 和 OH^-，并利用水的解离平衡使反应式两边的氧原子数目相等。不同介质条件下配平氧原子的经验规则见表 7-1。

表 7-1 配平氧原子的经验规则

介质条件	比较反应方程式两边的氧原子数	配平左边加入物质	生成物
酸性	(1) 左边 O 多	H^+	H_2O
	(2) 左边 O 少	H_2O	H^+
碱性	(1) 左边 O 多	H_2O	OH^-
	(2) 左边 O 少	OH^-	H_2O
中性（或弱碱性）	(1) 左边 O 多	H_2O	OH^-
	(2) 左边 O 少	H_2O（中性）	H^+
		OH^-	H_2O

2. 氧化数法

根据氧化还原反应中元素氧化数的改变情况，按照氧化数增加值与氧化数降低值必须相等的原则来确定氧化剂和还原剂分子式前面的系数，然后再根据质量守恒定律配平非氧化还原部分的原子数目。

现以高锰酸钾和硫化氢在稀硫酸溶液中反应生成硫酸锰和硫为例加以说明。

① 写出反应物和生成物的分子式，标出氧化数有变化的元素，计算出反应前后氧化数变化的数值。

$$\overset{(-5)\times 2}{\overbrace{\overset{+7}{K}MnO_4 + \overset{-2}{H_2S} + H_2SO_4 = \underset{(+2)\times 5}{\underbrace{\overset{+2}{Mn}SO_4 + \overset{0}{S}}} + K_2SO_4 + H_2O}}$$

② 根据氧化数降低总数和氧化值升高总数必然相等的原则，在氧化剂和还原剂前面乘上适当的系数。

$$2KMnO_4 + 5H_2S + H_2SO_4 = 2MnSO_4 + 5S + K_2SO_4 + H_2O$$

③ 使反应方程式两边的各种原子总数相等。从上面不完全反应方程式可看出，要使反应方程式的两边有数目相等的 SO_4^{2-}，左边需 3 分子的 H_2SO_4。这样反应方程式左边已有 16 个 H 原子，所以右边还需加 8 个 H_2O，才可以使反应方程式两边原子 H 总数相等。配平的方程式为：

$$2KMnO_4 + 5H_2S + 3H_2SO_4 =\!=\!= 2MnSO_4 + 5S + K_2SO_4 + 8H_2O$$

上面介绍的两种配平方法各有缺点，对于一般简单的氧化还原反应来说，用氧化数法配平迅速，而且应用范围较广，并且不限于水溶液中的反应。离子-电子法对于配平水溶液中有介质参加的复杂反应比较方便，这个方法反映了水溶液的反应实质，并且对于学习书写半反应方程式有帮助，但此法仅适用于水溶液中的反应，对于气相或固相反应方程式的配平则无能为力。

第二节 氧化还原滴定法及其应用

一、氧化还原滴定法原理

氧化还原滴定法是以氧化还原为基础的滴定分析方法。并非所有氧化还原反应都能用于滴定分析中，只有那些反应速率快，并能定量完成，又有适当的方法指示终点的氧化还原反应才可用于氧化还原滴定分析。它的应用很广泛，可以用来直接测定氧化剂和还原剂，也可以用来间接测定一些能和氧化剂或还原剂定量反应的物质。

可以用来进行氧化还原滴定的反应很多。根据所要用的氧化剂或还原剂的不同，可以将氧化还原滴定法分为多种。这些方法常以氧化剂来命名，主要有高锰酸钾法、重铬酸钾法、碘量法、溴酸盐法及铈量法等。氧化还原滴定法是生物科学较常用的方法之一，除可直接测定具有氧化还原性的物质外，还可以测定那些能与氧化剂或还原剂反应的物质。

二、氧化还原指示剂

在氧化还原滴定中，利用指示剂在化学计量点附近时颜色的改变来指示终点。常用的氧化还原指示剂有三种。

1. 氧化还原指示剂

氧化还原指示剂本身是具有氧化还原性质的有机化合物，它的氧化态和还原态具有不同的颜色，能因氧化还原作用而发生颜色的变化。例如常用的氧化还原指示剂二苯磺酸钠，它的氧化态呈红紫色，还原态是无色的。当用 K_2CrO_4 溶液滴定 Fe^{2+} 到化学计量点时，稍过量的 K_2CrO_4 即将二苯磺酸钠由无色的还原态氧化为红紫色的氧化态，指示终点的到达。表 7-2 列出了一些重要的氧化还原指示剂在氧化态和还原态的颜色变化。

表 7-2 一些氧化还原指示剂颜色变化

指示剂	颜色变化	
	氧化态	还原态
亚甲基蓝	蓝色	无色
二苯胺	紫色	无色
二苯胺磺酸钠	红紫色	无色
邻苯氨基苯甲酸	红紫色	无色
邻二氮杂菲-亚铁	浅蓝色	无色

2. 自身指示剂

某些标准溶液或被滴定物质本身有颜色，而滴定产物无色或颜色很浅，则滴定时就不需要另加指示剂，本身的颜色变化起着指示剂的作用，叫做**自身指示剂**。如 MnO_4^- 本身显紫红色，而被还原的产物 Mn^{2+} 则几乎无色，所以用 $KMnO_4$ 来滴定无色或浅色还原剂，一般不必另加指示剂。到达等量点后，稍过量的 MnO_4^- 即可使被测溶液显粉红色。终点颜色越浅，滴定误差越小。

3. 专属指示剂

有些物质本身并不具有氧化还原性,但它能与滴定剂或被测物产生特殊的颜色,因而可指示滴定终点。例如,可溶性淀粉与 I_3^- 生成深蓝色吸附配合物,反而特效而灵敏,蓝色的出现与消失可指示终点。又如 Fe^{3+} 滴定 Sn^{2+} 时,可用 KSCN 为指示剂,当溶液出现红色,即生成铁的硫氰酸配合物时,即为终点。

三、常用氧化还原滴定法及其应用

(一) 高锰酸钾法

1. 基本原理

高锰酸钾法是以高锰酸钾作标准溶液的滴定分析方法。高锰酸钾是一种强氧化剂。它的氧化能力和反应产物都和溶液的酸度有关。

在强酸性溶液中,MnO_4^- 被还原为 Mn^{2+}:

$$MnO_4^- + 8H^+ + 5e = Mn^{2+} + 4H_2O$$
紫红色　　　　　　　　无色

在弱酸性、中性或弱碱性溶液中,MnO_4^- 被还原为 MnO_2:

$$MnO_4^- + 2H_2O + 3e = MnO_2 + 4OH^-$$
　　　　　　　　　　　　棕色

在强碱性溶液中,MnO_4^- 被还原为 MnO_4^{2-}:

$$MnO_4^- + e = MnO_4^{2-}$$
　　　　　　亮绿色

在这三种介质中,MnO_4^- 的氧化能力在强酸性溶液中氧化能力最强,其还原产物 Mn^{2+} 几乎近于无色,便于终点观察。因此高锰酸钾法一般都是在强酸条件进行的。通常使用的是 H_2SO_4。

2. 测定对象

高锰酸钾法的优点是应用非常广泛,可以直接测定具有还原性的物质:如 Fe^{2+}、$C_2O_4^{2-}$、H_2O_2 和 NO_2^- 等;也可以用返滴定法测定一些氧化性物质,如 MnO_4^-、CrO_4^{2-}、$Cr_2O_7^{2-}$ 和 ClO_3^- 等。这些氧化剂先与过量的草酸根反应,再用 $KMnO_4$ 滴定过量的草酸根,这样可以间接测定这些氧化剂。

利用有些金属离子与草酸根反应形成沉淀,用稀硫酸溶解,然后用 $KMnO_4$ 滴定溶液中的草酸根,还可间接地测定某些非氧化还原性物质,如 Ca^{2+}、Hg^{2+}、Ag^+、Bi^{2+} 等。而且高锰酸钾法滴定时一般不需要外加指示剂,属自身指示剂。

由于 $KMnO_4$ 氧化能力强,能直接或间接测定许多物质,但同时能和很多还原性物质发生作用,所以干扰也较严重。

3. 高锰酸钾标准溶液的配制与标定

(1) 配制　高锰酸钾中常含有少量 MnO_2 和其他杂质。配制所用的蒸馏水中常含有微量的还原性物质,可与 MnO_4^- 反应析出 $Mn(OH)_2$ 沉淀,反过来又促进 $KMnO_4$ 进一步分解。因此,$KMnO_4$ 标准溶液只能用间接法配制,即配制与所需浓度大致相当的溶液。称取一定质量的 $KMnO_4$,溶解于一定体积的蒸馏水中,加热煮沸后,贮存于棕色试剂瓶中,暗处存放数天后,要用玻璃砂漏斗过滤后,用基准物质标定。配制好的 $KMnO_4$ 应装在棕色瓶中避光保存。

(2) 标定　标定 $KMnO_4$ 的基准物质有 $H_2C_2O_4 \cdot 2H_2O$、$Na_2C_2O_4$、$H_2C_2O_4 \cdot 2H_2O$、$(NH_4)_2Fe(SO_4)_2$、As_2O_3 和纯铁丝等。草酸钠 ($Na_2C_2O_4$) 容易提纯,性质稳定,不含结

晶水,是常用的基准物质。在酸性(H$_2$SO$_4$)溶液中,MnO$_4^-$ 与 C$_2$O$_4^{2-}$ 的反应如下:

$$2MnO_4^- + 5C_2O_4^{2-} + 16H^+ \rightleftharpoons 2Mn^{2+} + 10CO_2 + 8H_2O$$

在硫酸溶液中用 Na$_2$C$_2$O$_4$ 标定 KMnO$_4$,滴定条件如下。

① 控制温度:KMnO$_4$ 与某些还原剂反应的速率较慢,滴定时,需在较高温度下进行。例如用 Na$_2$C$_2$O$_4$ 标定 KMnO$_4$ 时,反应在室温下速率缓慢,滴定通常在 70~85℃条件下进行。即使如此,滴定开始时,反应速率仍较慢,但温度不易过高,超过 90℃,部分草酸发生分解生成 CO$_2$、CO 和 H$_2$O。

② 控制酸度:一般滴定开始时,溶液的酸度要控制在 0.5~1mol·L^{-1} 为宜。酸度不够时,易生成 MnO$_2$ 沉淀或其他产物,酸度过高又会促使 H$_2$C$_2$O$_4$ 分解,滴定终点体系酸度大约为 0.2~0.5mol·L^{-1}。

③ 控制速度:开始时反应速率很慢,当有 Mn^{2+} 生成时,对该反应有催化作用,反应速率逐渐加快。所以开始滴定时速率一定要慢,在 KMnO$_4$ 的颜色没有褪掉前,不要再滴入 KMnO$_4$ 溶液,待颜色褪掉后,再滴入下一滴。

4. 应用示例

(1) 过氧化氢的测定　在酸性条件下,用 KMnO$_4$ 直接滴定,其反应为:

$$2MnO_4^- + 5H_2O_2 + 6H^+ \rightleftharpoons 2Mn^{2+} + 5CO_2 + 8H_2O$$

此滴定可在室温下进行,终点为浅红色。

(2) 有机物的测定　在强碱溶液中,过量的 KMnO$_4$ 能定量地氧化某些有机物,如 KMnO$_4$ 氧化甲酸,反应为:

$$HCOO^- + 2MnO_4^- + 3OH^- \rightleftharpoons CO_3^{2-} + 2MnO_4^{2-} + 2H_2O$$

反应完成后,将溶液酸化,用还原剂的标准溶液滴定溶液中所有的高价态锰,使之还原为 Mn^{2+},计算消耗的还原剂的物质的量。用同样的方法,测定出反应前一定量碱性 KMnO$_4$ 溶液相当于还原剂的物质的量,根据二者的差即可计算出甲酸的含量。同理可测柠檬酸、水杨酸、葡萄糖等的含量。

③ Ca^{2+} 的测定　利用 KMnO$_4$ 法间接可测定 Ca^{2+},其具体步骤是:先将 Ca^{2+} 转化 CaC$_2$O$_4$ 沉淀,过滤、洗涤后,再将沉淀溶于稀 H$_2$SO$_4$ 中,最后用 KMnO$_4$ 标准溶液滴定。有关反应如下:

$$Ca^{2+} + C_2O_4^{2-} \rightleftharpoons CaC_2O_4 \downarrow$$
$$CaC_2O_4 + 2H^+ \rightleftharpoons Ca^{2+} + H_2C_2O_4$$
$$5H_2C_2O_4 + 2MnO_4^- + 6H^+ \rightleftharpoons 2Mn^{2+} + 10CO_2 \uparrow + 8H_2O$$

根据消耗的 KMnO$_4$ 标准溶液的体积即可计算出 Ca^{2+} 的含量。

(二) 重铬酸钾法

1. 基本原理

用重铬酸钾作标准溶液的氧化还原滴定法称为重铬酸钾法。在酸性溶液中,Cr$_2$O$_7^{2-}$ 的还原产物为 Cr^{3+}:

$$Cr_2O_7^{2-} + 14H^+ + 6e \rightleftharpoons 2Cr^{3+} + 7H_2O$$

K$_2$Cr$_2$O$_7$ 标准溶液因颜色较浅,不能作自身指示剂,常用二苯胺磺酸钠作指示剂。虽然 K$_2$Cr$_2$O$_7$ 的氧化能力不如 KMnO$_4$,但它仍是一种较强的氧化剂,能测定许多无机物和有机物等。

2. K$_2$Cr$_2$O$_7$ 标准溶液的配制

(1) 直接配制法　K$_2$Cr$_2$O$_7$ 标准溶液可用直接法配制,但在配制前应将 K$_2$Cr$_2$O$_7$ 基准试剂在 105~110 ℃温度下烘至恒重。

(2) 间接配制法　若使用分析纯 $K_2Cr_2O_7$ 试剂配制标准溶液，则需进行标定，其标定原理是：移取一定体积的 $K_2Cr_2O_7$ 溶液，加入过量的 KI 和 H_2SO_4，用已知浓度的 $Na_2S_2O_3$ 标准滴定溶液进行滴定，以淀粉指示液指示滴定终点。

3. $K_2Cr_2O_7$ 法的优点

与高锰酸钾法相比，重铬酸钾法有许多优点。

① $K_2Cr_2O_7$ 易提纯，在 140~150℃ 干燥 2h 即可用直接法配制。

② $K_2Cr_2O_7$ 标准溶液非常稳定，可以长时间保存。

③ 不受溶液中 Cl^- 的影响，可在盐酸溶液中滴定。

4. 应用示例

(1) 矿石中铁的测定　$K_2Cr_2O_7$ 法最重要的应用是测定铁矿中的全铁量。在酸性条件下，重铬酸钾和亚铁盐的基本反应为：

$$Cr_2O_7^{2-}+14H^++6Fe^{2+}\Longrightarrow 6Fe^{3+}+2Cr^{3+}+7H_2O$$

选用二苯胺磺酸钠作指示剂，为了减少误差在滴定前加入磷酸（H_3PO_4），使其与 Fe^{3+} 生成无色稳定的 $Fe(HPO_4)_2^-$，指示剂变色时，$Cr_2O_7^{2-}$ 与 Fe^{2+} 反应完全。滴定终点前，指示剂呈无色，溶液因 Cr^{3+} 的存在显绿色，当到达终点时，溶液由绿色变紫色。

(2) 土壤中腐殖质含量的测定　腐殖质是土壤中的有机质，其含量的大小反映了土壤的肥力。测定时将土壤试样在浓硫酸存在下与已知过量的 $K_2Cr_2O_7$ 溶液共热，使其中的有机碳完全被氧化，然后以邻二氮菲-亚铁做指示剂，用 Fe^{2+} 标准溶液滴定过剩的 $K_2Cr_2O_7$。再通过计算有机质的含量换算腐殖质的含量。有关反应为：

$$2Cr_2O_7^{2-}+16H^++3C\Longrightarrow 4Cr^{3+}+3CO_2+8H_2O$$

$$Cr_2O_7^{2-}+6Fe^{2+}+14H^+\Longrightarrow 2Cr^{3+}+6Fe^{3+}+7H_2O$$

（三）碘量法

1. 基本原理

碘量法是利用碘的氧化性和碘离子的还原性来进行滴定的一种分析方法。碘量法采用淀粉做指示剂，灵敏性高。碘量法又可分成直接碘量法和间接碘量法。

(1) 直接碘量法（碘滴定法）　基本反应为

$$I_2+2e\Longrightarrow 2I^-$$

I_2 是较弱的氧化剂，当被测物为强还原剂（如 AsO_3^{3-}、SO_3^{2-}、$S_2O_3^{2-}$、还原糖和维生素 C 等）时，可用 I_2 标准溶液直接滴定。这种方法称为直接碘量法或碘滴定法。

直接碘量法采用淀粉作指示剂。痕量碘和淀粉生成深蓝色配合物，即为滴定终点。

应当指出，直接碘量法不能在碱性溶液中进行，因为在碱性条件下碘易发生歧化反应，使测定结果发生较大的误差：

$$3I_2+6OH^-\Longrightarrow IO_3^-+5I^-+3H_2O$$

(2) 间接碘量法（滴定碘法）　碘离子是一种中等强度的还原剂，可以利用 I^- 与氧化剂（如 $KMnO_4$、$K_2Cr_2O_7$ 和 Cu^{2+}）等反应，产生等物质的量的 I_2，再用 $Na_2S_2O_3$ 标准溶液滴定析出的 I_2，从而测定氧化剂的含量，这一方法称为间接碘量法或滴定碘法。基本反应为：

$$2I^--2e\Longrightarrow I_2$$

$$I_2+2S_2O_3^{2-}\Longrightarrow 2I^-+S_4O_6^{2-}$$

间接碘量法必须在中性或弱酸性条件下进行。在碱性条件下，I_2 不仅发生歧化反应，

还可以与 $S_2O_3^{2-}$ 发生下列副反应。间接碘量法仍采用淀粉作指示剂。由于淀粉与 I_2 形成的深蓝色配合物妨碍 I_2 的氧化作用,指示剂需在邻近终点(溶液由浓碘溶液的深褐色变为稀碘溶液的浅黄色)时加入。

2. 测定对象

凡能与 KI 作用定量析出 I_2 的氧化性物质,如 Cu^{2+}、MnO_4^-、$Cr_2O_7^{2-}$、H_2O_2、SbO_4^{3-}、ClO_4^-、ClO_3^-、ClO^-、IO_3^- 等都可用间接碘量法测定。还可测定能与 CrO_4^{2-} 生成沉淀的 Pb^{2+}、Ba^{2+} 等。间接碘量法也是常以淀粉为指示剂,直接碘量法以蓝色出现为终点;间接碘量法以蓝色消失为终点。

3. 标准溶液的配制与标定

(1) **碘标准溶液的配制与标定** 碘单质因有挥发性,不易在天平上准确称量,所以要用间接配制法配制。先配制成近似浓度的溶液,然后进行标定。配制 $0.05mol \cdot L^{-1}$ I_2 溶液方法如下:用托盘天平称取碎的碘 13g,放入盛有 KI 溶液(质量分数为 36%)的烧杯中,使之完全溶解,加 3 滴盐酸,加蒸馏水稀释到 1000mL,过滤。配好的溶液应盛放在棕色瓶中,密闭暗处存放。

标准碘溶液可以用已知浓度的硫代硫酸钠溶液标定;也可用基准物质进行标定,常用基准物质为 As_2O_3。具体的步骤如下:准确称取在 105℃ 干燥至恒重的 As_2O_3 0.1500g,加入 20mL $1mol \cdot L^{-1}$ 的 NaOH 溶液,加热溶解,加 60mL 蒸馏水与甲基橙指示剂 2 滴,用稀盐酸中和至浅红色。缓缓加入 $NaHCO_3$ 溶液,将 pH 调至 8~9。加 50mL 蒸馏水,淀粉溶液 2mL,用碘溶液滴定到持久的蓝色为止。反应方程式如下:

$$As_2O_3 + 2OH^- \rightleftharpoons 2AsO_2^- + H_2O$$

$$I_2 + HAsO_2 + 2H_2O \rightleftharpoons HAsO_4^{2-} + 2I^- + 4H^+$$

(2) **硫代硫酸钠标准溶液的配制与标定** 硫代硫酸钠是碘量法中最重要的标准溶液。因 $Na_2S_2O_3$ 不具备基准物质的条件,所以只能用间接法配制。配制 $Na_2S_2O_3$ 标准溶液必须用新煮沸并冷却的蒸馏水,杀灭微生物,除去水中溶解的 CO_2 和 O_2,再加入少量 Na_2CO_3 使溶液呈弱碱性,以抑制微生物的生长。$Na_2S_2O_3$ 溶液应存放于棕色试剂瓶中,放在暗处。

标定 $Na_2S_2O_3$ 溶液最常用的基准物质是 $K_2Cr_2O_7$,其反应如下:

$$Cr_2O_7^{2-} + 6I^- + 14H^+ \rightleftharpoons 2Cr^{3+} + 3I_2 + 7H_2O$$

用 $Na_2S_2O_3$ 溶液滴定析出的碘。根据反应方程式计算 $Na_2S_2O_3$ 的浓度。

4. 应用示例

(1) **铜的测定** 该法基于 Cu^{2+} 与过量 KI 作用,定量析出 I_2,然后用 $Na_2S_2O_3$ 滴定。但因 CuI 表面吸附 I_2,将使结果降低。加入 KSCN 使 CuI 转化成 CuSCN。可解析出 CuI 吸附 I_2,从而提高测定的准确度。KSCN 近于终点时加入,以避免 SCN^- 使 I_2 还原,造成结果偏低。

(2) **漂白粉中的"有效氯"的测定** 漂白粉与酸作用放出的氯称为"有效氯"。它是漂白粉中氯的氧化能力的一种量度,因此常用 Cl_2 的质量分数表征漂白粉的品质。

用间接碘量法测定有效氯,是在试样的酸液中加入过量的 KI,析出的 I_2 用 $Na_2S_2O_3$ 标准溶液滴定:

$$Cl_2 + 2KI \rightleftharpoons I_2 + 2KCl$$

$$I_2 + 2S_2O_3^{2-} \rightleftharpoons 2I^- + S_4O_6^{2-}$$

根据 $Na_2S_2O_3$ 的量，计算 Cl 的质量分数。

知识阅读

电极电势的产生——双电层理论

德国化学家能斯特（H. W. Nernst）提出了双电层理论解释电极电势产生的原因。当金属放入溶液中时，一方面金属晶体中处于热运动的金属离子在极性水分子的作用下，离开金属表面进入溶液。金属性质越活泼，这种趋势就越大；另一方面溶液中的金属离子，由于受到金属表面电子的吸引，而在金属表面沉积，溶液中金属离子的浓度越大，这种趋势也越大。在一定浓度的溶液中达到平衡后，在金属和溶液两相界面上形成了一个带相反电荷的双电层，双电层的厚度虽然很小（一般约为 0.2～20nm 数量级），但却在金属和溶液之间产生了电势差。通常人们就把产生在金属和盐溶液之间的双电层间的电势差称为金属的电极电势，并以此描述电极得失电子能力的相对强弱。电极电势以符号 $E_{M^{n+}/M}$ 表示，单位为 V。如锌的电极电势以 $E_{Zn^{2+}/Zn}$ 表示，铜的电极电势以 $E_{Cu^{2+}/Cu}$ 表示。

电极电势的大小主要取决于电极的本性，并受温度、介质和离子浓度等因素的影响。

电极电势是氧化还原反应中很重要的数据，它有多方面的应用。

（1）判断氧化剂与还原剂的相对强弱。电极电势反映出电极中氧化型物质得到电子的能力和还原型物质失去电子的能力。电极的电极电势越大，就意味着电极反应越容易进行，氧化型物质越易得到电子，是越强的氧化剂；而对应的还原型物质越难失去电子，是越弱的还原剂。电极的电极电势越小，电极中的还原型物质越易失去电子，是越强的还原剂；而对应的氧化型物质越难得到电子，是越弱的氧化剂。

（2）判断氧化还原反应进行的方向和程度。在氧化还原反应中，总是较强的氧化剂与较强的还原剂相互作用，生成较弱的还原剂和较弱的氧化剂。

（3）判断氧化还原反应的先后顺序。

（4）选择合适的氧化剂和还原剂。

习 题

一、问答题

1. 氧化还原反应的实质是什么？
2. 如何理解氧化和还原、氧化剂和还原剂的关系？

二、用离子-电子法配平下列化学反应式

1. $MnO_4^- + Fe^{2+} \longrightarrow Mn^{2+} + Fe^{3+}$　　（酸性介质）
2. $Zn + NO_3^- \longrightarrow Zn^{2+} + NH_4^+$　　（酸性介质）
3. $CuS + NO_3^- \longrightarrow Cu^{2+} + SO_4^{2-} + NO$　　（酸性介质）
4. $MnO_4^- + H_2O_2 \longrightarrow Mn^{2+} + O_2$　　（酸性介质）
5. $CrO_2^- + H_2O_2 \longrightarrow CrO_4^{2-} + H_2O$　　（碱性介质）
6. $MnO_4^- + Cl^- \longrightarrow MnO_2 + Cl_2$　　（酸性介质）

三、计算题

1. 用 20.00mL $KMnO_4$ 溶液，恰能氧化 0.1340g 的 $Na_2C_2O_4$，试计算 $KMnO_4$ 溶液的物质的量浓度。
2. 在 0.1275g 纯 $K_2Cr_2O_7$ 中加入过量的 KI，析出的 I_2 用 $Na_2S_2O_3$ 溶液滴定，消耗了 22.85mL，求硫代硫酸钠标准溶液的浓度。
3. 将 0.1602g 石灰石试样溶解于 HCl 溶液中，然后将钙沉淀为 CaC_2O_4，沉淀在稀硫酸中溶解，用 $KMnO_4$ 标准溶液滴定用去 20.00mL，已知 $KMnO_4$ 溶液对 $CaCO_3$ 的滴定度为 $0.006020g \cdot mL^{-1}$，求石灰石 $CaCO_3$ 的质量分数。

第八章 配位平衡与配位滴定法

■【知识目标】
1. 理解配位化合物的定义、组成和命名。
2. 熟悉金属指示剂的变色原理，掌握金属指示剂的使用。
3. 理解和掌握配位滴定法的基本原理。

■【能力目标】
1. 能熟练进行配位滴定的基本操作。
2. 运用所学知识解决在配位滴定中所遇到的一般问题。

第一节 配位化合物

配合物的存在和应用非常广泛，生物体内的金属元素多以配合物的形式存在。如叶绿素是镁的配合物，承担着植物的光合作用；动物血液中的血红蛋白是铁的配合物，起着输送氧气的作用；动物体内的各种酶，几乎都是以金属配合物的形式存在。配合物的研究已经成为一门独立的化学分支学科——配位化学。同时也是与药物化学、冶金学、合成化学、环境化学、生命科学密切联系的一门综合性边缘学科，学习和研究配位化学具有重要的实践意义。

一、配位化合物的定义及其组成

1. 配位化合物的定义

硫酸铜在溶液中是完全电离的，也就是说，在 $CuSO_4$ 溶液中加入 Ba^{2+}，会有白色的 $BaSO_4$ 沉淀生成，加入稀 $NaOH$，则有 $Cu(OH)_2$ 沉淀生成，即 $CuSO_4$ 溶液中存在着游离的 Cu^{2+} 和 SO_4^{2-}。

如在 $CuSO_4$ 溶液中加入过量氨水，可得一种深蓝色溶液，在此溶液中，加入稀 $NaOH$ 得不到 $Cu(OH)_2$ 沉淀，但加入 Ba^{2+} 则有白色 $BaSO_4$ 沉淀生成。这是因为 Cu^{2+} 与 4 个 NH_3 分子以配位键结合成难解离的复杂离子——配离子 $[Cu(NH_3)_4]^{2+}$，而配离子 $[Cu(NH_3)_4]^{2+}$ 的性质与 Cu^{2+} 有所不同。配合物在水溶液中的解离方式也不同于简单化合物。上述反应可表示为：

$$CuSO_4 + 4NH_3 \rightleftharpoons [Cu(NH_3)_4]SO_4$$

$[Cu(NH_3)_4]SO_4$ 在溶液中可以电离出 $[Cu(NH_3)_4]^{2+}$ 和 SO_4^{2-}，即：

$$[Cu(NH_3)_4]SO_4 \rightleftharpoons [Cu(NH_3)_4]^{2+} + SO_4^{2-}$$

但 $[Cu(NH_3)_4]^{2+}$ 很难电离出 Cu^{2+} 和 NH_3。

其他如 KI 可与 HgI 生成化学式为 K$_2$[HgI$_4$]的配合物,在水溶液中的解离方式是:
$$K_2[HgI_4] = 2K^+ + [HgI_4]^{2-}$$

溶液中有大量的 [HgI$_4$]$^{2-}$ 配离子,而 Hg^{2+} 却很少。

将这种由金属离子(或原子)与一定数目的中性分子或阴离子以配位键结合形成的复杂离子称为**配离子**。如[Cu(NH$_3$)$_4$]$^{2+}$、[Ag(CN)$_2$]$^-$ 等。若形成的是复杂分子,则称为**配位分子**。如[Pt(NH$_3$)$_2$Cl$_2$]、[Ni(CO)$_4$] 等。含有配离子或配位分子的化合物称为**配位化合物**,简称配合物。

2. 配位化合物的组成

(1) 内界和外界 配合物是由内界和外界组成的。由中心离子和配体组成的化学质点(离子、分子)称为配合物的**内界**,书写化学式时用方括号括起来,内界是配合物的特征部分,是由中心离子和配体通过配位键结合而成的一个相当稳定的整体,用方括号标明。方括号外面的离子,构成**外界**。内界和外界之间的化学键是离子键。

以 K$_4$[Fe(CN)$_6$]和[Ni(NH$_3$)$_4$]SO$_4$ 为例说明配合物的组成:

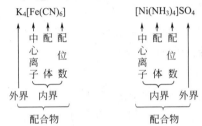

也有一些配位化合物只有内界,没有外界,如配位分子[Pt(NH$_3$)$_2$Cl$_2$]等。

(2) 中心离子(中心原子) **中心离子**是配合物的核心,能与配体形成配位键的金属阳离子统称为中心离子,它们是配合物的形成体。中心离子多为过渡元素的离子,如 Cu^{2+}、Ag$^+$、Zn^{2+}、Fe^{2+}、Co^{2+} 等,有些中性金属原子和高价非金属离子也有此功能,如 Ni、Fe 和 [SiF$_6$] 中的 Si 等。

(3) 配位体(简称配体)和配位原子 在配合物中,能与中心离子直接结合的阴离子或分子称为配体,如 I$^-$、OH$^-$、CN$^-$、NH$_3$、H$_2$O 等。配体中具有孤对电子并与中心离子形成配位键的原子叫**配位原子**,配位原子一般是非金属元素,例 I、O、C、N 等都可作为配位原子。

根据配体中配位原子的数目可把配体分成单齿配体和多齿配体两类。只含一个配位原子的配体叫做**单齿配体**,如 Cl$^-$、CN$^-$、NH$_3$、H$_2$O 等;含有两个或两个以上配位原子的配体叫做**多齿配体**,如下所示。

双齿配体:乙二胺 $\ddot{N}$H$_2$—CH$_2$—CH$_2$—H$_2\ddot{N}$ 两个配原子

四齿配体:氨基三乙酸 $\begin{matrix} CH_2COOH \\ \ddot{N}-CH_2COOH \\ CH_2COOH \end{matrix}$ 四个配原子

六齿配体:乙二胺四乙酸 $\begin{matrix} H\ddot{O}OC-CH_2 \\ H\ddot{O}OC-CH_2 \end{matrix} \ddot{N}-CH_2-CH_2-\ddot{N} \begin{matrix} CH_2-COOH \\ CH_2-COOH \end{matrix}$

又简称为 EDTA,常用 H$_4$Y 表示,含有 6 个配位原子。

(4) 配位数 在配合物中,直接与中心离子形成配位键的配位原子的总数称为**配位数**,对于单齿配体,其中心离子的配位数等于内界配体的总数,如[Pt(NH$_3$)$_4$]Cl$_2$,配体为

NH_3，配位数为 4；$[Pt(NH_3)_2Cl_2]$ 配体为 NH_3 和 Cl^-，配位数为 4。对于多齿配体，配位数为配体数乘以每个配体中所含的配位原子数，如 $[Ni(en)_3]^{2+}$ 中 Ni^{2+} 的配位数是 4，$[Ca(EDTA)]^{2-}$ 中的 Ca^{2+} 配位数是 6。

中心离子的配位数与中心离子和配体的性质有关，也与形成配合物的条件有关。在一定条件下，某些中心离子有特征配位数，如 Ag^+、Cu^+ 等的配位数是 2；Cu^{2+}、Zn^{2+}、Ni^{2+}、Hg^{2+}、Cd^{2+}、Pt^{2+} 等的配位数是 4；Fe^{3+}、Al^{3+}、Cr^{3+}、Co^{3+}、Fe^{2+}、Pt^{4+} 等的配位数是 6。如：$[Ag(CN)_2]^-$ 的配位数为 2，$[Cu(NH_3)_4]^{2+}$ 的配位数为 4，$[Co(NH_3)_6]^{3+}$ 的配位数为 6。

(5) 配离子的电荷　配离子所带电荷等于中心原子与所有配体的电荷的代数和。例如：

$[Fe(CN)_6]^{3-}$　　　　　　$(+3)+6\times(-1)=-3$

$[Cu(NH_3)_4]^{2+}$　　　　　$(+2)+4\times(0)=+2$

二、配位化合物的命名

1. 配离子命名

配离子的命名一般依照以下顺序：配位体数（用中文数字表示）→ 配体名称 → "合" → 中心离子名称（用罗马数字标明氧化数加括号表示）。若有多种配位体时，不同配体用圆点"·"分开。

$[Cu(NH_3)_4]^{2+}$　　　　　四氨合铜（Ⅱ）配离子

$[Ag(NH_3)_2]^+$　　　　　　二氨合银（Ⅰ）配离子

$[Fe(CN)_6]^{3+}$　　　　　　六氰合铁（Ⅲ）配离子

① 若配体中既有无机配体又有有机配体，一般先无机配体，后有机配体（复杂配体写在括号内）。如

$\{CoCl_2[C_2H_4(NH_2)_2]_2\}^+$：二氯·二乙二胺合钴（Ⅲ）配离子

② 若配体既有阴离子又有中性分子，则先阴离子，后中性分子。如

$[Co(NH_3)_4Cl_2]^+$：二氯·二氨合钴（Ⅲ）配离子

③ 同类配体时，按配位原子元素符号的英文字母顺序排列。如

$[CoBrCl(H_2O)_4]^+$：一溴·一氯·四水合钴（Ⅲ）配离子

2. 配合物的命名

配位化合物的命名方法基本遵循无机化合物的命名原则，先命名阴离子再命名阳离子。

① 配离子是阴离子的配合物称为"某酸某"或"某某酸"。若外界为 H^+，则在配阴离子名称之后用酸字结尾，如 $H[PtCl_3(NH_3)]$ 称三氯·一氨合铂（Ⅱ）酸；若外界为金属阳离子，则在配阴离子名称之后用酸"某"结尾，如 $K[Pt(C_2H_4)Cl_3]$ 称三氯乙烯合铂（Ⅱ）酸钾。

例如：配离子为阴离子的配合物

$K_2[HgI_4]$　　　　　　　　四碘合汞（Ⅱ）酸钾

$K_4[Fe(CN)_6]$　　　　　　 六氰合铁（Ⅱ）酸钾

$K_3[Fe(CN)_6]$　　　　　　 六氰合铁（Ⅲ）酸钾

$NH_4[Cr(SCN)_4(NH_3)_2]$　　四硫氰·二氨合铬（Ⅲ）酸铵

$H[AuCl_4]$　　　　　　　　四氯合金（Ⅲ）酸

② 配离子是阳离子的配合物称为"某化某"、"某酸某"或"氢氧化某"等。

例如：配离子为阳离子的配合物

$[Zn(NH_3)_4]SO_4$	硫酸四氨合锌(Ⅱ)
$[PtCl(NO_2)(NH_3)_4]CO_3$	碳酸一氯·一硝基·四氨合铂(Ⅳ)
$[Cu(NH_3)_4]Br_2$	二溴化四氨合铜(Ⅱ)
$[CoCl_2(NH_3)_3(H_2O)]Cl$	一氯化二氯·三氨·一水合钴(Ⅲ)

③ 中性配合物命名方法类似。

$[Ni(CO)_4]$	四羰基合镍
$[PtCl_4(NH_3)_2]$	四氯·二氨合铂(Ⅳ)
$[Co(NO_2)_3(NH_3)_3]$	三硝基·三氨合钴(Ⅲ)

命名时,应注意化学式相同的配体,若配位原子不同则命名不同,如:—NO_2 硝基、—NO 亚硝基、SCN^- 硫氰酸根、NCS^- 异硫氰酸根。

除了正规的命名法之外,有些配合物至今还沿用习惯命名,如 $K_3[Fe(CN)_6]$ 铁氰化钾(赤血盐),$K_4[Fe(CN)_6]$ 亚铁氰化钾(黄血盐),$[Ag(NH_3)_2]^+$ 银氨配离子,$[Cu(NH_3)_4]^{2+}$ 铜氨配离子等。

三、螯合物

1. 螯合物定义

螯合物又称内配合物,是由多齿配体与中心离子配合形成的具有环状结构的配合物。形成螯合物的多齿配体称螯合剂。螯合物可以是配离子,也可以是中性分子。螯合物性质稳定,多具有特征颜色,很多不溶于水或难溶于水而易溶于有机溶剂。

2. EDTA

EDTA 可表示为 H_4Y,是具有两个氨氮原子和四个羧氧原子,即含有六个配原子,能与多数金属离子形成 1∶1 的含有多个五元环的稳定螯合配离子。其结构式为:

$$\begin{array}{c} HOOCH_2C \\ \diagdown \\ \overset{+}{N}-CH_2-CH_2-\overset{+}{N} \\ \diagup   \diagup \\ ^-OOCH_2C CH_2COOH \end{array} \begin{array}{c} CH_2COO^- \\ \\ \\ \end{array}$$

EDTA 分子中有六个配位能力很强的原子,在与金属离子配位时,即作四齿配体,也可作六齿配体,具有广泛的配位性能,几乎能与所有的金属离子形成螯合物。EDTA 与一般金属离子可形成 5 个五元环,其稳定性都很高,稳定常数大。EDTA 与金属离子形成的配合物的配位比简单,大多数金属离子的配位数不超过 6,因此,无论金属离子的价数是多少,一般情况下均按 1∶1 配位,给配位滴定测定结果的计算带来方便。反应简式为:

$$M^{n+} + Y^{4-} \rightleftharpoons MY^{(n-4)}$$

EDTA 与金属离子形成的配合物颜色与金属离子本身的颜色有关。EDTA 与无色金属离子配位时,则形成配合物仍为无色,与有色金属离子配位时,一般则形成的配合物颜色更深。几种有色金属离子与 EDTA 形成配合物的颜色见表 8-1。

表 8-1 几种有色金属离子与 EDTA 形成配合物的颜色

离子	Co^{3+}	Cu^{2+}	Ni^{2+}	Fe^{3+}	Cr^{3+}	Mn^{2+}
离子颜色	粉红色	浅蓝色	浅绿色	黄色	灰绿色	淡粉红色
配合物颜色	紫红色	深蓝色	蓝绿色	草绿色	深紫色	紫红色

第二节 配位化合物解离平衡及影响因素

在配位化合物中,配离子和外界离子间以离子键结合,在溶液中能完全电离。而在配离子中,中心离子和配体间以配位键结合,比较稳定,较难解离。但其稳定性是相对的,当条件发生变化时,也可解离。

一、配位化合物解离平衡

1. 配位平衡

在溶液中可以生成较稳定的配离子,配离子也可以微弱地解离为组成它的中心离子和配体,即配离子在溶液中存在配位平衡。配位化合物的稳定性,可用配位化合物的稳定常数来衡量。配位反应

$$M + nX \rightleftharpoons MX_n$$
中心体　　配位体　　配合物

平衡时

$$K_稳 = \frac{c_{MX_n}}{c_M c_X^n}$$

由于 $K_稳$ 是生成物平衡浓度与反应物平衡浓度幂乘积的比值,因而 $K_稳$ 能够代表配位化合物的稳定性。$K_稳$ 越大,配合物越稳定。

与多元弱酸(弱碱)的解离相类似,多配体的配离子在水溶液中的解离也是分步进行的,配离子的解离反应的逆反应是配离子的形成反应,其形成反应也是分步进行的。

2. 配位平衡的移动

配位平衡与化学平衡一样,配位平衡也是一个动态平衡。改变影响平衡的条件之一,平衡就会发生移动。酸碱反应、沉淀反应、氧化还原反应往往都能对配位平衡产生影响。配离子 $ML_x^{(n-x)+}$、金属离子 M^{n+} 及配体 L^- 在水溶液中存在下列平衡:

$$M^{n+} + xL^- \rightleftharpoons ML_x^{(n-x)+}$$

如果向溶液中加入某种试剂(包括酸、碱、沉淀剂、氧化还原剂或其他配位剂),由于这些试剂与 M^{n+} 或 L^- 可能发生各种化学反应,必将导致上述配位平衡发生移动,直到建立起新的平衡。

二、配位平衡及其影响因素

1. 溶液酸度的影响

在配合物中,很多配体是弱酸阴离子或弱碱,改变溶液的酸度可使配位平衡发生移动。如 $[Fe(CN)_6]^{3-}$、$[Cu(NH_3)_4]^{2+}$,增加 H^+ 的浓度,CN^- 和 NH_3 生成 HCN 和 NH_4^+ 而使配离子 $[Fe(CN)_6]^{3-}$、$[Cu(NH_3)_4]^{2+}$ 的解离程度增大,当 H^+ 的浓度增加到一定程度,配离子将被彻底解离。

$$[Fe(CN)_6]^{3-} \rightleftharpoons Fe^{3+} + 6CN^-$$
$$+ 6H^+ \rightleftharpoons 6HCN$$

总反应: $[Fe(CN)_6]^{3-} + 6H^+ \rightleftharpoons Fe^{3+} + 6HCN$

$$[Cu(NH_3)_4]^{2+} \rightleftharpoons Cu^{2+} + 4NH_3$$
$$+ 4H^+ \rightleftharpoons 4NH_4^+$$

总反应: $[Cu(NH_3)_4]^{2+} + 4H^+ \rightleftharpoons Cu^{2+} + 4NH_4^+$

相反,降低溶液的酸度,金属离子有可能发生水解,当 OH^- 浓度增加到一定程度时,

会生成氢氧化物沉淀，使配离子发生解离，导致平衡移动。所以，为使配离子在溶液中稳定存在，必须将溶液的酸度控制在一定范围内。

2. 沉淀平衡的影响

在配离子的溶液中加入适当的沉淀剂，可使中心离子生成难溶物质，配位平衡遭到破坏。如在$[Cu(NH_3)_4]^{2+}$配离子的溶液中加入S^{2-}，S^{2-}与配离子解离出来的Cu^{2+}生成难溶物质CuS，而使配位平衡发生移动。

$$[Cu(NH_3)_4]^{2+} + S^{2-} \rightleftharpoons CuS\downarrow + 4NH_3$$

3. 氧化还原平衡的影响

在配位平衡体系中加入能与中心离子发生反应的氧化剂或还原剂，也可使配位平衡移动。

配合物的生成会改变相应物质的氧化还原性能。如在$[Fe(CN)_6]^{4-}$溶液中加入Cu^+，发生下列反应：

$$[Fe(CN)_6]^{4-} + Cu^+ \rightleftharpoons [Fe(CN)_6]^{3-} + Cu$$

由于游离Fe^{2+}的浓度降低，而使其还原性增强，因此反应变为正向进行。即$[Fe(CN)_6]^{4-}$中的Fe^{2+}可以被Cu^+氧化，致使$[Fe(CN)_6]^{4+}$解离，Fe^{2+}被氧化为Fe^{3+}，并生成新的配离子$[Fe(CN)_6]^{3-}$。

4. 配位反应之间的转化

在配合物溶液中，加入一种能与中心离子生成新配离子的配体，可能出现两种情况，一是新生成的配离子的稳定性小于原配离子，这使新配离子不能存在，溶液中的配位平衡不受影响；二是新生成的配离子的稳定性大于原配离子，则溶液中的配位平衡将遭到破坏，平衡向新配离子生成的方向移动。

例如在$[Cu(NH_3)_4]^{2+}$溶液中加入KCN，则有：

$$[Cu(NH_3)_4]^{2+} \rightleftharpoons Cu^{2+} + 4NH_3$$
$$+ 4CN^- \rightleftharpoons [Cu(CN)_4]^{2-}$$

总反应：$[Cu(NH_3)_4]^{2+} + 4CN^- \rightleftharpoons [Cu(CN)_4]^{2-} + 4NH_3$

同样，在配合物溶液中，加入一种能与配体生成更稳定配离子的金属离子，配位平衡也将遭到破坏，向生成新配离子的方向移动。如在$[Cu(CN)_4]^{2-}$溶液中加入Hg^{2+}，Hg^{2+}将把Cu^{2+}从$[Cu(CN)_4]^{2-}$中置换出来。

$$[Cu(CN)_4]^{2-} + Hg^{2+} \rightleftharpoons [Hg(CN)_4]^{2-} + Cu^{2+}$$

第三节 配位滴定法及其应用

一、概述

配位滴定法是以配位反应为基础的容量分析方法，主要是以EDTA（乙二胺四乙酸）为滴定剂与金属离子发生配位反应的滴定分析方法。配位剂与待测离子生成稳定的配位化合物，滴定终点时，稍微过量的配位剂使指示剂变色。EDTA是一种性能优异的配位剂，能和几乎所有的金属离子形成配合物。在周期表中，能直接滴定或返滴定的元素约有50种，能间接测定的约20种。

1. 配位滴定法的优点

（1）快：一次滴定只要几分钟至十几分钟。

(2) 准：灵敏度高，分析误差小。
(3) 省：不需要贵重的分析仪器。
(4) 广：应用面广，测定含量范围宽。

2. 配位反应的要求

虽然配位反应很多，但并非都可进行配位滴定，配位滴定法的缺点是干扰元素多，选择性差，测定条件要求严格，尤其是溶液的酸度对配合物的稳定性和指示剂的变色都有很大影响，必须严格控制。只有满足下列条件的配位反应，才能用于配位滴定。

① 配位反应必须完全，即反应形成的配合物稳定性要足够高，配合物有足够大的稳定常数。
② 配位反应必须定量进行，即在一定反应条件下，只形成一种配位数的配合物。
③ 配位反应速率要快。
④ 有适当的方法确定反应的终点。

二、配位滴定曲线

在配位滴定中，随着配位剂 EDTA 的加入，金属离子 M 的浓度逐渐减小，在化学计量点附近，溶液的浓度发生突变，形成滴定突跃，可根据滴定突跃选择指示剂确定滴定终点。

现以 pH=12.00 时，$0.01000 \text{mol} \cdot \text{L}^{-1}$ EDTA 标准溶液滴定 20.00mL $0.01000 \text{mol} \cdot \text{L}^{-1}$ Ca^{2+} 溶液为例，在忽略其他因素情况下，来看一下 Ca^{2+} 浓度的变化。

若以 pM 为纵坐标，加入配位剂的量为横坐标作图，可以得到与酸碱滴定类似的滴定曲线。

现计算滴定过程中溶液 pCa 的变化值（不考虑其他副反应的影响）。

(1) 滴定前　溶液中的 Ca^{2+} 浓度为 $0.01000 \text{mol} \cdot \text{L}^{-1}$，$pCa = -\lg[Ca^{2+}] = -\lg 0.01000 = 2.00$。

(2) 滴定开始至化学计量点前　溶液中未被滴定的 Ca^{2+} 与反应产物 CaY 同时存在。近似地用剩余的 Ca^{2+} 来计算溶液中 Ca^{2+} 的浓度。当加入 19.98mL EDTA 溶液时：

$$pCa = 5.28$$

(3) 化学计量点时　化学计量点时，Ca^{2+} 与加入的 EDTA 几乎全部配位成反应产物 CaY，且配位比为 1:1，而溶液体积增大一倍，CaY 较稳定，即其逆反应可忽略，则：

$$pCa = 5.49$$

(4) 化学计量点后　此时由于溶液中有过量的 Y，抑制了 CaY 的解离。因此，可以近似地假设 $[CaY] = 5.0 \times 10^{-3} \text{mol} \cdot \text{L}^{-1}$，过量的 EDTA 存在时：

$$pCa = 5.68$$

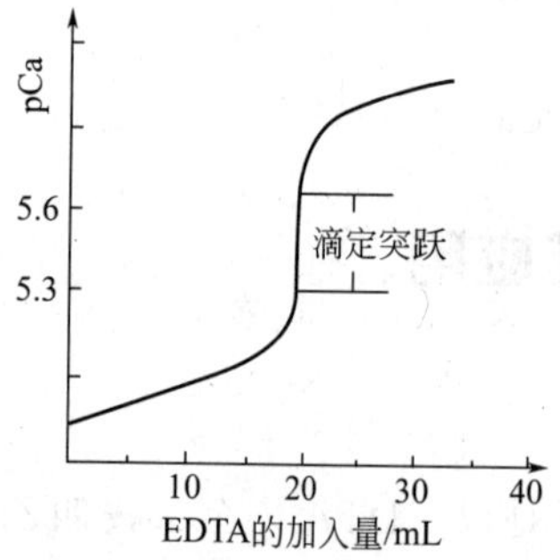

以 pCa 为纵坐标，加入 EDTA 的量为横坐标作图，得到滴定曲线，如图 8-1 所示。滴定突跃的 pCa = 5.28~5.68。

图 8-1　$0.01000 \text{mol} \cdot \text{L}^{-1}$ EDTA 滴定 $0.01000 \text{mol} \cdot \text{L}^{-1}$ Ca^{2+} 的滴定曲线

从滴定曲线可以看出，在化学计量点附近出现了突跃。若金属离子浓度一定时，$K_{稳}$ 越大，滴定突跃越大，反之亦然。当 $\lg K_{稳} < 8$ 后，滴定曲线便看不到突跃了。若稳定常数一定，金属离子浓度越低，滴定曲线的起点就越高，滴定突跃就越小。

三、金属指示剂

在配位滴定中,通常利用一种能随金属离子浓度的变化而发生颜色变化的显色剂来指示滴定终点,这种显色剂称为金属离子指示剂,简称**金属指示剂**。

1. 金属指示剂的变色原理

金属指示剂也是一种配位剂,在一定 pH 值溶液中其本身有一种颜色,与金属离子配位后形成的配合物又是另一种颜色,通过颜色的变化来指示终点。

金属指示剂也是一种显色剂,它以配体的形式与被测金属离子形成与自身颜色不同的配位化合物。即

$$M + In \rightleftharpoons MIn$$
金属离子　指示剂　配位化合物
　　游离色　　结合色

$$K_{MIn} = \frac{c_{MIn}}{c_M c_{In}}$$

化学计量点前,加入的 EDTA 与溶液中游离的 M 形成配合物。此时,溶液呈现 MIn 结合色;由于 MIn 稳定性远不及 MY,化学计量点附近,与 In 配位的 M 被 EDTA 夺取出来,同时,将 In 游离出来,故终点时:

$$MIn + Y \rightleftharpoons MY + In$$

呈现 In 的游离色,溶液的颜色由乙色变为甲色,指示终点到达。

2. 金属指示剂应具备的条件

① 在滴定的 pH 范围内,MIn 的颜色必须与指示剂 In 的颜色有明显的区别,以便于观察判断。

② 在滴定的 pH 范围内,金属指示剂配合物必须有一定的稳定性,通常要求 $K_{MIn} > 10^4$,以保证滴定终点不提前出现。

③ K_{MIn} 应显著小于 K_{MY},以保证 EDTA 不把指示剂从 MIn 中置换出来,终点拖后。一般要求稳定常数至少相差 100 倍。

④ 显色反应要有一定的选择性,在一定条件下,只对某一种金属离子发生作用。

⑤ 指示剂应稳定,显色反应要灵敏迅速,便于贮存,易溶于水。

3. 金属指示剂的封闭现象与僵化现象

如果滴定体系中存在的干扰离子与金属指示剂形成稳定的配合物,虽然加入过量的 EDTA,也不能夺取金属指示剂配合物中的金属离子,从而看不到终点颜色的变化,这种现象称为指示剂的封闭现象。可通过加入适当的掩蔽剂来消除。如以铬黑 T 作指示剂,用 EDTA 滴定 Ca^{2+} 和 Mg^{2+} 时,若有 Fe^{3+},Al^{3+} 存在,就会发生封闭现象,可用三乙醇胺或硫化物掩蔽 Fe^{3+},Al^{3+}。

如果指示剂与金属离子形成的配合物溶解度很小;或 MIn 的稳定性和 MY 稳定性相差不多时,会使化学计量点时 EDTA 与指示剂的置换缓慢,从而终点拖后,这种现象称为指示剂的僵化现象。可加入适当的有机溶剂或加热来使指示剂颜色变化敏锐。如用 PAN 作指示剂时,加入乙醇或丙酮或加热,可使指示剂颜色变化明显。

4. 常见的金属指示剂

配位滴定中常用的金属指示剂有铬黑 T(EBT)、钙指示剂(NN)和二甲酚橙(XO),其应用范围、封闭离子和掩蔽剂的情况如表 8-2 所示。

表 8-2 常用金属指示剂

指示剂	pH 使用范围	颜色变化 In	颜色变化 MIn	直接滴定离子	封闭离子	掩蔽剂
铬黑T (EBT)	7~10	蓝	红	Mg^{2+}、Zn^{2+}、Cd^{2+}、Pb^{2+}、Mn^{2+}、稀土元素离子	Al^{3+}、Fe^{3+}、Cu^{2+}、Co^{2+}、Ni^{2+}、Fe^{3+}	三乙醇胺 NH_3F
二甲酚橙 (XO)	<6	亮黄	红紫	pH<1 ZrO^{2+} pH1~3 Bi^{3+}、Th^{4+} pH5~6 Zn^{2+}、Pb^{2+}、Cd^{2+}、Hg^{2+}、稀土元素离子	Fe^{3+} Al^{3+} Cu^{2+}、Co^{2+}、Ni^{2+}	NH_3F 返滴法 邻二氮菲
PAN	2~12	黄	红	pH2~3 Bi^{3+}、Th^{4+} pH4~5 Cu^{2+}、Ni^{2+}		
钙指示剂	10~13	纯蓝	酒红	Ca^{2+}		与铬黑T相似

四、配位滴定法

1. EDTA 标准溶液的配制与标定

(1) 配制 由于乙二胺四乙酸在水中溶解度小,所以常用其含两分子结晶水的二钠盐来配制。对于纯度高的 $Na_2H_2Y \cdot 2H_2O$ 可用直接法配制标准溶液,配制时,必须将 EDTA(G·R 或 A·R 试剂)在 80℃下干燥过夜或在 120℃下烘至恒重才能准确称量。

由于 $Na_2H_2Y \cdot 2H_2O$ 易吸潮以及含有少量杂质,纯品不易得到,故多采用间接法配制。例如配制 $0.01 mol \cdot L^{-1}$ EDTA 标准溶液 1000mL:称取分析纯的 EDTA 二钠盐(摩尔质量 $372.26 g \cdot mol^{-1}$)3.72g,溶于 200mL 温水中,必要时过滤,冷却后用蒸馏水稀释至 1000mL,摇匀,保存在试剂瓶内备用。

常用 EDTA 标准溶液的浓度为 $0.01 \sim 0.05 mol \cdot L^{-1}$。

(2) 标定 标定 EDTA 的基准物质很多,如金属锌、铜、ZnO、$CaCO_3$ 及 $MgSO_4 \cdot 7H_2O$ 等,金属锌的纯度高且稳定,Zn^{2+} 及 ZnY 均无色,既能在 pH=5~6 时以二甲酚橙为指示剂来标定,又可在 pH10 的氨性溶液中以铬黑 T 为指示剂来标定,终点均很敏锐。所以实验室中多采用金属锌为基准物。

2. 应用示例

(1) 水的总硬度测定 测定水的总硬度,就是测定水中 Ca^{2+}、Mg^{2+} 的总量,然后换算成 $CaCO_3$ 的含量,以每升水中所含 $CaCO_3$ 的毫克数表示。操作时,取适量水样加 NH_3-NH_4Cl 缓冲液,调节溶液的 pH10,以铬黑 T 为指示剂,用 EDTA 滴定至溶液由酒红色变为纯蓝色即为终点。记下 EDTA 消耗的毫升数,计算水的总硬度。

水中 Fe^{3+}、Al^{3+}、Cu^{2+}、Pb^{2+}、Mn^{2+} 等离子量较大时,对测定有干扰。应加掩蔽剂,Fe^{3+}、Al^{3+} 用三乙醇胺,Cu^{2+}、Pb^{2+} 等可用 KCN 或 Na_2S 等掩蔽。

(2) 铝盐的测定 由于 Al^{3+} 与 EDTA 的配位速度较慢,对二甲酚橙指示剂有封闭作用,还会与 OH^- 形成多羟基配合物,因此,不能用 EDTA 直接滴定。常采用返滴定法测定铝的含量。现以氢氧化铝凝胶含量的测定为例,其中氢氧化铝含量以 Al_2O_3 计。

称取一定质量试样(g),加 1:1 HCl,加热煮沸使其溶解,冷至室温,过滤,滤液定容至 250mL,量取 25.00mL,加氨水至恰好析出白色沉淀,再加稀 HCl 至沉淀刚好溶解。加 CH_3COOH-CH_3COONa 缓冲液调至 pH=5,加已知准确浓度的过量的 EDTA 标准溶液 V_{EDTA}(mL),煮沸,冷至室温,加二甲酚橙指示剂,以锌标准溶液滴定至溶液由黄色变为淡紫红色即为终点。

> **知识阅读**

配合物的应用

配合物在生活的诸多方面有着重要的应用，近年来，配合物在治疗药物和排除金属中毒、金属配合物在治疗癌症方面越来越受到人们的关注，对于配合物的研究也越来越深入。

1. 生物化学中的作用

金属配合物在生物化学中具有广泛而重要的应用。生物体中对各种生化反应起特殊作用的各种各样的酶，许多都含有复杂的金属配合物。由于酶的催化作用，使得许多目前在实验室中尚无法实现的化学反应，在生物体内实现了。生命体内的各种代谢作用、能量的转换以及 O_2 的输送，也与金属配合物有密切关系。以 Mg^{2+} 为中心的复杂配合物叶绿素，在进行光合作用时，将 CO_2、H_2O 合成为复杂的糖类，使太阳能转化为化学能加以贮存供生命之需。使血液呈红色的血红素结构是以 Fe^{2+} 为中心的复杂配合物，它与有机大分子球蛋白结合成一种蛋白质称为血红蛋白，氧合血红蛋白具有鲜红的颜色。而血红蛋白本身是蓝色的。这就解释了为什么动脉血呈鲜红色（含氧量高），而静脉血则带蓝色（含氧量低）。

2. 抗癌金属配合物的研究

癌症是危害人类健康的一大顽症，专家预计癌症将成为人类的第一杀手。化疗是治疗癌症的重要手段，但是其毒副作用较大，于是寻求高效、低毒的抗癌药物一直是人们孜孜以求、不懈努力的奋斗目标。自1965年Rosenberg等人偶然发现顺铂具有抗癌活性以来，金属配合物的药用性引起了人们的广泛关注，开辟了金属配合物抗癌药物研究的新领域。随着人们对金属配合物的药理作用认识的进一步深入，新的高效、低毒、具有抗癌活性的金属配合物不断被合成出来，其中包括某些新型铂配合物、有机锡配合物、有机锗配合物、茂钛衍生物、稀土配合物、多酸化合物等。

顺铂为顺式二氯二氨合铂（Ⅱ）的俗称。顺铂为平面四边形结构的配合物，其抗癌作用机制和传统的有机药物有所不同。通过大量的研究，人们初步认为其机理大致为：跨膜运转、水合离解、靶向迁移和作用于DNA。顺铂进入体内后，首先受到细胞膜的阻碍。由于顺铂含有脂溶性基团氨，整个分子为电中性，有一定的脂溶性。同时分子体积小，所以容易跨过脂质双层结构的细胞膜，进入到细胞内。由于细胞内的氯离子浓度低，顺铂进入细胞后，它很快就发生水合解离，生成带正电荷的水合离子$[Pt(NH_3)_2(H_2O)_2]^{2+}$。DNA是细胞的遗传物质，位于细胞核内，带有负电荷。当顺铂水合离解形成$[Pt(NH_3)_2(H_2O)_2]^{2+}$后，受到DNA的静电吸引力，定向快速往细胞核迁移，到达靶目标。从分子结构看，顺铂的化学性质活泼，当它到达DNA时，DNA的碱基嘌呤（N7）取代配位水，形成cis-$[Pt(NH_3)_2]$\DNA的加合物，从而阻止了DNA的正常复制，抑制癌细胞的分裂。

金属配合物作为抗癌药物虽有的已经应用于临床，并且显示出了较好的临床效果，但是大多数仍处于实验阶段，人们对它们的抗癌机理仍不是十分清楚。随着人们对金属配合物的抗癌机理以及其构效关系的进一步认识，人们必将合成出更多的高效低毒的金属配合物，金属配合物的抗癌前景将更为广阔。

3. 电镀工业中的应用

许多金属制件，常用电镀法镀上一层既耐腐蚀、又增加美观的Zn、Cu、Ni、Cr、Ag等金属。在电镀时必须控制电镀液中的上述金属离子以很小的浓度，并使它在作为阴极的金属制件上源源不断地放电沉积，才能得到均匀、致密、光洁的镀层。配合物能较好地达到此要求。CN^-可以与上述金属离子形成稳定性适度的配离子。所以，电镀工业中曾长期采用氰配合物电镀液，但是，由于含氰废电镀液有剧毒、容易污染环境，造成公害。近年来已逐步找到可代替氰化物作配位剂的焦磷酸盐、柠檬酸、氨三乙酸等，并已逐步建立无毒电镀新工艺。

4. 配合物在化妆品中的应用

当今，化妆品在我国的使用日趋广泛，估计有数以亿计的人口长期使用。作为以保护皮肤为目的的化妆品，必须具备优良的品质。近年来，由于微量元素在诸多方面表现出的特殊功能，国内外许多学者已经注意到某些微量元素在化妆品中的重要作用。微量元素进入化妆品，是通过与蛋白质、氨基酸，甚至脱氧核糖核酸连接而实现的，它代表了一种新型的化妆用品重要成分。当这些微量元素被配合时，其配合物更具有生物利用性，使产品更具调理性和润湿性，而且它们更易于被皮肤、头发和指甲吸收和利用，实现化妆品护肤美容的真实涵义。目前，铜、铁、硅、硒、碘、铬和锗等七种微量元素在化妆品中的应用已经被许多国内外学者所肯定，而且逐渐为广大消费者所接受。

5. 金属配合物药物

病毒是病原微生物中最小的一种，其核心是核酸，外壳是蛋白质，不具有细胞结构。大多数病毒没有酶或酶系统不完全，不能独立自营生活，必须依靠宿主的酶系统才能使其本身繁殖。某些金属配合物有抗病毒的活性，病毒的核酸和蛋白质均为配体，能与金属配合物作用，占据细胞表面防止病毒的吸附，或防止病毒在细胞内的再生，从而阻止病毒的繁殖。

除上述各领域外，在医药领域中，配合物已成为药物治疗的一个重要方面。再如原子能、半导体、激光材料、太阳能储存等高科技领域，环境保护、印染、鞣革等部门也都与配合物有关。配合物的研究与应用，无疑具有广阔的前景。

习　题

一、命名下列配合物

1. $[Co(NH_3)_6]Cl_3$
2. $K_2[Co(NCS)_4]$
3. $[Co(NH_3)_5Cl]Cl_2$
4. $K_2[Zn(OH)_4]$
5. $[Pt(NH_3)_2Cl_2]$
6. $[Co(N_2)(NH_3)_3]SO_4$
7. $[Co(ONO)(NH_3)_3(H_2O)_2]Cl_2$

二、命名及配位数

1. $[Co(ONO)(NH_3)_3(H_2O)_2]Cl_2$
2. $Cr(OH)(C_2O_4)[C_2H_4(NH_2)_2](H_2O)$

三、选择题

1. 向硫酸铜溶液中滴加氨水，当氨水过量时，加入乙醇，立即有深蓝色晶体析出，该晶体为（　　）。
   A. $CuSO_4$　　　B. CuS　　　C. $[Cu(NH_3)_4]SO_4$　　　D. $[Cu(NH_3)_4]^{2+}$

2. 下列分子中，配盐为（　　）。
   A. $[Ag(NH_3)_2]NO_3$　　B. $H[AuCl_4]$　　C. $CuSO_4$　　D. $[Cu(NH_3)_4]^{2+}$

3. 某金属离子形成配离子时，离子的电子分布可以有1个未成对电子，也可以有五个未成对电子，此中心离子是（　　）。
   A. Cr^{3+}　　　B. Fe^{2+}　　　C. Fe^{3+}　　　D. Mn^{2+}

4. 配离子$\{Co[C_2H_4(NH_2)_3]\}^{3+}$的中心离子配位数是（　　）。
   A. 3　　　　B. 4　　　　C. 2　　　　D. 6

5. 乙二胺 $NH_2-CH_2-CH_2-NH_2$ 能与金属离子形成下列哪种物质（　　）。
   A. 简单配合物　　B. 沉淀物　　C. 螯合物　　D. 聚合物

6. 根据价键理论，下列说法中，不妥的是（　　）。
   A. 中心离子用于形成配位键的原子轨道是杂化的
   B. 并不是所有的中心离子都能形成内轨型配合物
   C. 并不是所有的中心离子都能形成外轨型配合物
   D. 中心离子形成配位键的原子轨道是不变的

7. 配位化合物 $NH_4[CrNH_3H_2O(SCN)_2Cl_2]$ 中心离子的配位数为（　　）。
   A. 2　　　　B. 4　　　　C. 6　　　　D. 8

8. 关于配合物的说法中，错误的是（　　）。
   A. 配位体是一种含有电子对给予体的原子或原子团
   B. 配位数是指直接与中心离子（原子）相连接的配位体的总数

C. 广义地说，所有的金属都有可能形成配合物
D. 配离子即可以处于溶液中，也可以处于晶体中

9. 配离子的电荷数是由（   ）决定的。
   A. 中心离子电荷数
   B. 配位体电荷数
   C. 配位原子电荷数
   D. 中心离子和配位体电荷数的代数和

10. 下列说法中错误的是（   ）。
    A. 配合解离平衡是指溶液中配合物离解为外界和内界的平衡
    B. 配合解离平衡是指溶液中配合物或多或少离解为形成体和配体的平衡
    C. 配离子在溶液中的解离有些类似于弱电解质的电离

11. 不溶于浓氨水的是（   ）。
    A. AgI   B. AgBr   C. AgCl   D. AgF

12. 比较$[Ag(NH_3)_2]^+$与$[Ag(CN)_2]^-$的稳定性，前者（   ）后者。
    A. 小于   B. 大于   C. 等于   D. 无法比较

四、判断题

1. 复盐和配合物就像离子键和共价键一样，没有严格的界限。（   ）
2. 配位化合物的中心离子的配位数不一定等于配位体的数目。（   ）
3. 配离子$[AlF_6]^{3-}$的稳定性大于$[AlCl_6]^{3-}$。（   ）
4. Fe^{3+}和X^-配合物的稳定性随X^-离子半径的增加而降低。（   ）
5. 中心离子（原子）与配位原子构成了配合物的内界。（   ）

五、计算题

1. 用配位滴定法测定氧化液中醋酸锰的含量。准确吸取 0.50mL 氧化液于盛有 80mL 水的 250mL 三角瓶中，用稀的 NaOH 溶液中和，再加氨缓冲溶液和 5 滴铬黑 T 指示剂，用 $c_{EDTA}=0.0100mol·L^{-1}$ 的标准滴定溶液滴定，由酒红色变纯蓝色为终点。消耗 6.25mL 的 EDTA，求氧化液中醋酸锰的含量，用 $g·L^{-1}$ 表示。[相对分子质量 $Mn(CH_3COO)_2=173.04$]

2. 准确称取镍盐样品 0.5200g，加水溶解后定容至 100mL 容量瓶中。吸出 10.00mL 于三角瓶中，加入 $c_{EDTA}=0.0200mol·L^{-1}$ 的标准滴定溶液 30.00mL，用氨水调节溶液 pH≈5，加入 CH_3COOH—CH_3COONH_4 缓冲溶液 20mL，加热至沸腾后，再加几滴 PAN[1-(2-吡啶偶氮)-2-萘酚]指示剂，立即用 $c_{CuSO_4}=0.0200mol·L^{-1}$的标准溶液滴定，消耗 10.35mL，计算镍盐中 Ni 的百分含量。[相对分子质量 Ni=58.70]

3. 称取工业硫酸铝 0.4850g，用少量（1+1）盐酸溶解后定容至 100mL。吸出 10.00mL 于三角瓶中，用（1+1）氨水中和至 pH=4，加入 $c_{EDTA}=0.0200mol·L^{-1}$ 的标准滴定溶液 20.00mL，煮沸后加六次甲胺缓冲溶液，以二甲酚橙为指示剂，用 $c_{ZnSO_4}=0.0200mol·L^{-1}$ 的 $ZnSO_4$ 标准滴定溶液滴定至紫红色，不计体积。再加 NH_4F 1~2g，煮沸并冷却后，继续用 $ZnSO_4$ 标准滴定溶液滴至紫红色，消耗 12.50mL，计算工业硫酸铝中铝的百分含量。[相对分子质量 Al=26.98]

第九章

现代仪器分析法

■【知识目标】
1. 了解吸光光度法、原子吸收分光光度法、分子荧光法、色谱分析法的基本原理。
2. 理解分光光度计、原子吸收分光光度计的基本结构、定量分析的基本原理。
3. 了解吸光光度法、原子吸收分光光度法、分子荧光法、色谱分析法应用。

■【能力目标】
1. 会使用仪器分析方法解决实际问题。
2. 能够正确使用和维护分光光度计、原子吸收分光光度计、能够正确使用和维护气相、液相色谱仪。

第一节 吸光光度法

吸光光度法是基于物质对光的选择吸收而建立起来的分析方法，包括比色法、可见分光光度法等。吸光光度法应用非常广泛，几乎所有的无机物质和大多数有机物质都能用此方法测定，该法具有灵敏度高（测定的最低浓度可达 $10^{-6} \sim 10^{-5}\,\mathrm{mol \cdot L^{-1}}$ 的微量组分）、准确度较高（为 2‰～5‰）、操作简便、测定迅速的特点，在实际应用和科学研究等领域具有十分重要的意义。

一、光的性质

（一）光的基本性质

光是电磁波，具有波动性和粒子性。光以波的形式传播，可用波长、频率来表示；光由光子组成，具有能量。不同波长（或频率）的光，其能量不同，短波的能量大，长波的能量小。

肉眼可感觉到的光，我们称为<u>可见光</u>，其波长范围为 400～760nm。具有相同能量（相同波长）的光称为<u>单色光</u>，每种颜色的单色光都具有一定的波长范围，通常把由不同波长的光组成的光称为<u>复合光</u>，如白光（日光、白炽电灯光）是由各种不同颜色的光按一定强度比例混合而成。让一束白光通过棱镜，由于折射作用可分为红、橙、黄、绿、青、蓝、紫七种色光，这种现象称为色散，白光即为复合光。

实验证明不仅上面所说的七种颜色的光可以混合成白光，如果将适当颜色的两种单色光按一定的强度比例混合，也可以形成白光，这两种单色光被称为<u>互补光</u>，所显的颜色称为<u>互补色</u>。图 9-1 中处于直线关系的两种单色光为互补色光，如绿光和紫光为互补色光，蓝色和黄色为互补色光等。

(二) 物质对光的选择性吸收

1. 物质对光的吸收和颜色的产生

物质的颜色是物质对光选择性吸收的结果。当一束白光通过某溶液时，如果该溶液对可见光区各波长的光都不吸收，即入射光全部通过溶液，这时看到的溶液是无色透明的。当该溶液对各种波长的光完全吸收，则看到的溶液呈黑色。若某溶液选择性地吸收了可见光区某波长的光，则该溶液即呈现出被吸收光的互补色光的颜色。例如，当一束白光通过 $KMnO_4$ 溶液时，该溶液选择性地吸收了 500～560nm 的绿色光，白光中其余颜色的光不被吸收而通过溶液，因此 $KMnO_4$ 溶液就呈现透过光的颜色紫红色。可见物质所呈现的颜色是被吸收光的互补色，表 9-1 列出了物质颜色与吸收光颜色的互补关系。

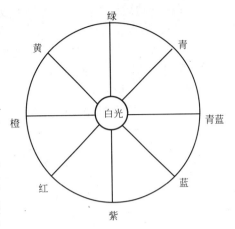

图 9-1 光的互补色示意图

表 9-1 物质颜色与吸收光颜色的互补关系

λ/nm	颜色	互补光	λ/nm	颜色	互补光
400～450	紫	黄绿	560～580	黄绿	紫
450～480	蓝	黄	580～610	黄	蓝
480～490	绿蓝	橙	610～650	橙	绿蓝
490～500	蓝绿	红	650～760	红	蓝绿
500～560	绿	红紫			

2. 物质的吸收光谱曲线

溶液对一定波长光的吸收程度，称为**吸光度 (A)**。任何一种溶液对不同波长光的吸收程度是不同的，通常用光吸收曲线来描述。即将不同波长的光依次通过固定浓度的有色溶液，然后用仪器测量每一波长处溶液对相应光的吸光度，以波长 (λ) 为横坐标，以吸光度 (A) 为纵坐标作图，得到的曲线称 A-λ **光吸收曲线或吸收光谱曲线**。光吸收曲线描述了物质对不同波长的光的吸收能力。图 9-2 是四种不同浓度 $KMnO_4$ 溶液和二甲基黄溶液的吸收曲线。

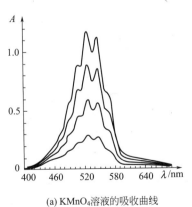
(a) $KMnO_4$ 溶液的吸收曲线

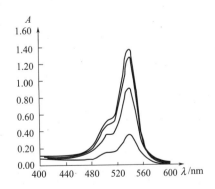
(b) 二甲基黄溶液的吸收光谱曲线

图 9-2 不同物质溶液吸收光谱曲线

由图 9-2 可见：

① 同一种物质对不同波长光的吸收程度不同。光吸收程度最大处所对应的波长称为最大吸收波长,常以 λ_{max} 表示。

② 不同浓度的同一物质,其吸收曲线形状相似,最大吸收波长 λ_{max} 不变。

③ 不同物质,它们的吸收曲线形状和最大吸收波长 λ_{max} 则各不相同。可以利用吸收曲线作为物质定性分析的依据。

④ 同一种物质不同浓度的溶液,在同一波长处吸光度随溶液浓度的增加而增大;在最大吸收波长 λ_{max} 处的吸光度相差最大。此特性可作为物质定量分析的依据。

光吸收曲线是吸光光度法中选择测定波长的重要依据,通常选用溶液的最大吸收波长作为测定光的波长,以提高测定的灵敏度。

(三) 光吸收定律——朗伯-比尔定律

物质对光吸收的定量关系很早就受到了科学家的注意并进行了研究。当一束平行单色光照射到液层厚度为 b 的均匀、非散射的有色溶液时,光的一部分被吸收,透过光的强度就要减弱。假设入射光的强度为 I_0,透过光的强度为 I,有色溶液的浓度为 c,如图 9-3 所示。实验证明,有色溶液对光的吸收程度,与该溶液的浓度、液层厚度以及入射光的强度有关。如果保持入射光的强度不变,则光的吸收程度与该溶液的浓度和液层的厚度有关。朗伯和比尔

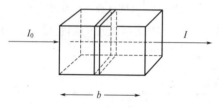

图 9-3 光的吸收示意图

总结了光的吸收与液层的厚度及溶液浓度的定量关系,称为**朗伯-比尔定律**,从而奠定了吸光光度法的理论基础。

朗伯-比尔定律的数学表达式为

$$A = \lg I_0/I = kcb \tag{9-1}$$

式中 k——吸光系数。

其物理意义是:浓度为 $1g \cdot L^{-1}$,液层厚度为 1cm 时,在一定波长下测得的吸光度。其中,k 是吸光系数,与入射光的波长、物质的性质和溶液的温度等因素有关。它表明:**在一定温度下,当一束平行的单色光通过有色溶液时,其吸光度与溶液浓度 c 和厚度 b 的乘积成正比,而与入射光的强度无关。**

吸光光度分析中,通常把 I/I_0 称为透光率,用符号 T 表示,即 $T = I/I_0$,A 与 T 的关系:

$$A = \lg I_0/I = -\lg T \tag{9-2}$$

朗伯-比尔定律不仅适用于可见光,也适用于紫外和红外光;不仅适用于均匀非散射的液体,也适用于固体和气体。

二、分光光度法

(一) 分光光度法原理

分光光度法是利用分光光度计测定有色溶液的吸光度,从而确定被测组分含量的分析方法。分光光度计是利用棱镜或光栅等分光器来获得纯度较高的单色光,从而提高了分析的准确度、灵敏度和选择性。随着测试仪器的发展,分光光度法不仅可适用于可见光区,还可扩展到紫外和红外光区。物质对光的吸收是分光光度法的理论基础,朗伯-比尔定律则是定量测定的依据。

分光光度法是借助分光光度计来测量一系列标准溶液的吸光度,然后根据被测试液的吸

光度，用下面的任意一种测试方法，求出被测溶液的浓度。

1. 工作曲线法

工作曲线法也称标准曲线法。其方法是先配制一系列标准有色溶液，用最大吸收波长的单色光分别测出它们的吸光度。以浓度为横坐标，吸光度为纵坐标，绘制出标准曲线或工作曲线。在测定被测物质溶液的浓度时，用绘制标准曲线时相同的操作方法和条件测出该溶液的吸光度，再从标准曲线上查出相应的浓度或含量。

【例 9-1】 在 456nm 处，用 1cm 吸收池测定显色后的锌标准溶液的吸光度得到以下结果：

锌标准溶液浓度/$\mu g \cdot mL^{-1}$	2.0	4.0	6.0	8.0	10.0
吸光度 A	0.105	0.205	0.310	0.415	0.515

在相同条件下，测得试样溶液的吸光度为 0.420，则待测物中锌的含量？

解析：① 绘制标准曲线。以吸光度 A 为纵坐标，锌标准溶液浓度为横坐标作图。

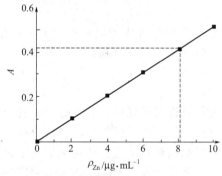

② 从曲线上可查得吸光度为 0.420 时的浓度为 $8.1\mu g \cdot mL^{-1}$。

2. 标准对照法（比较法）

若试样中只有被测组分在 λ_{max} 处有吸收，且符合朗伯-比耳定律，则配制一个与待测样品浓度接近的标准溶液，在相同条件下显色，在同一波长处测定吸光度，根据下式可计算出待测样品的浓度。

$$A_{样}=kbc_{样} \quad A_{标}=kbc_{标}$$

则：
$$c_{样}=\frac{A_{样}c_{标}}{A_{标}}$$

应注意用上述关系式进行计算时，只有 $c_{样}$ 和 $c_{标}$ 相接近时，结果才是可靠的，否则误差较大。

（二）分光光度计

常用的分光光度计有可见分光光度计，如国产 721 型、722 型；可见-紫外分光光度计，如 751 型。尽管目前商品生产的紫外-可见分光光度计类型很多，但就其结构而言，都是由光源、单色器、吸收池、检测器和信号处理及显示系统五个主要部分组成（图 9-4）。

(1) 光源 光源指一种可以发射出供溶液或吸收物质选择性吸收的光。光源应在一定光谱区域内发射出连续光谱，并有足够的强度和良好的稳定性，在整个光谱区域内光的强度不应随波长有明显的变化。可见光分光光度计常用光源是钨灯，能发射出 350~2500nm 波长范围的连续光谱，适用范围是 360~1000nm。

(2) 单色器 单色器是分光光度计的关键部件，可分成滤光片、棱镜和光栅。其作用是将来自光源的复合光分散为单色光。单色器的性能直接影响单色光的纯度和强度，从而影响

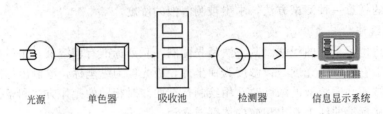

图 9-4 分光光度计结构示意图

测定的灵敏度及选择性。

(3) 吸收池 又称为比色皿或液槽。吸收池常用无色透明、耐腐蚀和耐酸碱的玻璃或石英材料做成，是用于盛放待测溶液的一种装置。吸收池的厚度（光径）可为 0.1~10cm，一般为 1cm。同一台分光光度计，吸收池间的透光率误差应小于 0.5%，使用时应对吸收池进行校准。

(4) 检测器 是利用光电效应将透过吸收池的光信号变成可测的电信号。常用的有光电池、光电管或光电倍增管。

(5) 信号处理及显示系统 将光电管或光电倍增管放大的电流通过仪表显示出来的装置。常用的显示器有检流计、微安表、记录器和数字显示器。

三、吸光光度法应用

吸光光度法既可以进行定量分析又可以进行定性分析。其定量分析最主要的应用是对微量和痕量组分的测定，有时也用于某些高含量物质的测定分析。在定性分析方面，可以通过试样光谱与估计物质的标准光谱的比对，来进行化合物的鉴定、结构分析和纯度检查等。随着显色剂的发展、仪器的改进，吸光光度法的应用将越来越广泛。

第二节 原子吸收分光光度法

原子吸收分光光度法（AAS），即原子吸收光谱法，是基于待测元素基态的原子蒸气对同种元素发射的特征辐射线的吸收强度来定量分析被测元素含量为基础的一种仪器分析方法。原子吸收光谱法具有灵敏度高、准确度好、选择性高等优点。

一、原子吸收分光光度法的基本原理

1. 原子吸收光谱的产生

原子吸收分光光度法是利用原子对固有波长光的吸收进行测定的。根据原子本身具有能量的高低，可将原子所处的状态分成具有低能量的基态和具有高能量的激发态。当光辐射通过处于基态的原子蒸气时，原子蒸气对特征辐射进行选择性吸收，其外层电子由基态跃迁到激发态，并伴随有能量的吸收，使光辐射的强度减弱。通过实验得到吸光度对波长或频率的函数图，即为原子吸收光谱图。

2. 原子吸收光谱法的定量依据

当强度为 I_0 的能被待测元素吸收的光通过吸收厚度为 L 的基态原子蒸气时，辐射光的强度会因基态原子蒸气的吸收而减弱，其透过光的强度 I 服从朗伯-比尔定律，即：

$$A = \lg I_0/I = 0.434 K_\nu cL \tag{9-3}$$

式中 A——吸光度；

K_ν——频率吸光系数;

c——基态原子的浓度;

L——吸收层厚度。

当吸收层厚度固定时,则:

$$A = Kc \qquad (9-4)$$

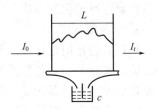

图 9-5 吸光度测量

即在一定条件下,基态原子蒸气的吸光度与该元素在试样中的浓度呈线性关系,式中 K 为与实验有关的常数。上式即为原子吸收光谱分析的定量依据。吸光度的测量见图 9-5。

二、原子吸收分光光度计

原子吸收分光光度计与普通的可见分光光度计的结构基本相同,只是空心阴极灯锐线光源代替了连续光源,用原子化器代替了吸收池。原子吸收分光光度计即原子吸收光谱仪,包括四大部分——光源、原子化器、单色器、检测系统。如图 9-6 所示。测定试样中某种元素含量时,试样在原子化器中被蒸发、离解为气态基态原子,从锐线光源发射出的与待测元素吸收波长相同的特征辐射通过该元素的气态基态原子区时,元素的特征辐射因被气态基态原子吸收而减弱,经过单色器和检测系统后,测得吸光度,根据吸光度与待测元素浓度的线性关系,计算出待测元素的含量。

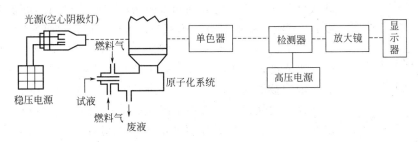

图 9-6 单光束原子吸收分光光度计示意图

1. 光源

光源的作用是发射被测元素的特征共振辐射,获得较高的灵敏度和准确度。作为光源应

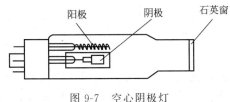

图 9-7 空心阴极灯

能发射待测元素的共振线,且所发射的共振线为锐线,光强度大、稳定性好。原子吸收分光光度计中使用的光源是空心阴极灯,特定元素的空心阴极灯可以发射出该元素的特征谱线。空心阴极灯的发光强度取决于它的工作电流,其选择原则是在保证空心阴极灯有稳定辐射和恰当的光强输出的条件下,尽量使用最低的灯电流,通常采用额定电流的 40%～60% 比较适宜,其结构如图 9-7 所示。

2. 原子化器

原子化器的功能是提供能量,使试样干燥、蒸发和原子化。目前应用广泛的原子化器有两种类型,一种是火焰原子化,另一种是无火焰原子化器石墨炉原子化。火焰原子化器的原子化过程分为干燥、蒸发、原子化、解离及化合四个阶段,被测元素在火焰中通过燃烧的方式生成基态原子。石墨炉原子化器的原子化过程分为干燥、灰化(去除基体)、原子化、净化(去除残渣)四个阶段,待测元素在高温下生成基态原子。在实际测试工作中,应根据实验条件确定原子化的方法。

3. 单色器

单色器的作用是将待测元素的吸收线与邻近线分开，组件分为色散元件（棱镜、光栅）、凹凸镜、狭缝等。单色器的狭缝宽度影响光谱通带和检测器接受的能量，狭缝宽度增大，光谱通带增大，检测器接受的能量增强，但仪器的分辨率下降；反之亦然。因此，在实际分析测定时，应根据共振线的谱线强度和仪器的分辨率的要求，选择适当的狭缝宽度。狭缝宽度的选择，应以将待测元素的吸收线与邻近谱线分开为原则，在共振线附近无邻近干扰线的前提下，尽可能选择较宽的狭缝。一般元素的狭缝宽度在 0.5～4nm 之间。

4. 检测系统

检测系统的作用将待测元素光信号转换为电信号，经放大数据处理显示结果。组件分为检测器、放大器、对数变换器、显示记录装置。

三、原子吸收分光光度法测定的定量分析方法

利用原子吸收分光光度法进行定量分析的方法较多，常用的有标准曲线法和标准加入法等。

1. 标准曲线法

配制一组浓度合适的标准溶液，以空白溶液（参比液）调零后，将标准溶液由低浓度到高浓度依次检测，将分别测得各溶液的吸光度 A。以被测元素的浓度 c（或所取标准溶液的体积 V）为横坐标，以吸光度 A 为纵坐标，绘制对应的 A-c 标准曲线（图 9-8）。然后在完全相同条件下测定试样的吸光度，从工作曲线上查出该吸光度所对应的浓度，即所测样品溶液中被测元素的浓度，并进一步求出被测元素的含量。标准曲线法操作简便快速，适用于组成简单的大批样品分析。使用这种方法时，标准溶液和试样溶液的吸光度应在 0.15～0.70 之间，这样可以保证试样浓度在 A-c 标准曲线的直线范围内。

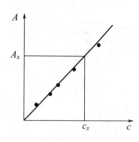

图 9-8　标准曲线法

标准曲线法简便、快速，为保证测定的准确度，使用标准曲线法时应当注意以下几点：
① 每次分析前应该用标准溶液对系统进行校正；
② 在整个分析过程中，操作条件应保持不变；
③ 标准溶液与试样溶液都应用相同的试剂处理；
④ 扣除空白值。

2. 标准加入法

当测定组成复杂的试样时，由于被测元素含量很低或无法配制与样品组成相匹配的标准溶液时，应采用标准加入法进行定量分析。测定步骤为：取若干份相同体积的试样溶液，除第一份不加被测元素外，其他试样溶液中依次成比例地加入同一浓度不同体积的被测元素的标准溶液，然后用溶剂稀释至相同体积（设样品中被测元素的浓度为 c_x），在相同实验条件下，依次测定吸光度，绘制出 A-c_0 曲线，并将此曲线向左外延长至与横坐标相交于一点，则该点与原点的距离即为试样中被测元素的浓度 c_x，如图 9-9 所示。

应用标准加入法时应注意以下几点。
① 被测元素的吸光度与其对应的浓度呈线性关

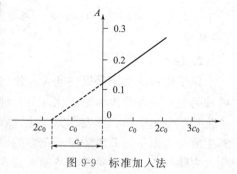

图 9-9　标准加入法

系，即测量应该在 A-c_0 曲线的线性范围内进行。

② 制作 A-c_0 曲线时，至少应采用4个点（包括试样溶液本身）来做外推曲线，并且第一份加入的标准溶液与试样溶液的浓度之比应适当，才能保证得到准确的分析结果。

③ 标准加入法可以部分或全部扣除物理干扰和化学干扰，但是不能消除背景干扰。

④ 本法中得到的直线，斜率不宜太小，否则要引入较大的误差。

四、原子吸收分光光度法的应用

原子吸收分光光度法具有测定灵敏度高、检出限量小、干扰少、操作简单快速等优点。已在植物、食品、饲料、医药和科学研究等各个领域中获得广泛应用，元素周期表中大多数元素都可用原子吸收分光光度法直接或间接地进行测定。随着新型高性能的原子吸收分光光度计的问世，测定人体体液中含有的30多种元素；蔬菜、水果、粮食、豆类等样品中 Pb 含量的测定；试样中 Hg 含量的测定等都可使用原子吸收分光光度法进行测定。

第三节* 荧光分析法

荧光分析法是以荧光强度进行定量分析的一种仪器分析方法。包括分子荧光法和原子荧光法，这里仅介绍分子荧光法。

一、分子荧光法的基本原理

1. 分子荧光的发生过程

有些物质的分子受到光照射时，其外层电子会从基态跃迁到激发态，由于处于激发态的电子很不稳定，经 $8 \sim 10 s$ 的短时间后，首先以非辐射形式释放一部分能量达到激发态的最低振动能级，然后再跃迁回基态的振动能级，后一过程中的能量以电磁辐射的形式释放出来，即产生了荧光。

2. 荧光强度与溶液浓度的关系

荧光分子由激发态跃迁回到基态，不会将全部吸收的光能都以电磁辐射的形式转变为荧光，总是或多或少地以其他形式释放，通常以荧光效率来描述辐射跃迁概率的大小。<u>荧光效率</u>定义为发射荧光的分子数目与激发态分子总数的比值，用 φ 表示。

$$\varphi = \frac{发射荧光的分子数}{激发态的分子总数} = \frac{I_f}{I_n} \tag{9-5}$$

式中　φ——荧光效率；

　　I_f——荧光强度；

　　I_n——吸收激发光的强度。

发射的荧光光强 I_f 正比于被荧光物质吸收的光强，即

$$I_f = K'(I_0 - I) \tag{9-6}$$

式中　I_0——入射光强度；

　　I——通过一定厚度的介质后的光强；

　　K'——常数，其值取决于荧光效率。

根据朗伯-比尔定律（若 $A < 0.05$），可近似得到下式：

$$I_f = 2.303 K' \varepsilon b c I_0$$

当激发光波长和强度一定时,荧光强度与溶液的浓度关系可简化为:

$$I_f = Kc \tag{9-7}$$

由此可见,在较稀溶液中,当激发光波长和强度一定时,荧光强度与溶液的浓度呈线性关系,是荧光分析法定量分析的依据。

3. 分子结构与荧光的关系

发射荧光的物质分子中必须含有共轭双键,并且体系共轭程度越大,越容易被激发而产生较强的荧光。大多数含芳香环、杂环的化合物能发出荧光。其次,取代基对荧光物质发射荧光的特征和强度也有影响。一般给电子基团可导致荧光增强,吸电子基团导致荧光减弱。另外,共面性高的刚性多环不饱和的分子有利于荧光的发射。

4. 激发光谱与荧光(发射)光谱

任何荧光物质都具有两个特征光谱,即激发光谱和荧光光谱。

(1) 激发光谱 若固定荧光波长,将激发荧光的光源用单色器分光,连续改变激发光波长,测定不同波长下物质发射的荧光强度。以激发光波长为横坐标,荧光强度为纵坐标作图,便得到激发光谱。

(2) 荧光光谱 若固定激发光的波长和强度不变,而让物质发射的荧光通过单色器,测定不同波长的荧光强度,以荧光的波长作横坐标,荧光的强度为纵坐标作图,便得到荧光光谱。

荧光物质的最大激发波长和最大荧光波长是鉴定物质的依据,也是定量测定时选择激发波长和荧光测量波长的依据。

二、荧光分析法的应用

1. 有机物的荧光分析

由于荧光分析的高灵敏度、高选择性,使它在医学检验、卫生检验、药物分析、环境检测及食品分析等方面有广泛的应用。芳香族及具有芳香结构的物质,在紫外光照射下能产生荧光。因此,荧光分析法可直接用于这类有机物质的测定,如多环胺类、萘酚类、嘌呤类、吲哚类、多环芳烃类,具有芳环或芳杂环结构的氨基酸及蛋白质等,约有200多种。

2. 无机物的荧光分析

能产生荧光的无机物较少,对其进行分析通常是将待测元素与荧光试剂反应,生成具有荧光特性的配合物,进行间接测定。目前利用该法可进行荧光分析的无机元素已有70种。常见的有铬、铝、铍、硒、锗、镉等金属元素及部分稀土元素。

第四节 色谱分析法

色谱分析法又称为色谱法或层析法,是现代分离分析的一个重要方法,在分析化学、有机化学、生物化学等领域有着非常广泛的应用。随着气相色谱法和高效液相色谱法的发展与完善,以及各种与色谱有关的新技术和联用技术(如色谱-质谱联用等)的使用,使色谱分析法成为生产和科研中解决各种复杂混合物分离分析课题的重要工具之一。

一、色谱分析法的基本原理

1. 色谱分析法分类

色谱法中有两个相,固定不动的相称为固定相,另一个是流动的相称为流动相。固定相的物态可以是固态,也可以是液态。流动相的物态可以是液态,也可以是气态。若根据流动相的物态不同,可以分为液相色谱和气相色谱。若按固定相的固定方式分类,可分为纸色谱、薄层色谱及柱色谱;若按分离的原理不同可分为吸附色谱、分配色谱、离子交换色谱、凝胶色谱和亲和色谱等。

2. 基本原理

(1) 分离原理 色谱分析法利用不同物质在不同相态的选择性分配,以固定相对流动相中的混合物进行洗脱,混合物中不同的物质会以不同的速度沿固定相移动,最终达到分离的效果。色谱分离过程的本质是待分离物质分子在固定相和流动相之间分配平衡的过程。不同的物质在两相之间的分配会不同,这使其随流动相运动速度各不相同,随着流动相的运动,混合物中的不同组分在固定相上相互分离。

(2) 流出曲线 当组分从色谱柱流出后,记录仪记录的信号随时间或载气流出体积而分布的曲线称为色谱流出曲线图,简称色谱图,如图 9-10 所示。其纵坐标是响应信号(电压或电流),反映了流出组分在检测器内的浓度或质量的大小;横坐标是流出时间或载气流出体积。色谱流出曲线反映了试样在色谱柱内分离的结果,是组分定性和定量的依据。

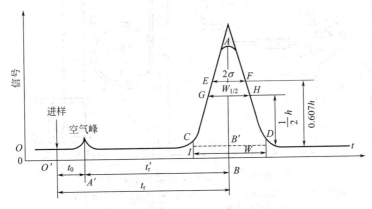

图 9-10 色谱流出曲线

基线:当操作条件稳定后,无样品组分进入检测器时,记录到的信号称为基线。稳定的基线是一条直线。

色谱峰:当组分进入检测器时,检测器响应信号随时间变化的峰形曲线。

峰高 (h):峰顶点到基线的距离。

基线宽度 (W):从峰两边拐点作切线与基线相交的截距。

峰面积:峰与基线延长线所包围的范围。

半峰宽 ($W_{1/2}$):峰高一半处对应峰的宽度。

保留时间 (t_r):从进样起到色谱峰顶的时间。

死时间 (t_0):指不被固定相滞留的组分(如空气),从进样开始到色谱峰顶所需要的时间。

调整保留时间 (t_r'):扣除死时间后的组分的保留时间,即组分保留在固定相内的总时间。

从色谱图可以解决以下几个问题:

① 根据色谱峰的个数,可以判断样品中所含组分的最少个数。

② 根据色谱峰的出峰时间,与标准样对照,可以进行定性分析。

③ 根据色谱峰的面积或峰高,可以进行定量分析。

④ 根据色谱峰的出峰时间和色谱峰的宽度,可以对色谱柱分离效能进行评价。

二、气相色谱法

气相色谱法是以气体为流动相的色谱法。气相色谱法具有选择性好、柱效高、灵敏度高和试样用量少的特点,适用于分析各种气体以及在适当温度下(通常不超过 300℃)能挥发且热稳定性好的化合物的分离分析。

1. 气相色谱仪

目前,气相色谱仪的种类和型号繁多,但它们主要有五大系统:气路系统、进样系统、分离系统、温度控制系统以及检测记录系统。气相色谱仪的基本构造有两部分,即分析单元和显示单元,如图 9-11 所示。

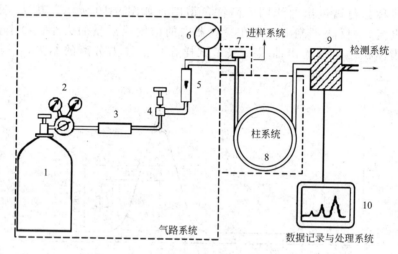

图 9-11 气相色谱仪结构示意图

1—载气钢瓶;2—减压阀;3—净化器;4—针形阀;5—流量计;6—压力表;
7—进样器;8—分离柱;9—检测系统;10—数据记录与系统

(1) 载气系统 气相色谱仪中的气路是一个载气连续运行的密闭管路系统。整个载气系统要求载气纯净、密闭性好、流速稳定及流速测量准确。

(2) 进样系统 进样就是把气体或液体样品匀速而定量地加到色谱柱上端。

(3) 分离系统 分离系统的核心是色谱柱,它的作用是将多组分样品分离为单个组分。色谱柱分为填充柱和毛细管柱两类。

(4) 检测系统 检测器的作用是把被色谱柱分离的样品组分根据其特性和含量转化成电信号,经放大后,由记录仪记录成色谱图。

(5) 信号记录或微机数据处理系统 近年来,气相色谱仪主要采用色谱数据处理机。色谱数据处理机可打印记录色谱图,并能在同一张记录纸上打印出处理后的结果,如保留时间、被测组分质量分数等。

(6) 温度控制系统 用于控制和测量色谱柱、检测器、气化室温度,是气相色谱仪的重要组成部分。

2. 气相色谱分离原理

气相色谱仪是一种多组分混合物的分离、分析工具,它是以气体为流动相,采用冲洗法的柱色谱技术。当多组分的分析物质进入到色谱柱时,由于各组分在色谱柱中的气相和固定液液相间的分配系数不同,因此各组分在色谱柱的运行速度也就不同。经过一定的柱长后,按顺序离开色谱柱进入检测器,检测器将组分的浓度(或质量)的变化转换为电信号,经放大后在记录仪上记录下来,即得到色谱图。

根据色谱图中各组分的色谱峰的峰位置和出峰时间,可对组分进行定性分析;根据色谱峰的峰高或峰面积,可对组分进行定量分析。

三、液相色谱法

液相色谱法就是用液体作为流动相的色谱法。1903 年俄国化学家 M.C. 茨维特首先将液相色谱法用于分离叶绿素。

1. 液相色谱仪

高效液相色谱仪根据固定相是液体或是固体,又分为液-液色谱(LLC)及液-固色谱(LSC)。现代液相色谱仪由高压输液泵、进样系统、色谱柱、检测器、信号记录系统等部分组成,其结构流程如图 9-12 所示。

贮液器中的流动相经过过滤后以稳定的流速(或压力)由高压泵输送至分析体系,样品溶液经进样器进入流动相,被流动相载入色谱柱(固定相)内,由于样品溶液中的各组分在两相中具有不同的分配系数,在两相中做相对运动时,经过反复多次的吸附-解吸的分配过程,各组分在移动速度上产生较大的差别,被分离成单个组分依次从柱内流出,通过检测器时,样品浓度被转换成电信号传送到记录仪,数据以图谱形式打印出来。

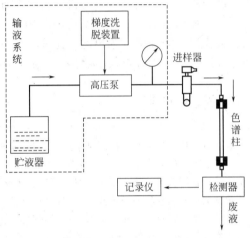

图 9-12 液相色谱仪结构示意图

2. 原理

液相色谱法的分离机理是基于混合物中各组分对两相亲和力的差别。根据固定相的不同,液相色谱分为液固色谱、液液色谱和键合相色谱。应用最广的是以硅胶为填料的液固色谱和以微硅胶为基质的键合相色谱。根据固定相的形式,液相色谱法可以分为柱色谱法、纸色谱法及薄层色谱法。按吸附力可分为吸附色谱、分配色谱、离子交换色谱和凝胶渗透色谱。近年来,在液相柱色谱系统中加上高压液流系统,使流动相在高压下快速流动,以提高分离效果,因此出现了高效(又称高压)液相色谱法。

四、色谱分析法的应用

1. 气相色谱法的应用

只要在气相色谱仪允许的条件下可以气化而不分解的物质,都可以用气相色谱法测定。对部分热不稳定物质或难以气化的物质,通过化学衍生化的方法,仍可用气相色谱法分析。因此,气相色谱法在石油化工、医药卫生、环境监测、生物化学等领域都得到了广泛的应用。

(1)卫生检验中的应用　空气、水中污染物如挥发性有机物、多环芳烃(苯、甲苯等)、农作物中残留有机氯、有机磷农药等,食品添加剂苯甲酸等,体液和组织等生物材料的分析如氨基酸、脂肪酸、维生素等的定性及定量分析检验。

(2)医学检验中的应用　体液和组织等生物材料的分析,如脂肪酸、甘油三酯、维生素、糖类等。

（3）药物分析中的应用　抗癫痫药、中成药中挥发性成分、生物碱类药品的测定等。

2. 液相色谱法的应用

高效液相色谱法（HPLC）只要求样品能制成溶液，不受样品挥发性的限制，流动相可选择的范围宽，固定相的种类繁多，因而可以分离热不稳定和非挥发性的、离解的和非离解的以及各种相对分子质量范围的物质。与试样预处理技术相配合，HPLC 所达到的高分辨率和高灵敏度，使分离和同时测定性质上十分相近的物质成为可能。此外，还能够分离复杂相中的微量成分。

随着固定相的发展，有可能在充分保持生化物质活性的条件下完成对其分离、检测，HPLC 成为解决生化分析问题最有前途的方法。由于 HPLC 具有高分辨率、高灵敏度、速度快、色谱柱可反复利用，流出组分易收集等优点，因而被广泛应用到生物化学、食品分析、医药研究、环境分析、无机分析等各种领域。

高效液相色谱仪与结构仪器的联用是一个重要的发展方向。液相色谱-质谱连用技术受到普遍重视，如分析氨基甲酸酯农药和多核芳烃等；液相色谱-红外光谱连用也发展很快，如在环境污染分析测定水中的烃类，海水中的不挥发烃类，使环境污染分析得到新的发展。

知识阅读

兴奋剂检测

兴奋剂检测过去在国内还是空白，直到 1986 年以后才开始进行这项工作。这里所谓兴奋剂，实际上是指运动员的"滥用药物"，因为在体育比赛中，有些运动员常服用一些药物以提高成绩、取得好名次，这种企图凭借药物作用获得好处的做法违反了"公平竞争"的原则。同时药物本身又有毒副作用，严重地威胁着运动员的身体健康。因此国际奥委会规定禁止运动员服用某些药物，并自 1968 年起在大型运动会中进行药物检测，查出服用时即取消其资格与名次。因为兴奋剂是最早被使用也是最早被禁用的一类药物，所以尽管在以后也禁用了其他类型的药物，在国内还是沿用了这个名称，将运动员禁用的所有药物统称为"兴奋剂"。如苯丙胺、麻黄素、吗啡、心得安等。

兴奋剂检测都是通过对尿样的分析来进行的。运动员在比赛结束后 1h 内去取样站报到，有专人伴随，直到取得尿样为止。尿样送到实验室后，先测量一些基本数据，如 pH、相对密度、颜色、体积等，然后即分取数份，进行检测。检测一般分两步进行，第一步为"筛选"，用适宜的方法将处理好的尿样提取液进行分离，根据保留时间等数据进行鉴定，检查尿样中有无该组内的违禁药物。如未查出，即作为阴性尿，不再考虑。如查出可能含有禁用药物，则需进行第二步"确证"，得出该药物的质谱图及其他数据，与标准品及阳性尿的数据相比较，完全一致时即可肯定该药物的存在。

由于尿样及被检测物质的复杂性，色谱分析方法是较理想的手段。1967 年报道了刺激剂系统检测采用两种提取方法，以气相色谱法和薄层色谱法进行分离鉴定，可检测 40 种药物。1972 年采用了程序升温方法，采用氮磷检测器检测。1976 年使用气相色谱-质谱联用手段检查甾体同化激素。1980 年开始用毛细管气相色谱法，至 1984 年基本定型，并增加了用高效液相色谱法检查几种药物及咖啡因定量等工作。目前各实验室所用的方法原理大同小异，具体试验条件则根据各自的具体情况而有所不同。一般分为 4 个或 5 个组进行，其大致检测过程如下。

（1）筛选阶段。

第一组：检测挥发性含氮化合物，主要为游离型刺激剂类药物。尿样碱化后以有机溶剂提取，提取液浓缩后注入气相色谱仪-氮磷检测器。根据原型药物及其代谢物的保留数据鉴定检出。

第二组：检测难挥发的结合型含氮化合物，主要为麻醉镇痛剂等药物。尿样经酸或酶水解后释出游离型药物或代谢物，碱化后以有机溶剂提取，提取液再经过相应的处理，得到相应的衍生物，注入气相色谱仪-氮磷检测器分析检出。

第三组：检测利尿剂类药物和咖啡因、苯异妥英。尿样分别在不同 pH 下经酸提取和碱提取，提取液浓缩后注入高效液相色谱仪-二极管阵列检测器检测。尿中咖啡因的定量测定也在此组内进行。

第四组：检测甾体同化激素类药物。

（2）确证阶段　筛选步骤中检测出有禁用药物时，需通过多种手段做确证分析，得到准确结果。现在的兴奋剂检测实验室多使用自动化程度较高的仪器，由计算机控制，可以自动进样，提高准确性和重现性，并可编制检测程度，大大方便了此项工作。

执行兴奋剂检测制度以来，历届奥运会仍能查出违法服药者，说明检测与服药的斗争将会长期存在。旧的药物被禁用了，又会出现新的更有效的药物，这也是历届奥运会禁用的药物数目不断增加的原因，因此兴奋剂的检测工作必须不断进行，既要改善已有方法，又要研究检测新的禁用药物的方法，检测技术还尚待完善。

习　题

一、选择题

1. 人眼能感觉到的光称为可见光，其波长范围为（　　）。
   A. 200～400nm　　　B. 400～600nm　　　C. 200～600nm　　　D. 400～760nm

2. 透光率与吸光度的关系是（　　）。
   A. $T=\lg(1/A)$　　　B. $\lg T=A$　　　C. $1/T=A$　　　D. $-\lg T=A$

3. 有两种不同浓度的同一有色物质的溶液，用同一厚度的比色皿，在同一波长下测得的吸光度分别为：$A_1=0.20$；$A_2=0.30$。若 $c_1=4.0\times10^{-4}\,\text{mol}\cdot\text{L}^{-1}$，则 c_2 为（　　）。
   A. $8.0\times10^{-4}\,\text{mol}\cdot\text{L}^{-1}$　　　　　　B. $6.0\times10^{-4}\,\text{mol}\cdot\text{L}^{-1}$
   C. $4.0\times10^{-4}\,\text{mol}\cdot\text{L}^{-1}$　　　　　　D. $2.0\times10^{-4}\,\text{mol}\cdot\text{L}^{-1}$

4. 原子化器的主要作用是（　　）。
   A. 将试样中待测元素转化为基态原子　　　B. 将试样中待测元素转化为激发态原子
   C. 将试样中待测元素转化为中性分子　　　D. 将试样中待测元素转化为离子

5. 原子吸收光谱是（　　）。
   A. 分子的振动、转动能级跃迁时对光的选择吸收产生的
   B. 基态原子吸收了特征辐射跃迁到激发态后又回到基态时所产生的
   C. 分子的电子吸收特征辐射后跃迁到激发态所产生的
   D. 基态原子吸收特征辐射后跃迁到激发态所产生的

6. 在原子吸收分光光度计中，目前常用的光源是（　　）。
   A. 火焰　　　　B. 空心阴极灯　　　　C. 氙灯　　　　D. 交流电弧

二、简答题

1. 简述物质对光选择性吸收的原因。
2. 如何提高原子吸收分光光度法的灵敏度和准确度？
3. 原子吸收分光光度法的干扰有几种类型？如何消除？

三、计算题

1. 以原子吸收分光光度法分析试样中铜含量时，分析线为 324.8nm。利用标准加入法测得数据如下表所示，计算试样中铜的浓度（$\mu\text{g}\cdot\text{mL}^{-1}$）。

加入铜标准溶液浓度/$\mu\text{g}\cdot\text{mL}^{-1}$	吸光度/A	加入铜标准溶液浓度/$\mu\text{g}\cdot\text{mL}^{-1}$	吸光度/A
0（试样）	0.280	6.0	0.757
2.0	0.440	8.0	0.912
4.0	0.600		

2. 用吸光光度法测定铁含量时，称取 0.432g 铁铵矾[$NH_4Fe(SO_4)\cdot 12H_2O$]溶于 500.0mL 水中配成铁标准溶液。分别量取体积为 1.00mL、2.00mL、3.00mL、4.00mL、5.00mL 的铁标准溶液于 50.0mL 容量瓶中，加显色剂后定容。然后使用 1cm 比色皿测定其吸光度分别为 0.097、0.200、0.304、0.408、0.510。

计算：①绘制工作曲线；②求吸光系数；③若取未知铁样品溶液 5.00mL，稀释至 250.0mL，再取稀释液 2.00mL 于 50.0mL 容量瓶中，并与上述相同条件下显色定容，测得吸光度值为 0.450，计算样品溶液中铁（Ⅲ）的含量。

第十章 无机及分析化学中常用的富集分离方法

■【知识目标】
1. 了解化学分析中富集分离的基本概念和常用的方法。
2. 了解沉淀分离法、溶剂萃取法、离子交换法和色谱分析法的基本原理。
3. 理解常用的富集分离方法在生产中的应用。

■【能力目标】
1. 掌握沉淀分离法、萃取分离法和离子交换法的操作方法和技巧。
2. 能根据实际情况选择富集分离方法。

分析化学所涉及的样品广而复杂,当对样品中某种元素(或组分)进行测量时,其他共存物质可能会产生干扰。如果样品组成比较简单,我们可以通过控制反应条件,直接测定。或者使用掩蔽的方法来消除重金属的干扰来提高方法的选择性。由于上述方法省时省力,最受分析工作者的欢迎。然而,对于复杂的样品,如我国传统药物——中药,在一副药中含有的治病成分可能是很微量的,如何将这种有效成分提取分离出来以大大减少药量? 这两种方法往往不起作用,这时就使用一些富集分离的手段。通常使用的化学分离方法主要是依据被分离物质在化学性质上的差异,应用适当的化学反应使样品得到分离,例如,沉淀分离、溶剂萃取分离、色谱分离、离子交换分离、挥发和蒸馏分离、电化学分离等。

回收率是评价分离技术的重要指标,待测物质的回收率由下式表达:

$$回收率 = \frac{分离后所得到被分离组分的量}{待测物中含有的被分离组分的总量} \times 100\%$$

显然,回收率越接近 100%,分离效果越好。但对于某些低含量的组分难以达到这个指标。对常量组分的分离,要求回收率大于 99.9%,微量、痕量组分的分离,回收率可为 90%,甚至更低。

第一节 沉淀分离法

沉淀分离是一种经典的分离方法,操作简单,易于掌握,适用于大批量试样的处理,在生产上有广泛的应用。沉淀分离法的主要依据是溶度积原理,利用沉淀反应把被测组分和干扰组分分开。这种分离方法的主沉淀分离需经过滤、洗涤等步骤,使被测组分沉淀出来,或将干扰组分沉淀除去,从而达到分离的目的。这种方法的主要缺点也是过滤、洗涤等操作费时，有时伴随着共沉淀现象等，不易达到定量分离的目的。

一、常用的沉淀分离法

常用的沉淀分离法有无机沉淀剂沉淀分离法、有机沉淀剂沉淀分离法和共沉淀分离法。

（一）无机沉淀剂沉淀分离法

无机沉淀剂很多，形成沉淀的类型也很多。常用氢氧化物沉淀分离法和硫化物分离法，此外还有形成硫酸盐、碳酸盐、草酸盐、磷酸盐、铬酸盐和卤化物等沉淀分离法。常用的无机沉淀剂有氢氧化钠、硫化氢和硫酸等。

1. 氢氧化物沉淀分离法

（1）氢氧化物沉淀与溶液的 pH　主要是利用生成氢氧化物沉淀进行分离。使用氢氧化钠、氨水、氧化锌、氨和氯化铵缓冲溶液等试剂，可将许多金属离子沉淀为氢氧化物或含水氧化物，如 $Fe(OH)_3$、$Al(OH)_3$、$Mg(OH)_2$ 等。某些元素在一定条件下，还可以水合氧化物形式沉淀析出，如 $SiO_2 \cdot xH_2O$、$WO_3 \cdot xH_2O$、$SnO_2 \cdot xH_2O$ 等。这些水合氧化物，其实就是它们的含氧酸，即硅酸、钨酸、锡酸等。

氢氧化物能否沉淀完全，取决于溶液的酸度，必须通过实验来确定利用氢氧化物沉淀分离金属离子的最宜 pH 范围，常用醋酸和醋酸盐、有机碱（六亚甲基四胺）和其共轭酸所组成的缓冲溶液调节控制一定的 pH，以进行沉淀分离；两种离子是否能借氢氧化物沉淀完全分离，取决于它们溶解度的相对大小。从理论上讲，金属氢氧化物开始沉淀和沉淀完全时的 pH 可借氢氧化物的溶度积和金属离子的原始浓度计算出来。但是，实际情况要比计算复杂得多，如在实验过程中会生成一些配合物等因素会影响计算的结果。

利用氢氧化物沉淀分离，选择性较差，并且共沉淀现象较为严重。为了完善沉淀性能，减少共沉淀现象，沉淀作用应在较浓的热溶液中进行，使生成的氢氧化物沉淀中含水分较少，结构较紧密，并使吸附其他组分的机会进一步减小，沉淀较为纯净。某些金属离子开始沉淀和沉淀完全时所需的 pH 如表 10-1 所示。

表 10-1　各种金属离子氢氧化物开始沉淀和沉淀完全时的 pH

氢氧化物	溶度积 K_{sp}	开始沉淀的 pH	沉淀完全的 pH
$Sn(OH)_4$	1×10^{-57}	0.5	1.3
$Al(OH)_3$	2×10^{-32}	4.1	5.4
$Sn(OH)_2$	3×10^{-27}	1.7	3.7
$Fe(OH)_3$	3.5×10^{-38}	2.2	3.5
$Ti(OH)_2$	1×10^{-29}	0.5	2.0
$Zn(OH)_2$	1.2×10^{-17}	6.5	8.5
$Fe(OH)_2$	1×10^{-15}	7.5	9.5
$Ni(OH)_2$	6.5×10^{-18}	6.4	8.4
$Mg(OH)_2$	1.8×10^{-11}	9.6	11.6

值得一提的是，表 10-1 中所列出的各种 pH 只是近似值，与实际进行氢氧化物沉淀分离所需控制的 pH 还存在着一定差距。总之，金属离子分离的最适宜 pH 与计算值会有出入，必须由实验确定。

（2）控制溶液 pH 的方法　通常在某一 pH 范围内同时有几种金属离子沉淀，但如果适当控制溶液的 pH，可以达到一定的分离效果。

① 氢氧化钠法。NaOH 是强碱，用它作沉淀剂，可使两性元素和非两性元素分离，两性元素以含氧酸阴离子形态保留在溶液中，非两性元素则生成氢氧化物沉淀。

② 氨水-铵盐法。此方法是利用氨水-铵盐缓冲溶液控制溶液的 pH 在 8~9 之间，可使高价的金属离子与大部分 1 价、2 价金属离子进行分离。此时，Fe^{3+}、Al^{3+} 等形成、$Fe(OH)_3$、$Al(OH)_3$ 沉淀，氨与 Ag^+、Cu^{2+}、Zn^{2+}、Ni^{2+}、Cd^{2+}、Co^{2+} 等离子形成配合物而留在溶液。

③ 有机碱法。有机碱六亚甲基四胺与其共轭酸所组成的缓冲溶液，可控制溶液的 pH 为 5~6，可用在 Mn^{2+}、Co^{2+}、Ni^{2+}、Cu^{2+}、Zn^{2+}、Cd^{2+} 与 Fe^{3+}、Al^{3+}、Ti^{4+}、Th^{4+} 等的分离。此外，吡啶、苯胺、苯肼和尿素等有机碱都能控制溶液的 pH，使金属离子生成氢氧化物沉淀，达到分离的目的。

④ 金属氧化物和碳酸盐悬浊液法。以 ZnO 为例，ZnO 为难溶弱碱，用水调成悬浊液，加于微酸性的试液中，可将 pH 控制在 5.5~6.5。此时，Fe^{3+}、Al^{3+}、Cr^{3+}、Bi^{3+}、Ti^{4+} 和 Th^{4+} 等析出氢氧化物沉淀，而 Zn^{2+}、Mn^{2+}、Co^{2+}、Ni^{2+}、碱金属和碱土金属离子留在溶液中。

2. 硫化物沉淀分离法

硫化物沉淀法与氢氧化物沉淀分离法相似，许多金属离子可以生成溶度积相差很大的硫化物沉淀，可以借助控制硫离子的浓度使金属离子彼此分离。大约有 40 多种金属离子可以生成硫化物沉淀，而且各种硫化物的溶解度相差悬殊，因而可以通过硫化物沉淀分离法进行分离。在定量分析中，由于硫化物沉淀分离法的选择性不高，硫化物沉淀法主要用来分离除去某些重金属离子。

硫化物沉淀大都是胶状沉淀，共沉淀现象严重，而且还有继沉淀现象，使其受限制。如果改用硫代乙酰胺作沉淀剂，利用它在酸性或碱性中加热煮沸发生水解而产生 H_2S 或 S^{2-} 进行沉淀，则可改善沉淀性能，易于过滤、洗涤，分离效果好。

3. 形成其他沉淀的分离法

利用形成硫酸盐、磷酸盐、氟化物等沉淀的方法，也可进行沉淀分离。沉淀为硫酸盐的方法适用于 Ca^{2+}、Sr^{2+}、Ba^{2+}、Ra^{2+}、Pb^{2+} 与其他金属离子的分离。在沉淀为硫酸盐时，常采用 H_2SO_4 作沉淀剂，但 H_2SO_4 浓度不能太高，否则会因形成硫酸氢盐而使溶解度增大。 沉淀物为氟化物的方法常用于 Ca^{2+}、Sr^{2+}、Mg^{2+}、Th^{4+} 或稀土元素与其他金属离子的分离，一般以 HF 或 NH_4F 作沉淀剂。不少金属离子能生成磷酸盐沉淀，也可用于金属离子的分离。

（二）有机沉淀剂沉淀分离法

近年来有机沉淀剂以其独特的优越性得到广泛应用。与无机沉淀剂相比，利用有机沉淀进行沉淀分离，具有很多优点：沉淀完全，选择性高；吸附无机杂质少，测定时不会引入干扰离子，显示了它的优越性。常用的有机沉淀剂有：铜铁试剂、N-亚硝基喹啉、安息香肟、丁二肟、四苯硼酸钠等。其中铜铁试剂能与许多金属离子生成微溶性的螯合物沉淀。

（三）共沉淀分离法

在分离方法中，可以利用共沉淀现象分离富集含量极微、浓度甚稀、不能用常规沉淀方法分离出来的痕量组分。共沉淀现象是由于沉淀的表面吸附作用、混晶或固溶体的形成、吸留或包藏等原因引起的。利用共沉淀进行分离时有三种情况。

1. 利用吸附作用进行共沉淀分离

例如铜中的微量铝，加氨水不能使铝沉淀分离。若加入适量的 Fe^{3+}，则在加入氨水后，利用生成的 $Fe(OH)_3$ 作载体（或共沉淀剂），可使微量的 $Al(OH)_3$ 共沉淀而分离。

在这类共沉淀分离中常用的载体有 $Fe(OH)_3$、$Al(OH)_3$、$Mn(OH)_2$、$Mg(OH)_2$、$CaCO_3$ 及硫化物等，都是表面积很大的非晶型沉淀，与溶液中微量组分接触时，容易产生表面吸附；非晶型沉淀聚集速率又快，吸附在沉淀表面的痕量组分来不及离开沉淀表面，就被夹杂在沉淀中载带下来，即所谓吸留，因而富集效率高。硫化物沉淀还易发生后沉淀，更有利于痕量组分的富集。

但利用吸附作用的共沉淀分离，一般选择性都不高，且因引入较多的载体离子，会干扰下一步的分析测定。

2. 利用生成混晶进行共沉淀分离

两种金属离子生成的沉淀如果晶格相同，就可生成混晶而共同析出。

海水中亿万分之一的 Cd^{2+}，可以利用 $SrCO_3$ 作载体，生成 $SrCO_3$ 和 $CdCO_3$ 混晶沉淀而富集。这种共沉淀分离的选择性比吸附共沉淀法高。常见的混晶体有 $BaSO_4$-$RaSO_4$、$BaSO_4$-$PbSO_4$、$Mg(NH_4)PO_4$-$Mg(NH_4)AsO_4$、$ZnHg(SCN)_4$-$CuHg(SCN)_4$ 等。

3. 利用有机共沉淀剂进行共沉淀分离

有机共沉淀剂的作用机理与无机共沉淀剂不同，不是依靠表面吸附或形成混晶带下来，而是先把无机离子转化为疏水化合物，然后用与其结构相似的有机共沉淀剂将其载带下来。例如在含有痕量 Zn^{2+} 的微酸性溶液中，加入 NH_4SCN 和甲基紫，则 $Zn(SCN)_4^{2-}$ 配阴离子与甲基紫阳离子生成难溶的沉淀；而甲基紫阳离子与 SCN^- 所生成的化合物也难溶于水，是共沉淀剂，就与前者形成固溶体而一起沉淀下来。这类共沉淀剂除甲基紫以外，常用的还有结晶紫、甲基橙、亚甲基蓝、酚酞等。

有机共沉淀剂一般是大分子物质，其离子半径大，表面电荷密度小，吸附杂质离子的能力较弱，故选择性较高，分离效果好，得到的沉淀较纯净。又由于它是大分子物质，分子体积大，形成沉淀的体积就较大，这对痕量组分的富集很有利。沉淀通过灼烧即可除去有机共沉淀剂而留下待测定的元素，不致干扰微量元素的测定。

二、沉淀分离法的应用

1. 合金中镍的分离

镍是合金中的主要组分之一，钢中加入镍可以增强钢的强度、韧性、耐热性和抗蚀性。镍在钢中主要以固熔体和碳化物形式存在，含镍钢大多数溶于酸。合金钢中的镍可在氨性溶液中用丁二酮肟为沉淀剂使之沉淀析出。沉淀用砂芯玻璃坩埚过滤后，洗涤、烘干。铁、铬的干扰可用酒石酸或柠檬酸配合掩蔽；铜、钴可与丁二酮肟形成可溶性配合物。为了获得纯净的沉淀，把丁二酮肟镍沉淀溶解后再一次进行沉淀。

2. 试液中微量锑的共沉淀分离

微量锑（含量在 0.0001% 左右）可在酸性溶液中用 $MnO(OH)_2$ 为载体进行共沉淀分离和富集。载体 $MnO(OH)_2$ 是在 $MnSO_4$ 的热溶液中加入 $KMnO_4$ 溶液加热煮沸后生成的。共沉淀时溶液的酸度约为 1%～1.5%，这时 Fe^{3+}、Cu^{2+}、Pb^{2+}、Tl^{3+}、$As(Ⅲ)$ 等不沉淀，只有锡和锑可以完全沉淀下来。其中能够与 $Sb(Ⅴ)$ 形成配合物的组分干扰锑的测定，所得沉淀溶解于 H_2O 和 HCl 混合溶剂中。

第二节 萃取分离法

萃取分离法是根据两种互不混溶的溶剂中分配特性不同进行分离的方法。萃取分离法主要用于无机元素的分离和富集。该法操作快速，仪器简单，分离效果好，故应用广泛。

萃取分离法包括液相-液相、固相-液相和气相-液相萃取分离等，其中应用最广的是液-液萃取分离法，或称<u>溶剂萃取</u>。溶剂萃取分离法把待测物质从一个液相（水相）转移到另一个液相（有机相），以达到分离的目的。该法即能用于大量元素的分离，更适合于微量元素的分离与富集。如果萃取的是有色化合物，还可以直接在有机相中比色测定，因此，溶剂萃取分离法在微量分析中有重要的意义。

一、溶剂萃取分离的基本原理

1. 溶剂萃取分离的机理

萃取的基本原理是根据相似相溶原理。一般的无机盐如 $NaCl$、Na_2CO_3 等都是具有易溶于水而难溶于有机溶剂的性质，这种性质称为**亲水性**。许多有机化合物具有易溶于有机溶剂而难溶于水的性质，这种性质称为**疏水性或亲油性**。当有机溶剂与水溶液混合振荡时，一些组分由于具有疏水性而从水相转入有机相，而亲水性的组分留在水相中，这样就实现了提取和分离。萃取分离的本质就是利用物质对水的亲疏不同，使组分在两相中分离。

通常，同量的萃取溶剂，分几次萃取的效率比一次萃取的效率高，对微量金属的分离，萃取次数通常不超过 3~4 次；但在生物化学、医药工业中遇到的情况比较复杂，组分很多，萃取次数通常超过 4~5 次，这样会增加萃取操作的工作量。

2. 分配定律

物质在水相和有机相中都有一定的溶解度，亲水性强的物质在水相中的溶解度较大，在有机相中的溶解度较小；疏水性强的物质则与此相反。在萃取分离中，达到平衡状态时，被萃取物质在有机相和水相中都有一定的浓度。当用有机溶剂从水溶液中萃取溶质 A 时，物质 A 在两相中分配达到平衡时其浓度比为一常数，这个常数称为分配比 K_D。它与溶质和溶剂的特性及温度等因素有关。

$$A_水 \rightleftharpoons A_有$$

$$K_D = \frac{A_有}{A_水}$$

分配定律一般仅适用于溶质浓度较低而且溶质在两相中的存在形式相同，没有离解、缔合等副反应的简单物质。

3. 分配比

在实际分析工作中，溶质在水相和有机相中可能具有多种存在形式的情况，此时分配定律就不适用，常用分配比（D）表示，即把溶质在有机相中的各种存在形式的总浓度 $c_有$ 与水相中的各种存在形式的总浓度 $c_水$ 之比称为分配比：

$$D = \frac{c_有}{c_水}$$

当两相的体积相等时，若 $D > 1$，则溶质进入有机相的量比留在水相中的量多。

4. 萃取百分率

在实际的分析工作中，常用萃取百分率（E）来表示萃取的完全程度。即物质在有机相中的总物质的量占两相中总物质的量的百分率。

$$E = \frac{被萃取物质在有机相中的总量}{被萃取物质的总量} \times 100\%$$

$$E = \frac{c_有 V_有}{c_水 V_水 + c_有 V_有} \times 100\% = \frac{D}{D + \frac{V_水}{V_有}} \times 100\%$$

式中 $c_有$——有机相中溶质的浓度；

$V_有$——有机相的体积；

$c_\text{水}$——水相中溶质的浓度；

$V_\text{水}$——水相的体积。

式中 $V_\text{水}/V_\text{有}$ 又称相比，表明萃取率由分配比和相比决定。当用等体积溶剂进行萃取时，$V_\text{水}=V_\text{有}$ 即相比为 1。不同 D 值的萃取率 E 如下：

D	1	10	100	1000
E	50	91	99	99.9

当分配比 D 不高时，一次萃取不能满足分离或测定的要求，此时可采用连续多次的方法来提高萃取率。

二、主要溶剂萃取体系

根据被萃取组分与萃取剂所形成的可被萃取分子性质的不同，可把萃取体系分为螯合物萃取体系、离子缔合物萃取体系、三元配合物萃取体系和协同萃取体系等。不同的萃取体系，不同的分离目的，对萃取的要求都不一样，应根据实际工作中不同的萃取体系，通过实验来确定合适的萃取条件。

1. 螯合物萃取体系

一般要求萃取剂（螯合剂）含有疏水基团多、亲水基团少，生成的螯合物易被有机溶剂萃取。螯合剂与金属离子形成的螯合物越稳定，萃取效率越高。丁二酮肟、8-羟基喹啉、铜铁试剂、乙酰基丙酮（HAA）、二乙基胺二硫代甲酸钠等都是常用的萃取剂。例如，Cu^{2+} 在 $pH \approx 9$ 氨溶液中，与铜试剂生成稳定的疏水性螯合物，加入 $CHCl_3$ 振荡，螯合物就被萃取于有机层中；双硫腙可与 Ag^+、Bi^{3+}、Cd^{2+}、Hg^{2+}、Cu^{2+}、Co^{2+}、Mn^{2+}、Ni^{2+}、Pb^{2+} 等离子形成螯合物，易被 CCl_4 萃取。

螯合物萃取体系溶液的酸度越低，越有利于萃取。但是溶液的酸度太低时，金属离子会发生水解，或引起其他干扰反应，甚至使萃取无法进行。因此，必须适当控制酸度，以提高效率。

氯仿、四氯化碳、苯及乙酸乙酯等是常用的萃取溶剂，被萃取的螯合物在有机溶剂中溶解度越大，其萃取效率越高。通常选择与螯合物结构相似的溶剂。萃取剂的挥发性、毒性要小，而且不易燃烧。萃取剂的黏度要小，密度与水溶液的差别要大，这样容易分层，有利于分离操作的进行。

2. 离子缔合萃取体系

阳离子和阴离子通过静电引力作用结合形成电中性的化合物，称为离子缔合物。利用萃取剂在水溶液中离解出来的大体积离子，与待分离离子结合成离子缔合物，这种离子缔合物具有显著的疏水性，易被有机溶剂萃取，从而达到分离的目的。例如，氯化四苯胂在水溶液中离解成大体积的阳离子，可与 MnO_4^-、ZO_4^-、$HgCl_4^{2-}$、$SnCl_6^{2-}$、$CdCl_4^{2-}$ 和 $ZnCl_4^{2-}$ 等阴离子缔合形成难溶于水的缔合物，易被 $CHCl_3$ 萃取。盐类型的离子缔合反应，要求使用含氧有机溶剂。其他类型的离子缔合萃取，常用惰性溶剂。常用的萃取剂有醚、酮、酯等。

离子缔合体系的最适宜酸度条件，是能保证离子缔合物充分形成。在离子缔合萃取体系中，加入某些与被萃取物具有相同阴离子的盐类或酸类，往往可以提高萃取效率，这种作用称为"盐析作用"。常用的盐析剂有铵盐、锂盐、镁盐、钙盐、铝盐等。

3. 三元配合物萃取体系

三元配合物萃取体系具有选择性好、灵敏性高的特点，是近年来发展较快的萃取体系。

广泛应用于稀有元素、分散元素的分离和富集。例如，萃取 Ag^+，首先向含 Ag^+ 的溶液中加入邻二氮菲，使之形成配阳离子，然后再与溴邻苯三酚红的阴离子进一步缔合成三元配合物，易被有机溶剂萃取。

4. 协同萃取体系

在萃取体系中，混合萃取剂效率大于分别萃取时效率之和，该现象称为"协同萃取"，所组成的萃取体系称为协同萃取体系。在碱土金属、镧系和锕系元素等含量低而难分离物质的萃取分离中，协同萃取体系的应用取得了很大成功。

三、萃取分离法在无机及分析化学中的应用

萃取分离法可将待测元素分离或富集，从而消除了干扰，提高了分析方法的灵敏度。萃取技术与某些仪器分析方法（如吸光光度法、原子吸收法等）结合起来，促进了微量分析的发展。萃取分离设备简单，方法简便快速，分离效果好，应用范围很广泛。缺点是人工操作，劳动强度大，有些萃取溶液有一定毒性，且价格较贵。

1. 溶剂萃取分离干扰物质

利用溶剂萃取法可以把待测元素与干扰元素分离或富集。如果溶质的分配比小，应用单次萃取难以达到定量分离的目的，此时可采用连续萃取技术。例如性质相近的元素，Nb 和 Ta；Zr 和 Hf；Mo 和 W 以及稀土元素都可以利用溶剂萃取法进行有效分离。

通过萃取可以将含量极少或浓度很低的待测组分富集起来，提高待测组分的浓度。例如天然水中含量极少的农药，不能直接测定，可取大量水样用少量苯萃取后，挥发除去苯，剩余物用少量乙醇溶解，就可选适当方法测定之。

2. 溶剂萃取光度分析

溶剂萃取光度分析是将萃取分离与光度分析两者结合在一起进行。由于不少萃取剂同时也是一种显色剂，萃取剂与被萃取离子之间的配位或缔合反应实质上也是一种显色反应，使所生成的被萃取物质呈现明显的颜色，溶于有机相后可直接进行分光光度法测定。此法优点是灵敏度高、选择性好、操作简便，缺点是有机溶剂易挥发。如测定合金中微量钒，可利用五价钒在强酸介质中与钽试剂生成紫色疏水性配合物，用氯仿萃取后直接在有机相中进行比色测定。

3. 溶剂萃取富集痕量组分

测定试样中的微量或痕量组分时，可用萃取分离法使待测组分得到富集，提高待测组分的浓度。例如，工业废水中微量有害物质的测定，可在一定萃取条件下取大量的水样，用少量的有机溶剂将待测组分萃取出来，从而使微量组分得到富集，用适当的方法进行测定。若将分层后的萃取再经加热挥发除掉溶剂，剩余的残渣再用少量的溶剂溶解，可达到进一步富集的目的。

第三节　色谱分离法

色谱分离法是一种物理化学分离法。该法是利用混合物各组分的物理化学性质的差异，使各组分不同程度地分布在两相中，其中一相是固定相，另一相是流动相。流动相带着试样流经固定相，由于各组分受固定相作用所产生的阻力和受流动相作用所产生的推动力不同，使各组分以不同的速度移动而分离。色谱分离法设备简单，易于操作，可以把性质极为相似的物质彼此分离，是常用的物质分离、提纯和鉴定的手段，主要应用于微量组分的分离。在生物化学、医药卫生、环境保护等方面已成为经常使用的分离分析方法。按固定相所处的状

态不同可分为柱色谱、纸色谱和薄层色谱。

一、柱色谱分离法

柱色谱是把吸附剂（固定相）如氧化铝、硅胶等装入柱内，然后在柱的顶部倾入要分离的样品溶液，如果样品内含有A、B两种组分，则两者均被吸附在柱的上端。样品全部加完后，选适当的洗脱剂（流动相，也称展开剂）进行洗脱，A、B两组分随洗脱剂向下流动而移动。吸附剂对不同物质具有不同的吸附能力，当用洗脱剂洗脱时，柱内连续不断地发生溶解、吸附、再溶解、再吸附的现象。又由于洗脱剂与吸附剂两者对A、B两组分的溶解能力与吸附能力不相同，因此A、B两组分移动的速度和距离就不同。吸附弱的和溶解度大的组分（如A）移动的距离大，就容易洗脱下来，经过一定时间之后，A、B两组分就能完全分离开。如果A、B两组分有颜色，则能清楚地看到色环。若继续冲洗，则A组分便先从柱内流出，用适当容器接收，便可进行分析鉴定和定量测定，如图10-1所示。

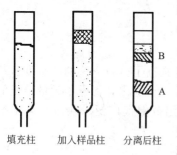

图10-1 二元混合物柱色谱分离示意图

在色谱分离中，溶质在固定相和流动相中差速迁移，它既能进入固定相，又能进入流动相，这个过程称分配过程。分配过程进行的程度可用分配系数K来衡量。

$$K = \frac{溶质在固定相中的浓度}{溶质在流动相中的浓度}$$

在低浓度和一定温度下K值是个常数。当吸附剂一定时，K值的大小取决于溶质的性质。K值大，表明该物质在柱内被吸附的牢固，移动的速度慢，最后才能被洗脱下来。K值小，表明该物质在柱内被吸附的不牢固，移动的速度快而先被洗脱下来。$K=0$，就意味着该物质不进入固定相。可见，混合物中各组分之间分配系数K值相差越大，越容易分离完全。因此，应根据被分离物质的结构和性质，选择合适的吸附剂和洗脱剂作固定相和流动相，使分配系数K值适当，以实现定量分离。

在柱色谱分离中，吸附剂应具有较大的吸附面积和足够大的吸附能力；应不与洗脱剂和样品发生化学反应；不溶于洗脱剂；其颗粒均匀，并具有一定的粒度。常选用的吸附剂有强吸附剂，Al_2O_3、炭、漂白粉；中等吸附剂，$CaCO_3$、$Ca_3(PO_4)_2$、MgO、$Ca(OH)_2$；弱吸附剂，蔗糖、淀粉、纤维素、滑石等。

选用的洗脱剂对样品组分的溶解度要大；黏度小，易流动，不致洗脱太慢；与样品和吸附剂无化学作用；纯度要合格。

洗脱剂的选择与吸附剂吸附能力的强弱及被分离物质的极性有关，应由实验确定。一般来说，使用吸附的弱吸附剂来分离极性较强的物质时，应选用极性较大的洗脱剂。使用吸附能力大的强吸附剂来分离极性较弱的物质时，应选用极性较小的洗脱剂。常用的洗脱剂极性大小的次序为：石油醚＜环己烷＜四氯化碳＜甲苯＜苯＜二氯甲烷＜氯仿＜乙醚＜乙酸＜乙酸＜正丙醇＜乙醇＜甲醇＜H_2O。

二、纸色谱分离法

1. 方法原理

纸上色谱分离法又可称为纸上萃取色谱分离法，它的简单装置如图10-2所示。

纸上萃取色谱分离法用特种滤纸作为载体，将待分离的试液用毛细管滴在滤纸的原点位置上,利用纸上吸着的水分(一般的纸吸着约等于本身质量20%的水分)作为固定相,另取一有机溶剂作为流动相(展开剂)。由于毛细作用,流动相自下而上的不断上升。流动相上升时,与滤纸上的固定相相遇。这时,被分离的组分就在两相间一次又一次的分配(相当于一次又一次的萃取),分配比大的组分上升得快,分配比小的上升得慢,从而将它们逐个分开。经过一定时间后,取出滤纸,喷上显色剂显斑,即可以得到分离的色谱图(两组分分离)。该法设备简单,易于操作,适于微量组分的分离,可以用来分离性质极相似的无机离子,也广泛应用于药物、染料、抗生素、生物制品等的分析方面。

图 10-2 纸色谱示意图

在纸色谱分离法中,通常用比移值(R_f值)来衡量各组分的分离情况。根据图 10-3 得到:

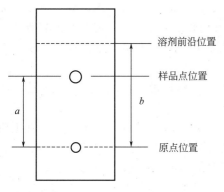

图 10-3 比移值的测量

$$R_f = \frac{a}{b}$$

式中 a——斑点中心到原点的距离,cm;
b——溶剂前沿到原点的距离,cm。

R_f 值最大等于 1,即该组分随溶剂一起上升,也就是分配比 D 值非常小。从原则上讲,只要两组分的 R_f 值有点差别,就能将它们分开。R_f 值相差越大,分离效果越好。在一定条件下(如温度、溶剂组成、滤纸的质量),R_f 值是物质的特征值,故可以根据 R_f 值作定性分析。影响 R_f 值的因素较多,因此,在实验中最好用各组分的标准样品作对照。

2. 应用示例

(1) 氨基酸的分离检出　纸色谱分离法应用于分离氨基酸是一个很好的例子。先用酚∶水 (7∶3) 作展开剂进行第一次展开;再用丁醇∶醋酸∶水 (4∶1∶2) 作展开剂进行第二次展开,可分离出近 20 种氨基酸。展开后喷以 0.1% 茚三酮的丁醇溶液,使之显色。求出各种氨基酸的 R_f 值与标准图谱和氨基酸标准 R_f 值比较,可确定样品中的氨基酸种类。

(2) 磺胺类药物如磺胺噻唑和磺胺嘧啶混合物的分离和检出　可用 1% 氨水作展开剂,用对二甲氨基苯甲醛乙醇溶液作显色剂。

三、薄层色谱法

薄层色谱法又称为薄板色谱法(简称 TLC)。它是在柱色谱法和纸色谱法基础上发展起来的,具有许多优点:如快速,一次薄层色谱只需 10～60min,而纸色谱往往需要数小时以上;分离效率高,可使性质相类似的化合物如同系物、异构体等分离;灵敏度高,可以检出 0.01μg 的物质;色谱后可以用多种方法显色,甚至可以喷浓硫酸,可以高温灼热,这些都是纸色谱不允许的;应用面广,它可以进行定性鉴定,亦可以进行定量测定。

薄层色谱法是把固定相吸附剂(例如硅胶 G)在玻璃板上铺成均匀的一薄层,色谱就在玻璃板上的薄层中进行。把试液点滴在色谱板离边端一定的距离处,试样中各组分就被吸附剂所吸附。把色谱板放入色谱缸中,点有试样的一端浸入流动相展开剂中,由于薄层的毛细管作用,展开剂将沿着吸附剂薄层渐渐上升,遇到点着的试样时,试样就溶解在展开剂中,各种组分沿着薄层在固定相和流动相之间按其吸附能力强弱不同而分离开。如果试样是有色的,就可以看到各个色斑,如果试样无色,则在展开后可用各种化学的或物理的方法使之显色。各个色斑在薄层中的位置，同样也可用 R_f 值表示。在一定的色谱条件下，某种组分的比移值是个常数，依此可以进行定性鉴定，也可以用各种办法进行定量测定，如图 10-4 所示。

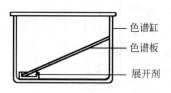

图 10-4　薄层色谱法

薄层色谱使用的固定相从品种上看和柱色谱相同，常用的也是 SiO_2、Al_2O_3 等，但薄层色谱使用的固定相粒度更细，一般以 150～250 目较为合适。固定相必须具有适当的吸附能力，而与溶剂、展开剂及欲分离的试样不会发生化学反应。固定相吸附能力的强弱，常与其所含水分有关。含水较多，其吸附能力就大为减弱。常将固定相在一定温度下烘焙一定时间以驱除水分，增强其吸附能力，这个过程也称"活化"。

薄层色谱对展开剂的选择，以溶剂的极性作为依据。一般地说，极性大的物质要选用极性大的展开剂。常需综合考虑被吸附物质的极性、固定相吸附的活泼性和展开剂的极性三者的关系，经多次实验方能确定适宜的展开剂。薄层色谱的展开剂较多使用单一或混合有机溶剂。

固定相常采用硅胶、活性氧化铝、藻土、聚酰胺等。含有 5%～20% 熟石膏的硅胶称为硅胶 G，是最普遍使用的一种薄层材料。

薄层色谱对展开剂的选择，仍以溶剂的极性为依据。一般地说，极性大的物质要选极性大的展开剂，需经过多次实验才能确定适宜的展开剂。

薄层色谱多用于天然和有机化合物的分离和鉴定。在制药、农药、染料、抗菌剂等工业上应用日益广泛，在产品质量检验、反应终点控制、生产工艺选择、未知试样剖析以及药物分析、香精香料分析、氨基酸及其衍生物的分析中多用于对天然产物和有机化合物进行分离与鉴定。

应该指出，色谱法还应包括气相色谱法和高压液相色谱两部分。它们都是在 20 世纪 50～60 年代先后发展起来的新技术。

第四节　离子交换分离法

离子交换分离法是利用离子交换剂与溶液中的离子之间所发生的交换反应来进行分离的方法。利用离子交换剂（固相）与溶液中离子发生交换反应而使离子分离的方法，称**离子交换分离法**。如果把交换上去的离子，用适当的洗脱剂依次洗脱，相互分离，称**离子交换色谱法**。该方法分离效率高，适用于分离所有的无机离子和许多有机物。

一、离子交换树脂的种类

离子交换分离法的设备简单，操作也不复杂，树脂又具有再生能力，可以反复使用。离子交换树脂是一种高分子有机化合物。离子交换树脂具有网状结构，在水、酸和碱中难溶，对有机溶剂、氧化剂、还原剂和其他化学试剂具有一定的稳定性，对热也较稳定。离子交换树脂可分为阳离子交换树脂、阴离子交换树脂和螯合树脂等。

1. 阳离子交换树脂

此类树脂的活性基团为酸性基团，如 —SO_3H、—PO_3H_2、—COOH、—OH 等，酸性基团上的 H^+ 可与溶液中的阳离子发生交换作用。根据酸性基团的强弱，可分为强酸型和弱酸型两类。

强酸型树脂如磺酸基（—SO_3H），常以 R—SO_3H 表示（R 表示树脂的骨架），可应用于酸性、碱性和中性溶液。弱酸型离子交换树脂含有羧基（—COOH）或羟基（—OH），用 R—COOH 或 R—OH 表示。弱酸性树脂对 H^+ 的亲和力大，在酸性溶液中不宜使用。

这类树脂容易用酸洗脱，选择性较高，故常用于分离不同强度的有机碱。

2. 阴离子交换树脂

这类树脂的活性交换基团是碱性基团，碱性基团上的 OH^- 可被溶液中的其他阴离子所交换。根据基团碱性的强弱，又分为强碱型和弱碱型两类。

强碱型树脂含有季氨基 $[-N(CH_3)_3Cl]$，强碱型阴离子交换树脂应用较广，它在酸性、中性或碱性溶液中都能使用，对于强酸根、弱酸根离子都能交换。

弱碱型树脂含有伯氨基 $(-NH_2)$、仲氨基 $[-NH(CH_3)]$、叔氨基 $[-N(CH_3)_2]$。弱碱阴离子交换树脂对 OH^- 亲和力大，它的交换能力受溶液酸度的影响较大，在碱性溶液中就失去交换能力，应用较少。

3. 螯合树脂

如果在树脂中引入有高度选择性的特殊基团，可与某些金属离子形成螯合物，在交换过程中能选择地交换某种金属离子，这类树脂可称为螯合树脂。

这类树脂含有特殊的活性基团，可与某些金属离子形成螯合物，在交换过程中有选择性地交换某种金属离子。例如含有氨基二乙酸基团 $[-N(CH_2COOH)_2]$ 的螯合树脂，由该基团与金属离子的反应特性，可对 Cu^{2+}、Co^{2+}、Ni^{2+} 有很好的选择性；含有亚硝基间苯二酚活性基团的树脂对 Cu^{2+}、Co^{2+}、Fe^{2+} 有选择性。螯合型离子交换树脂对化学分离有重要意义。

二、离子交换树脂的结构

离子交换树脂是网状的高分子聚合物，碳链和苯环组成了树脂的骨架，具有可伸缩性，常用 R 表示。例如，常用的聚苯乙烯磺酸型阳离子交换树脂，在网状结构的骨架上分布着磺酸基团，网状结构的骨架有一定大小的孔隙，即离子交换树脂的孔结构，可允许离子自由通过。这种树脂的化学性质稳定，即使在 100℃ 时也不受强酸、强碱、氧化剂或还原剂的影响。

含酸性基团的阳离子交换树脂上的 H^+ 可以解离，并能与其他阳离子进行交换，因此又称为 H^- 型阳离子交换树脂。H^- 型强酸性阳离子交换树脂浸在水中时，磺酸基上的 H^+ 与溶液中的阳离子进行交换，如与 Na^+ 进行交换：

$$R-SO_3H + Na^+ \underset{\text{洗脱过程}}{\overset{\text{交换过程}}{\rightleftharpoons}} R-SO_3Na + H^+$$

这类树脂上可以交换的基团是 OH^-，因此又称为 OH^- 型阴离子交换树脂。含碱性基团的阴离子交换树脂浸在水中时，首先发生水化作用：

$$R-NH_2 + H_2O \rightleftharpoons R-\overset{+}{N}H_3OH^-$$

其中 OH^- 再与其他阴离子如 Cl^- 发生交换作用：

$$R-\overset{+}{N}H_3OH^- + Cl^- \rightleftharpoons R-\overset{+}{N}H_3Cl^- + OH^-$$

从反应式可见，酸度对反应进行的方向有很大的影响，对阳离子交换树脂，低酸度有利于交换，高酸度有利于洗脱；对阴离子交换树脂则相反。

三、离子交换分离法在无机及分析化学中的应用

1. 去离子水的制备

用离子交换法可除去自来水含有的多种杂质，制成纯度很高的去离子水。当水流过树脂时，水中可溶性无机盐和一些有机物可被树脂交换吸附而被除去。

制备去离子水时通常使用复柱法。首先按规定方法处理树脂和装柱，再把阴、阳离子交换

柱串联起来，将水依次通过。串联柱数越多，制备的水纯度越高。若再串联一根混合柱（阳离子树脂和阴离子树脂按 1∶2 混合装柱），除去残留离子，交换出来的水则称"去离子水"。

2. 干扰元素的分离

用离子交换法能方便地分离干扰元素。例如，用重量法测定 SO_4^{2-} 时，由于试样中大量的 Fe^{3+} 会与之共沉淀，影响 SO_4^{2-} 的准确测定。若将待测酸性溶液通过阳离子交换树脂，可把 Fe^{3+} 分离掉，然后在流出液中测定 SO_4^{2-}。

3. 生物大分子的分离

由于不同的分子携带不同的电荷，与离子交换树脂的亲和能力不同，混合物中的不同分子按所携带电荷的性质及总数按先后顺序依次洗脱，达到分离的目的。例如，选用 Dowex50 交换树脂，pH 3.4～11.0 的柠檬酸盐缓冲溶液作洗脱剂，可以分离氨基酸。

知识阅读

激光分离法

近 30 年来，随着激光技术的应用与发展，在物理和化学领域中出现了一门崭新的边缘学科——激光化学。它和经典的光化学一样，是研究光子与物质相互作用过程中物质激发态的产生、结构、性能及其相互转化的一门科学。但是，由于激光与普通光相比具有亮度高、单色性好、相干性好和方向性好等突出优点，因而激光与物质相互作用，特别是在引发化学反应过程中，就能产生经典光化学不能得到的许多新的实验现象，如红外多光子吸收、选择性共振激发等。这些新的实验现象不但在理论上具有很大意义，而且在许多实际应用方面开创了崭新的领域，创立了一些新的分析方法，如高纯材料中杂质的分离、稀土元素的分离以及同位素分离等激光分离法。

1. 激光光解纯化硅烷

美国洛斯阿拉莫斯实验室用激光光解纯化半导体与太阳通电池中常用的硅材料，收到了良好的效果。研究人员用波长 193nm 的氟化氩紫外激光照射含有砷、磷、硼杂质的硅烷气体基本上不消耗能量，因此效率高，成本可降至 1/6。

2. 激光引发分离稀土元素

近年来，把具有良好选择性的激光用于分离稀土元素收到了明显的效果。美国海军研究所的多诺霍等人用氟化氩、氟化氪和氯化氙等准分子激光器的紫外输出引发液相反应中的稀土元素，已成功地分离了铈和铕。分离过程的基本原理是利用液相体系中稀土元素之间吸收峰的形状比较窄，当稀土元素的电荷传送带受到激光照射时，就会产生光氧化还原反应，由于氧化还原态的变化，就引起诸如溶解度、可萃性或反应性等化学性质的改变，因而可利用适当化学方法（如沉淀、萃取等）加以分离。

3. 激光分离同位素

激光分离同位素的主要依据是：由于同位素的原子核质量不同或核的核电荷分布不同，引起同位素在光谱中的位移效应，借此进行分离。激光分离同位素的具体方法有光分解法、光化学法、光电离法等。

激光分离同位素具有效率高、能耗小、成本低、较灵活等优点。

激光分离有两个明显的优点：一是选择性高，能耗小；二是用光子代替化学试剂，可不用或少用化学试剂，有利于减少三废污染。

习 题

1. 常用的分离方法分为哪几种？
2. 简述萃取分离方法的原理。
3. 简述离子交换分离法的操作流程。

实　　训

实训一　实训基本操作训练

一、实训目的

1. 熟悉化学实训室的规则，掌握无机及分析化学实训的基本操作。
2. 认识常用的仪器，了解其用途。
3. 练习常用玻璃仪器的洗涤和干燥、酒精灯的使用、化学试剂的取用和称量。

二、实训仪器与试剂

仪器：试管、烧杯、量筒、滴管、酒精灯、漏斗、蒸发皿、表面皿、研钵、坩埚。
试剂：$NaHCO_3$（固体）、NaCl（$0.1mol·L^{-1}$）。

三、实训原理

（一）玻璃仪器的洗涤

化学实验中，玻璃仪器的清洁与否，直接影响实验结果，因此实验前必须清洗玻璃仪器。

玻璃仪器洗净的标准为：已洗净的仪器内外壁可以被水完全湿润，形成均匀的水膜，不挂水珠。

一般的洗涤步骤是：自来水→洗涤液（去污粉、洗洁精、铬酸洗液等）→自来水冲洗→去离子水润洗（→待装或待量的溶液润洗）。

1. 洗涤液的选择

玻璃仪器的洗涤方法很多，应根据实训的要求，污物的性质、沾污程度来选用，常用的洗涤液有以下几种。

（1）水　水是最普通、最廉价、最方便的洗涤液，可用于洗涤水溶性污物。

（2）去污粉、肥皂或合成洗涤剂　洗去油污和有机物质，若油污和有机物仍洗不干净，可用热的碱液洗。

（3）铬酸洗液　铬酸洗液具有强酸性、强氧化性，适用于洗涤有无机物沾污和少量油污的玻璃器皿。在进行精确的定量实验时，对仪器的清洁程度要求高，所用仪器形状特殊，这时选用铬酸洗液。该洗液对衣服、皮肤、桌面、橡皮等的腐蚀性也很强，使用时要特别小心。由于Cr（Ⅵ）有毒，故洗液尽量少用。洗液可以反复使用，当洗液的颜色变为绿色时即失效。洗液废水应回收，作处理后排放。洗液保存时要密闭，以防洗液吸水而失效。

（4）浓盐酸　可以洗去附着在器壁上的氧化剂，如MnO_2。大多数不溶于水的无机物都可以用它洗去，如灼烧过沉淀物的瓷坩埚，可先用热盐酸（1∶1）洗涤，再用洗液洗。

(5) NaOH-KMnO$_4$ 洗液 能除去油污和有机物。洗后在器壁上留下的二氧化锰沉淀可再用盐酸或草酸洗涤液洗去。

(6) 有机溶剂 乙醇、乙醚、丙酮、汽油、石油醚等有机溶剂可用于洗涤各种油污。由于上述溶剂都是有机溶剂，易着火，有些具有毒性，使用时要注意安全。

(7) 特殊洗涤液 有时根据污物的性质选用适当试剂。如 AgCl 沉淀，可以选用氨水洗涤；硫化物沉淀可选用硝酸加盐酸洗涤。难以洗净的有机残留物，可用乙醇-浓硝酸溶液洗涤。

2. 洗涤方法

(1) 振荡洗涤 利用水把可溶性污物溶解而除去。往仪器中注入少量水，用力振荡后倒掉，如此连洗数次直至洗净。

(2) 刷洗法 仪器内壁有不易冲洗掉的污物，可用毛刷刷洗。先用水润湿仪器内壁，再用毛刷蘸取少量肥皂液等洗涤液进行刷洗。刷洗时要选用大小合适的毛刷，不能用力过猛，以免损坏仪器。

(3) 浸泡洗涤 对不溶于水、刷洗也不能除掉的污物，可利用洗涤液与污物反应转化成可溶性物质而除去。先把仪器中的水倒尽，再倒入少量洗液，转几圈使仪器内壁全部润湿，再将洗液倒入洗液回收瓶中。用洗液浸泡一段时间效果更好。

最后用纯水洗涤器皿时，要符合少量（每次用量少）、多次（一般洗 3 次）的原则。已洗净的仪器不能再用布或纸擦拭，因为布和纸的纤维会留在器壁上弄脏仪器。

（二）玻璃仪器的干燥

有时实验需要使用干燥的仪器，因此要对玻璃仪器进行干燥处理。

1. 晾干

对不急于使用的仪器，洗净后将仪器倒置在仪器架上或实训室的干燥架上，让其自然干燥。

2. 烤干

烤干是通过加热使仪器中的水分迅速蒸发而干燥的方法。加热前先将仪器外壁擦干，然后用小火烘烤。烧杯等放在石棉网上加热，试管用试管夹夹住，在火焰上来回移动，试管口略向下倾斜，直至除去水珠后再将管口向上赶尽水汽。

3. 吹干

将仪器倒置沥去水分，用电吹风的热风或气流烘干器吹干玻璃仪器。

4. 快干（有机溶剂法）

在洗净的仪器内加入少量易挥发且能与水互溶的有机溶剂（如丙酮、乙醇等），转动仪器使仪器内壁润湿后，倒出混合液（回收），然后晾干或吹干。一些不能加热的仪器（如比色皿等）或急需使用的仪器可用此法干燥。

5. 烘干

将洗净仪器的水倒干净，放在电烘箱的搁板上，温度控制在 105~110℃ 左右烘干。

注意，带有精密刻度的计量容器不能用加热方法干燥，否则会影响仪器的精度，其可采用晾干或冷风吹干的方法干燥。

（三）化学试剂的取用

化学试剂应按要求装在试剂瓶中，如固体试剂装在易取用的广口瓶内，液体试剂盛在细口瓶或滴瓶内，见光易分解试剂放在棕色瓶内，盛碱液的细口瓶用橡皮塞。盛有试剂的瓶上都贴有标签，标明试剂的名称、浓度和纯度等，取用时要核对标签。

1. 液体试剂的取用

（1）从细口瓶中取用液体试剂——倾注法　取出瓶盖倒放在桌上，右手心正对标签握住试剂瓶，让瓶口靠住试管内壁，液体沿内壁流下，缓缓倾出所需液体（实训图1-1）。试管内液体试剂不能超过总容量的1/2。取出所需量后，应将试剂瓶口在容器口边靠一下，再逐渐使试剂瓶竖直起来（实训图1-2）。

实训图1-1　往试管里倾注试剂　　　　　实训图1-2　瓶口靠一下

若所用容器为烧杯，则倾注液体时左手持洁净的玻璃棒，玻璃棒下端靠在烧杯内壁上，使试剂引入烧杯（实训图1-3）。取完试剂后，应将试剂瓶口顺玻璃棒向上提一下再离开玻璃棒，随即将瓶盖盖上（实训图1-4）。切忌悬空而倒，塞底粘桌（实训图1-5）。

加入反应容器中的所有液体的总量不能超过总容量的2/3。

实训图1-3　往烧杯里倾注液体　　实训图1-4　瓶口向上提靠　　实训图1-5　悬空而倒，塞底粘桌

（2）从滴瓶中取用液体试剂　取用滴瓶中的试剂只能用滴瓶中的滴管。将滴管提起使管口离开液面，手指紧捏胶头帽排除管中空气，插入试剂瓶，放松手指吸入试液；再提取滴管垂直地移放在试管口或承接容器的上方，将试剂逐滴滴下（实训图1-6）。

实训图1-6　往试管中滴加液体试剂　　　　实训图1-7　滴管充满试剂液放置

注意：试管应垂直不倾斜；滴加完毕应将滴管中剩余试剂挤回原滴瓶，让胶头充满空气后放回滴瓶中。错误放置如实训图1-7所示。

（3）胶头滴管的使用注意事项　胶头滴管应避免盛液时管口向上倾斜，尤忌倒立，否则试剂流入橡皮头内被污染（实训图1-8）；滴管尖端不可伸入承接容器口内（实训图1-9）；更不能插到其他溶液里，要专管专用；也不能把滴管放在原滴瓶以外的任何地方，以免杂质污染试剂。

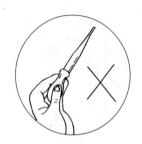 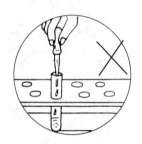

实训图1-8　盛液滴管口斜朝上　　　　实训图1-9　滴管伸入容器内滴液

（4）定量取用液体试剂　实训室要定量取用液体试剂，可以选择使用容量适合的量筒（杯）或移液管等按要求量取。

量筒、量杯采用倾注法取用（实训图1-10），读数规则：对于浸润玻璃的透明液体（如水溶液），视线与量筒（杯）内液体凹液面最低处水平相切（实训图1-11）；对于浸润玻璃的有色不透明液体，视线与量筒（杯）内液体凹液上部相平；对不浸润玻璃的液体（如水银），视线与量筒（杯）内液体凸液面的上部相平。

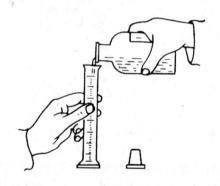 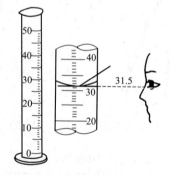

实训图1-10　用量筒量取液体　　　　实训图1-11　对量筒内液体体积读数

2. 固体试剂的取用

① 取固体试剂要用洁净干燥的药匙，它的两端分别是大小两个匙。取较多试剂时用大匙，取少量试剂或所取试剂要加入到小试管中时则用小匙；应专匙专用，用过的药匙必须及时洗净晾干存放在干净的器皿中。注意：手不能接触试剂，瓶盖绝不能张冠李戴。

② 往试管特别是湿润的试管中加入固体试剂时，先将试管倾斜至近水平，再把药品放在药匙里或用干净光滑的纸对折成的纸槽中，伸进试管约2/3处（实训图1-12、实训图1-13），然后直立试管和药匙或纸槽，让药品全部落到试管的底部。

③ 取用小块状固体时，先将试管横放，用镊子把药品颗粒放入试管口，再把试管慢慢地竖立起来，使药品沿着管壁缓缓滑到底部。

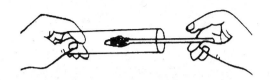 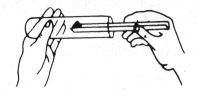

实训图 1-12　用药匙往试管里送固体试剂　　实训图 1-13　用纸槽往试管里送固体试剂

④ 取用一定质量的固体试剂时，可用托盘天平或分析天平等进行称量。一般固体药品放在称量纸上称量，具有腐蚀性或易潮解的固体应放在表面皿上或玻璃容器内称量。

⑤ 多取出的药品不能倒回原瓶中，可以放到指定的容器中供他人使用或分给其他需要的同学使用。

⑥ 有毒药品要在老师的指导下取用。

3. 试剂取用的估量

有些化学试剂的用量在性质实验中通常不要求十分准确，不必量取或称量，估量即可。所以要学会估计液体和固体的量。

① 对于液体试剂，一般滴管的 20～25 滴约为 1mL；不同的滴管可在量筒中滴加液体测其滴数。

② 对于固体试剂，常要求取少量，可用药匙小头取一平匙即可；有时要求取米粒、绿豆粒等大小。

③ 若书上没有注明用量，应尽可能取最少量试剂，但实训现象一定要明显，以便观察记录。

四、实训内容与步骤

① 认识无机化学常用仪器和使用方法。
② 仪器的洗涤。
③ 玻璃仪器的干燥。
④ 固体药品的取用、加热。用药匙取少量的 $NaHCO_3$ 固体，练习固体药品的加热操作。
⑤ 液体药品的取用、加热。用滴管取约 1mL 的 $0.1mol·L^{-1}$ NaCl 于试管中，练习液体药品加热。

思考题

1. 如何取液体药品？
2. 液体药品加热时应注意哪些问题？

实训二　化学反应速率和化学平衡

一、实训目的

1. 巩固浓度、温度和催化剂对化学反应速率的影响等基本知识，加深浓度、温度对化学平衡影响等基础知识的理解。

2. 通过实训，体会用定量方法研究化学反应速率、化学平衡规律基本程序，掌握相关的实训操作规范。

二、实训仪器与试剂

仪器：量筒、烧杯、水浴锅、秒表、移液管、试管、滴定管、胶头滴管、温度计、火柴梗、容量瓶。

试剂：蒸馏水、淀粉、$NaHSO_3$、KIO_3、H_2O_2、MnO_2、Zn 粒、Zn 粉、$CuSO_4$、$FeCl_3$、NH_4SCN、NH_4Cl。

三、实训原理

化学反应速率是以单位时间内反应物浓度或生成物浓度的改变来计算的。影响化学反应速率的因素有浓度、温度、催化剂等。此外，在多相反应中，反应速率还与接触面和扩散速率有关。反应物之间接触面增大，则反应速率也加快。

（1）**浓度的影响** KIO_3 可氧化 $NaHSO_3$ 而本身被还原，其反应如下：

$$2KIO_3 + 5NaHSO_3 \Longrightarrow Na_2SO_4 + 3NaHSO_4 + K_2SO_4 + I_2 + H_2O$$

反应中生成的 I_2 可使淀粉变为蓝色。淀粉变蓝所需时间 t 的长短可表示反应速率的快慢。

（2）**温度的影响** 温度对化学反应速率的影响较显著。一般地说，温度升高，化学反应速率增大。

（3）**催化剂的影响** 催化剂能使反应速率加快。因为在化学反应中催化剂能降低反应的活化能。催化剂有选择性。

（4）**浓度和温度对化学平衡的影响** 当可逆反应达到平衡时，如果改变平衡的条件，平衡就被破坏而发生移动。例如，增加反应物的浓度，平衡就向减小反应物浓度即增大生成物浓度的方向移动。又如，升高温度，平衡就向降低温度即吸热的方向移动。

四、实训内容与步骤

1. 浓度对化学反应速率的影响

碘酸钾和亚硫酸氢钠在水溶液中发生如下反应：

$$2KIO_3 + 5NaHSO_3 \Longrightarrow Na_2SO_4 + 3NaHSO_4 + K_2SO_4 + I_2\downarrow + H_2O$$

在反应物中预先加入淀粉作指示剂，反应中生成的碘遇淀粉变为蓝色。

① 配制 100mL 0.05mol·L^{-1} 的 $NaHSO_3$ 溶液：称取 0.5g 淀粉于烧杯中，加入 10～20mL 水将其调成糊状，然后加入 10～20mL 沸水，煮沸，冷却；称取 0.52g $NaHSO_3$ 固体，加入到淀粉溶液中，再加入 10～20mL 水，搅拌，转移到 100mL 容量瓶中，将烧杯洗三次，每次的洗涤水转移到容量瓶中，然后加水稀释至 100mL，将容量瓶倒置三次，瓶塞旋转 180°，再将容量瓶倒置三次。将配好的溶液分装在两个带滴管的小试剂瓶中，贴上标签，标签上写上溶液的名称和浓度。

② 用容量瓶配制 100mL 0.025mol·L^{-1} 的 KIO_3 溶液，分装到试剂瓶中。

③ 在试管中加入 4mL 0.025mol·L^{-1} 的 KIO_3 溶液，加入 1mL 带淀粉的 0.05mol·L^{-1} $NaHSO_3$ 溶液，立刻按秒表计时，并振荡溶液，记录溶液变为蓝色的时间，并填入下页表。

用同样方法以此按下表编号进行测定。

编号	KIO₃/mL	H₂O/mL	NaHSO₃/mL	溶液变蓝时间 t/s	$1/t(s^{-1})$	c_{KIO_3}/mol·L⁻¹
1	4	0	1			0.020
2	3	1	1			0.015
3	2	2	1			0.010
4	1	3	1			0.005

根据上述测定数据，以 c_{KIO_3} 为横坐标，$1/t$ 为纵坐标，绘制曲线，得出浓度对化学反应速率有何影响的结论。

2. 浓度对化学平衡的影响

$FeCl_3$ 与 NH_4SCN 反应，生成红色溶液

$$Fe^{3+} + nSCN^- \rightleftharpoons [Fe(SCN)_n]^{3-n} \quad (红色) \quad n=1\sim6$$

① 0.1mol·L⁻¹ $FeCl_3$ 溶液的配制：称取 2.7g $FeCl_3·6H_2O$，加入 2mL 6mol·L⁻¹ HCl（已知 36%～38% 的浓 HCl 密度为 1.18～1.19g·mL⁻¹，浓度为 11.6～12.4mol·L⁻¹）溶液，搅拌溶解，然后用容量瓶配制成 100mL 溶液。

② 用容量瓶配制 100mL 0.1mol·L⁻¹ 的 NH_4SCN 溶液，分装到试剂瓶中。

③ 在试管中加入 4mL 蒸馏水，然后加入 1 滴 0.1mol·L⁻¹ $FeCl_3$ 溶液和 1 滴 0.1mol·L⁻¹ NH_4SCN 溶液，得到浅红色溶液；将所得溶液等分于两支试管中，在第一支试管中逐滴加入 $FeCl_3$ 溶液，观察颜色的变化，并将其与第二支试管中的颜色比较，说明浓度对化学平衡的影响。

3. 温度对化学反应速率的影响

(1) 用容量瓶配制 0.05mol·L⁻¹ 的 $NaHSO_3$ 溶液（配制方法同实训项目1）。

(2) 用容量瓶配制 100mL 0.025mol·L⁻¹ KIO_3 溶液。

(3) 用温度计测量室温，温度为 ℃。在试管中加入 1mL 0.025mol·L⁻¹ 的 KIO_3 溶液，再加入 1mL 带淀粉的 $NaHSO_3$ 溶液，并立刻按秒表计时，振荡溶液，记录溶液变为蓝色的时间，填入下表；另取两支试管，在一支试管中，加入 1mL KIO_3 溶液，另一支试管中加入 1mL $NaHSO_3$ 溶液，将两支试管同时放在水浴中，加热到约 40℃，将两支试管的溶液混合，立即计时，记录溶液变为蓝色的时间，并填入下面表格中。

(4) 实训数据记录与处理：

实训号数	NaHSO₃ 体积/mL	H₂O 体积/mL	KIO₃ 体积/mL	实训温度/℃	溶液变蓝时间/s
1	10	35	5		
2	10	35	5		

根据上表实训数据，得出温度对化学反应速率有何影响的结论。

温度对反应速率的影响显著，温度升高，一般都使反应速率加快。

对多数反应而言，温度升高 10℃，反应速率大约增加到原来的 2～4 倍。

4. 催化剂对反应速率的影响

催化剂是能显著加快反应速率，而本身在反应前后组成、性质、质量都不发生改变的物质。

酸性 $KMnO_4$ 具有氧化性，可将 $H_2C_2O_4$ 还原为 CO_2，$KMnO_4$ 的紫红色褪去。

$$2KMnO_4 + 5H_2C_2O_4 + 3H_2SO_4 = 2MnSO_4 + 10CO_2\uparrow + K_2SO_4 + 8H_2O$$

① 用容量瓶配制 100mL 0.01mol·L⁻¹ 的 $KMnO_4$ 溶液，分装到试剂瓶中。

② 配制 100mL 2mol·L⁻¹ 的 H_2SO_4 溶液：在干净的 100mL 烧杯中加入约 50mL 蒸馏

水,用量筒量取 10.9mL 浓 H_2SO_4（浓 H_2SO_4 的密度 $1.84g \cdot mL^{-1}$，浓度 $18.4mol \cdot L^{-1}$），将浓 H_2SO_4 慢慢倒入上述烧杯中（动作一定要慢），边倒边搅拌，使之散热,放置一会儿,将烧杯中的 H_2SO_4 溶液转移到 100mL 容量瓶中；用少量蒸馏水（小于 5mL）涮洗量筒 2~3 次,涮洗的蒸馏水也倒入容量瓶中,用少量蒸馏水（小于 5mL）涮洗烧杯 2~3 次,涮洗的蒸馏水也倒入容量瓶中,然后加水稀释至 100mL,盖上旋塞,倒置三次,瓶塞旋转 180°,再将容量瓶倒置三次。将配好的溶液分装在两个带滴管的小试剂瓶中,贴上标签,写上溶液的名称和浓度。

③ 用容量瓶配制 100mL $0.05mol \cdot L^{-1}$ 的 $H_2C_2O_4$ 溶液,分装到试剂瓶中。

④ 用容量瓶配制 100mL $0.1mol \cdot L^{-1}$ 的 $MnSO_4$ 溶液,分装到试剂瓶中。

⑤ 在一支试管中加入 $0.01mol \cdot L^{-1}$ 的 $KMnO_4$ 溶液 2 滴,$2mol \cdot L^{-1}$ 的 H_2SO_4 溶液 5 滴、$0.05mol \cdot L^{-1}$ 的 $H_2C_2O_4$ 溶液 1mL,观察紫红色褪去的快慢。

⑥ 在另一试管中加入 $0.01mol \cdot L^{-1}$ 的 $KMnO_4$ 溶液 2 滴,$2mol \cdot L^{-1}$ 的 H_2SO_4 溶液 5 滴、$0.05mol \cdot L^{-1}$ 的 $H_2C_2O_4$ 溶液 1mL,再加入 $0.1mol \cdot L^{-1}$ 的 $MnSO_4$ 溶液（催化剂）5 滴,观察并比较两支试管中紫红色褪去的快慢。

思考题

1. 影响化学反应速率的因素有哪些？是如何影响的？怎样解释？
2. 举一些生活实例,说明接触面对化学反应速率的影响。
3. 在什么样的条件下会发生化学平衡移动？有何规律？

实训三　电子分析天平的使用

一、实训目的

1. 了解分析天平的构造和使用。
2. 学习固体样品的称取方法。
3. 学会常用的称量方法：直接称量法、固定质量称量法和递减称量法。
4. 能准确、整齐、简明地记录实训原始数据。

二、实训仪器与试剂

仪器：电子天平、称量瓶 1 只、100mL 烧杯 1 只、表面皿 2 只、药匙、纸条。

试剂：称量试样（氯化钠、硫酸铜等）。

三、实训原理

分析天平是分析化学实验中最重要、最常用的仪器之一。正确使用分析天平是分析化学中的一项基本技能。常用的分析天平有半自动电光天平、全自动电光天平、单盘电光天平和电子天平等。随着社会经济、科技的发展,电子天平现已经成为科学研究、实验教学中常用的称量仪器之一。下面以电子天平为例介绍分析天平的称量原理、使用步骤及称取试样的称量方法。

四、实训内容与步骤

1. 电子天平的认识与检查

① 对照电子天平实物,了解其构造、性能和使用方法。

② 检查天平做好称量前准备工作。

a. 检查电子天平电源是否接通。

b. 检查天平室是否清洁，如有灰尘，可用毛刷轻轻刷净。

c. 查看水平仪水泡位置，如不水平，要通过水平调节脚调至水准泡处于正中央。

2. 用增量法称取

在电子天平上精确称量食盐 0.0300g 于干燥的烧杯中（称量方法见原理部分），称量误差不得超过 0.2mg。

3. 用差量法称取

取一个干燥、洁净的称量瓶，加入约 1g 食盐。在分析天平上精确称量，记录为 m_1；估计样品的体积，转移 0.3~0.4g 样品（约 1/3）至第一个表面皿中，称量并记录称量瓶的剩余量 m_2；以同样方法再转移 0.3~0.4g 样品至第二个表面皿中，称量其剩余量 m_3。

计算称量瓶中倾出的样品质量。

五、实训数据记录与处理

1. 增量法称取

电子天平称量记录_____g。

2. 差减法称量

项　　目	数据记录
称量瓶+试样质量(m_1)	
倾出第一份试样后称量瓶+试样质量(m_2)	
倾出试样质量($m_s = m_1 - m_2$)	
倾出第二份试样后称量瓶+试样质量(m_3)	
倾出试样质量($m'_s = m_2 - m_3$)	

附：电子天平的使用

电子天平是最新一代的天平，是根据电磁力平衡原理，直接称量，全量程不需砝码。放上称量物后，在几秒钟即达到平衡，显示读数，称量速度快，精度高。电子天平的支撑点用弹性簧片取代机械天平的玛瑙刀口，用差动变压器取代升降枢纽装置，用数字显示代替指针刻度式。因而，电子天平具有使用寿命长、性能稳定、操作简便和灵敏度高的特点。此外，电子天平还具有自动校正、自动去皮、超载指示、故障报警等功能以及具有质量电信号输出功能，且可与打印机、计算机联用，进一步扩展其功能，如统计称量的最大值、最小值、平均值及标准偏差等。由于电子天平具有机械天平无法比拟的优点，尽管其价格较贵，但也会越来越广泛地应用于各个领域并逐步取代机械天平。

一、电子天平的分类

按电子天平的精度可分为以下几类。

（1）超微量天平　超微量天平的最大称量是 2~5g，其标尺分度值小于（最大）称量的 10^{-6}，如 Mettler 的 UMT2 型电子天平等属于超微量电子天平。

（2）微量天平　微量天平的称量一般在 3~50g，其分度值小于（最大）称量的 10^{-5}，如 Mettler 的 AT21 型电子天平以及 Sartoruis 的 S4 型电子天平。

(3) 半微量天平　半微量天平的称量一般在 20～100g，其分度值小于（最大）称量的 10^{-5}，如 Mettler 的 AE50 型电子天平和 Sartoruis 的 M25D 型电子天平等均属于此类。

(4) 常量天平　此种天平的最大称量一般在 100～200g，其分度值小于（最大）称量的 10^{-5}，如 Mettler 的 AE200 型电子天平和 Sartoruis 的 A120S、A200S 型电子天平均属于常量电子天平。

电子分析天平，是常量天平、半微量天平、微量天平和超微量天平的总称。精密电子天平是准确度级别为Ⅱ级的电子天平的统称。

二、电子天平的校准

因天平放置时间较长、位置移动或环境变化而未获得精确测量，在使用前一般都应进行校准操作。校准方法分为内校准和外校准两种。德国产的少特利斯、瑞士产的梅特勒、上海产的"JA"系列电子天平均有校准装置。使用前请仔细阅读说明书，按"校准"操作进行校准，避免造成较大的称量误差。

天平安装后，第一次使用前，应对天平进行校准。若存放时间较长、位置移动、环境变化或未获得精确测量，天平在使用前一般都应进行校准操作。根据电子天平种类的不同，校准方法可分为内部校准和外部校准。

(1) 内部校准　调整天平水平，按"开/关"键，显示稳定后若示数不为零则按"清零/去皮"键，稳定显示"0.0000g"后，按校准键（CAL），天平将自动进行校准，显示屏显示"CAL"，表示正在进行校准。当"CAL"消失，即完成校准，显示屏应显示"0.0000g"。

(2) 外部校准　调整天平水平，按"开/关"键，显示稳定后若示数不为零则按"清零/去皮"键，稳定显示"0.0000g"后，按校准键（CAL），放上 100g 校准砝码，显示"100.0000g"，即完成校准。

三、电子天平的使用规则

(1) 水平调节　使用前，应首先观察水平仪水泡的位置，判断电子天平是否水平。若水平仪水泡发生偏移，需调节天平前边左、右两个水平调节支脚使水泡位于水平仪中心，达到水平状态。

注意：同时放置两个调平底座，两手幅度必须一致，都需顺时针或者逆时针，让水准泡在液腔左右的中间线前后移动，最终移动到液腔中央，调平底座同时顺时针或者逆时针旋转，则天平倾斜度不变，这样水准泡不会脱离液腔左右的中间线，只要旋转方向没问题，就肯定可以达到液腔中央。

(2) 预热　接通电源，预热 30min 以上，开启显示器进行操作。

(3) 开启显示器　轻按开/关键（"ON"键），显示器开启后，约 2s 后，首先显示天平的型号，随后进入称量模式，显示屏显示为"0.0000g"。如果显示不正好是"0.0000g"，则要按一下"清零/去皮"键。

(4) 天平基本模式的选定　天平通常为"通常情况"模式，并具有断电记忆功能。使用时若改为其他模式，使用后一经按 OFF 键，天平即恢复通常情况模式。称量单位的设置可按说明书进行操作。

(5) 校准　天平在使用前一般都应进行外校准，由 TAR 键清零及 CAL 键、100g 校准砝码完成。轻按 CAL 键显示"CAL-"时，即松手，显示器就出现"CAL-100"，其中"100"为闪烁码，表示校准砝码需用 100g 的标准砝码。此时就把准备好的"100g"校准砝码放上称盘,显示器应即再现"—"等待状态,经较长时间后显示器出现100.0000g,拿去校准砝码,显示器应出现"0.0000g",若出现的不为零,则再清零,重复以上校准操作。

(6) 称量　按 TAR 键,显示为"0.0000g"后,置称量物于秤盘上,待数字稳定即显示数后出现质量"g"时,即可读出称量物的质量值并记录结果。

若较短时间内还要使用天平,一般不用按"开/关"键关闭显示器。若较长时间(半天以上)不再用天平,应关闭显示器,切断电源,盖上防尘罩。

四、试样的称量方法

1. 直接称量法

直接称量法是直接称量物体的质量。

按 TAR 键清零,置容器于秤盘上,天平显示容器质量,再按 TAR 键,显示为零,即去除皮重。再置称量物于容器中,或将称量物(粉末状物或液体)逐步加入容器中直至达到所需质量,待显示器左下角"0"消失,这时显示的是称量物的净质量。将秤盘上的所有物品拿开后,天平显示负值,按 TAR 键,天平显示"0.0000g",若称量过程中称盘的总质量超过最大载荷时,天平仅显示上部线段,此时应立即减小载荷。例如,称量某烧杯的质量、容量器皿校正中称量某容量瓶的质量、质量分析实验中称量某坩埚的质量等,也都使用这种称量方法。

2. 固定质量称量法

固定质量称量法又称增量法,用于称量某一固定质量的试剂(如基准物质)或试样。这种称量操作的速度很慢,适于称量不易吸潮、在空气中能稳定存在的粉末状或小颗粒样品。

注意:若不慎加入试剂超过指定质量,应先关闭电源,然后用牛角匙取出多余试剂。重复上述操作,直至试剂质量符合指定要求为止。严格要求时,取出的多余试剂应弃去,不要放回原试剂瓶中。操作时不能将试剂散落于天平盘等容器以外的地方,称好的试剂必须定量地由表面皿等容器直接转入接收容器,此即所谓的"定量转移"。

3. 差减法

差减法适宜称取一般的颗粒状、粉状及液态样品,特别是在称量过程中易吸湿、氧化、挥发或与 CO_2 反应的试样。称量步骤如下。

① 取一个干燥、洁净的称量瓶(实训图3-1,注意:不能让手指直接触及称量瓶体和瓶盖),用清洁的纸条叠成纸带套在称量瓶上,用洁净的小药匙加入适量试样,盖上瓶盖。左手拿住纸带尾部把称量瓶放到天平盘上准确称取其总质量 m_1,记录读数。

② 取出称量瓶,放在接收器皿上方,将称量瓶倾斜,用称量瓶盖轻轻敲瓶口上部,使试样落入容器中(实训图3-2)。当倾出量已接近所需质量时,将称量瓶竖起,再用瓶盖轻敲瓶口上部,使粘在瓶口的试样落下,然后盖好瓶盖,将称量瓶放回天平盘上,称其质量为 m_2。

③ 两次质量之差 m_1-m_2,即为试样质量。若一次倾出的量不到所需量,可再次倾倒样品,直到移出的样品质量满足要求(一般在欲称质量的±10%以内为宜)后,再记录天平读数。若倒入试样大大超过所需要数量,则只能弃去重做。按上述方法连续递减,可称取多份试样。

此称量法比较简便、快速、准确,在分析化学实验中常用来称取待测样品和基准物,是最常用的一种称量法。

实训图 3-1　称量瓶

实训图 3-2　差减称量法倒样操作

五、电子天平使用注意事项

① 电子天平自重小，易被碰移动从而引起水平的改变，影响测定结果的准确性。所以在使用时要特别注意，不能触碰放置电子天平的实训台，称量动作要轻、缓，并时常检查水平是否改变。

② 读数前要关好天平的侧门，防止气流影响读数。

③ 温度变动、容器不够干燥、开门及放置称量物时动作过重等，都可能影响天平示数变动，在使用时要注意克服。

④ 称量易挥发和具有腐蚀性的物品时，要盛放在密闭的容器中，以免腐蚀和损坏电子天平。

思考题

1. 天平上称出的是物质的质量还是重量？为什么？
2. 差减法称量过程中，若称量瓶中的样品容易吸湿，对称量有什么影响？如何降低影响？

实训四　溶液的配制

一、实训目的

1. 熟悉有关浓度的计算。
2. 掌握容量瓶的检漏、洗涤方法以及移液管及容量瓶的正确使用方法。
3. 培养学生独立完成标准溶液、试液的配制，掌握溶液的定量稀释技术以及溶液的标定技术。

二、实训仪器与试剂

仪器：台秤，电子天平，移液管（10mL），容量瓶（100mL 和 250mL 各 1 只），试剂瓶（250mL）。

试剂：$CuSO_4 \cdot 5H_2O$，$H_2C_2O_4 \cdot 2H_2O$，$2mol \cdot L^{-1} CH_3COOH$，浓 HCl，浓 H_2SO_4。

三、实训内容与步骤

1. 一般浓度溶液的配制

（1）配制 50g 质量分数为 10% 的硫酸铜溶液　先算出配制 50g 质量分数为 10% 的 $CuSO_4$ 溶液所需要的 $CuSO_4 \cdot 5H_2O$ 和水的用量。

用台秤称取所需 $CuSO_4 \cdot 5H_2O$ 固体，放在烧杯中，再用量筒量取所需蒸馏水加到烧杯中，搅拌使之溶解，即得 50g 质量分数为 10% 的硫酸铜溶液，配好后倒入回收瓶备用。

（2）用 20mL 浓盐酸配制成 1：3（体积比）的盐酸　先算出蒸馏水的用量，把它倒入烧杯中，再将 20mL 浓盐酸缓慢地加到水中，并不断搅拌，配好后倒入回收瓶备用。

（3）配制 50mL $2mol \cdot L^{-1}$ H_2SO_4 溶液　先算出配制 50mL $2mol \cdot L^{-1}$ H_2SO_4 所需要浓 H_2SO_4（相对密度1.84，浓度98%）用量；50mL 减去浓 H_2SO_4 的体积，得需要用水量的大约体积（浓硫酸和水混合），体积会缩小，故由此法算出用水量是一个大约体积。用量筒将所需蒸馏水的大部分加到烧杯中，再用量筒量取所需的浓 H_2SO_4，然后将浓 H_2SO_4 缓慢地加到水中，边加边搅拌。再用剩余的水分数次洗涤量筒，一并倒入烧杯中。冷却后，将配成的溶液倒入量筒中（观察混合后体积缩小多少？这是粗略的配法，正规的配制物质的量浓度溶液时，应该在容量瓶中进行）。然后用滴管加水至 50mL 的刻度即成。最后将溶液倒入回收瓶，备用。

2. 准确浓度溶液的配制

（1）稀释法配制 100mL 醋酸溶液　用移液管取 10mL 已知准确浓度为 $2mol \cdot L^{-1}$ 的 CH_3COOH 溶液，放入 100mL 容量瓶中，用蒸馏水稀释到标线处。但需注意，当液面将接近标线时，应使用滴管小心地逐滴将水加到标线处，摇匀后即成。求出所配的醋酸溶液的浓度，把配好的溶液倒入回收瓶备用。

（2）配制 250mL $0.05mol \cdot L^{-1}$ 草酸标准溶液

① 配制 250mL $0.05mol \cdot L^{-1}$ 草酸标准溶液，需草酸（$H_2C_2O_4 \cdot 2H_2O$）约 1.6g。

② 用减量法称取所需的草酸。先用台秤称称量瓶的质量，加入约 1.6g 草酸，再在分析天平上称出称量瓶和草酸的总质量记下此数据。取出称量瓶，把称量瓶拿到清洁的 100mL 烧杯的上方，使称量瓶倾斜，慢慢转动称量瓶，或用称量瓶盖轻敲瓶口的上部，使草酸慢慢落入烧杯中。当草酸全部倒出时（不必倒净），慢慢将瓶竖起，再用瓶盖轻敲瓶口上部，使粘在瓶口上的草酸落入瓶内或烧杯内，盖好瓶盖，再次称出称量瓶连同剩余草酸的质量。两次所称质量之差，即烧杯中草酸的质量。

③ 配制草酸溶液。加入适量的蒸馏水使烧杯中的草酸溶解，将溶液沿玻璃棒小心地注入 250mL 容量瓶中，再从洗瓶中挤出少量水淋洗烧杯及玻璃棒 2~3 次，并将每次淋洗的水注入容量瓶中，最后用滴管慢慢加水至刻度，摇匀。

计算出草酸溶液的浓度，倒入试剂瓶，贴上标签，注明试剂的名称、浓度及配制日期，保存好，准备在后续实训中使用。

思考题

1. 稀释浓 H_2SO_4 时，为什么要将浓 H_2SO_4 慢慢倒入水中，并不断搅拌，而不能将水倒入浓 H_2SO_4 中？

2. 用容量瓶配制溶液时，要不要先把容量瓶干燥？用容量瓶稀释溶液时，能否用量筒取浓溶液？配制 100mL 溶液时为什么要先用少量水把固体溶解，而不能用 100mL 水把固体溶解？

3. 用容量瓶配制溶液时，水没加到刻度以前为什么不能把容量瓶倒置摇荡？

4. 如果使用了已失去部分结晶水的草酸晶体配制草酸溶液，是否会影响该溶液浓度的精确度？为什么？

附1：　移液管、吸量管的使用

要准确地移取一定体积的液体时，可用各种不同容量的移液管或吸量管。

一、移液管的使用

移液管和吸量管是用来准确量取一定体积液体的量器。移液管只能量取管上所标体积的液体，吸量管带有分刻度，可以量取不同体积的液体（如实训图 4-1 和实训图 4-2 所示）。

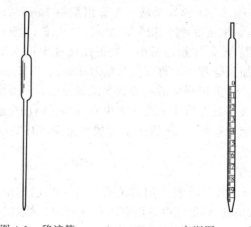

实训图 4-1　移液管　　　　　　实训图 4-2　吸量管

使用移液管和吸量管时应按照以下的步骤进行。

1. 洗涤和润洗

移液管、吸量管使用前要依次用洗液、自来水、去离子水洗涤。其方法是将洗涤液用吸耳球吸入移液管、吸量管内，将其倾斜后转动，使洗涤液将管内壁全部润洗后倒出洗涤液，再用自来水冲洗。洗净的移液管、吸量管用去离子水淋洗后，用滤纸将下端管内外的水尽量吸干，然后用待装液淋洗 3 次。

2. 移取液体

① 移取溶液前，应依次用洗涤液、自来水、蒸馏水洗涤移液管（可用洗耳球将洗液吸入移液管内），每次用量不必太多。直至内壁不挂水珠为止。再用滤纸将尖端内外的水吸去，然后用欲移取的溶液洗 2～3 次，以免移液管内壁残留的蒸馏水稀释移取液造成误差。

② 移取溶液时，用右手拿住颈部刻度线以上的合适位置，将移液管的尖端插入要吸取的液体的液面下约 2cm 处，左手将吸耳球中的空气挤出后，将吸耳球的尖端对准移液管管口，慢慢松开吸耳球使液体吸入管内。待液面上升到刻度线以上时，移去吸耳球，迅速用右手食指按紧移液管管口，将移液管往上提使其离开液面。然后用左手持盛放液体的容器，移液管、吸量管下端靠近容器内壁，略微放松食指使移液管、吸量管内的液面缓慢下降，待溶液凹液面最低点与移液管刻度线相切时立即用食指按紧移液管管口，保证液面不再下降。取出移液管，将其垂直并使其下端靠在倾斜的接受容器内壁上，松开右手食指使液体自然流到接受容器中。待液体液面下降到管尖后，再靠壁 15s 左右，移去管子，完成移液操作（实训图 4-3，实训图 4-4）。

3. 放液

取出移液管，插入准备承接溶液的器皿中，管的尖端靠在器皿内壁上，此时移液管应垂直，承接的器皿稍倾斜，松开食指，让管内溶液自然地全部沿器壁流下（实训图 4-4），流完后再等 10～15s 拿开移液管。如移液管未标"吹"字，残留在移液管末端的溶液不可吹出，因移液管的容量不包括末端残留的溶液。

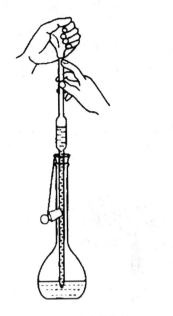
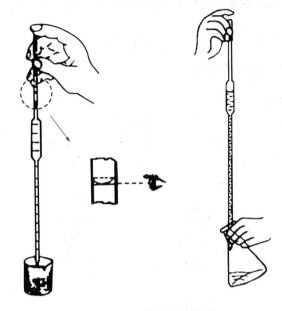

实训图 4-3　用移液管移液　　　　实训图 4-4　用移液管放液

吸量管的操作方法与移液管相同。有一种 0.1mL 的吸量管，管口刻有"吹"字，使用时，末端的溶液必须吹出，不允许保留。

二、吸量管的使用

吸量管的使用方法与移液管的使用方法相同，但读数时应小心。因为吸量管的刻度标记有所不同。一种是自上而下的，另一种是自下而上的，还有种吸量管的刻度是一直到管尖的。使用移液管和吸量管应注意以下几个方面。

① 当用 5mL 吸量管量取 1mL 液体时，其操作是吸液至满刻度（"0"刻度处），慢慢放出液体到 1mL 刻度处停止，这时放出的液体是 1mL。

② 移液管和吸量管管尖的液体一般不能吹出，是因为在校正时没有把这部分溶液计算在内。但如果管上注有"吹"的字样，则在液面下降到管尖后用吸耳球将管内的液体吹到接收容器中。

③ 常量移液管的体积一般有四位有效数字。

④ 移液管和吸量管用毕后应立即洗净并放置，防止污染、堵塞或损坏。

附 2：　容量瓶的使用

容量瓶是用来准确配制一定体积和一定物质的量浓度的溶液的量器。容量瓶上标有温度和容积，表示在所指温度下，液体的凹液面与容量瓶颈上刻线相切时，溶液的体积恰好是瓶颈标线标的容量。

一、使用容量瓶的注意事项

① 容量瓶使用时不能加热。

② 容量瓶不能代替试剂瓶用来存放溶液。

③ 容量瓶用完后，立即用水冲洗干净，如长期不用，磨口处应擦干，并用纸将磨口隔开。

④ 容量瓶磨口瓶塞是配套的，为避免调错塞子，应该用橡皮筋把塞子系在瓶颈上。

二、容量瓶使用方法

1. 检漏

在使用容量瓶前应检查是否漏水。其方法是：注入自来水至标线附近，盖好瓶塞，右手托住瓶底，将其倒立2min，观察瓶塞周围是否有水渗出。如果不漏，再把塞子旋转180°，塞紧、倒置。如仍不漏水，则可使用［实训图4-5（a）、（b）］。

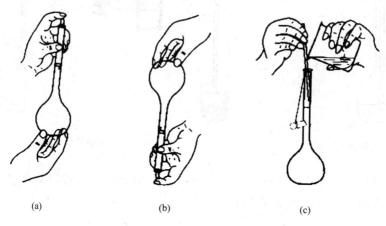

实训图4-5　容量瓶的使用

2. 洗涤

先用自来水洗涤，倒出水后，内壁如不挂有水珠，则用蒸馏水洗涤，洗好备用，否则就必须用洗液洗涤。

先尽量倒去瓶内残留的水，倾斜转动容量瓶，使洗液布满内壁，同时将洗液慢慢倒回原瓶。然后用自来水充分洗涤容量瓶及瓶塞，每次洗涤应充分振荡，并尽量使残留的水流尽，最后用蒸馏水洗三次。应根据容量瓶的大小决定用水量，如250mL容量瓶，第一次约用30mL，第二、第三次约用20mL蒸馏水。

3. 溶液配制

① 如用固体物质配制溶液，应先将精确称量过的固体物质放在烧杯中，加入少量水，搅拌使其溶解，再把溶液沿玻璃棒转移到容量瓶中［实训图4-5（c）］。然后用蒸馏水洗涤烧杯壁3~4次，每次的洗液按同样操作转移到容量瓶中，以保证溶质全部转移。当溶液体积至容量的2/3时，应水平振荡容量瓶作初步混匀，不能倒转容量瓶，避免原液沾到刻度线以上，造成定容误差。

② 往上述盛有溶液的容量瓶中慢慢地加入蒸馏水至接近标线1cm处，等1~2min，使颈壁上的水流下。然后用滴管或洗瓶逐滴加水至弯月面最低点恰好与标线相切。

③ 塞紧瓶塞，用食指压住瓶塞，另一只手托住容量瓶底部，倒转容量瓶，使瓶内气泡上升到顶部，边倒转边摇动，如此反复倒转摇动多次，使瓶内溶液充分混合均匀。

④ 如果是用浓溶液（尤其是浓硫酸）配制稀溶液，应先在烧杯中加入少量蒸馏水，将一定体积的浓溶液沿玻璃棒分数次慢慢加入水中，并加以搅拌，再转入容量瓶中。

容量瓶是量器而不是容器，配制好的溶液不管当时用还是不用，都应将溶液转移到试剂瓶中贮存,试剂瓶应先用该溶液洗涤2~3次,以保证溶液浓度不变。

容量瓶用毕后应立即洗净,并在瓶口与玻璃塞间垫上纸片,以防下次使用时,塞子打不开。

实训五　滴定分析操作训练

一、实训目的

1. 掌握滴定管与移液管的正确使用与滴定操作。
2. 练习滴定分析的基本操作。
3. 通过甲基橙和酚酞指示剂的使用,初步熟悉判断滴定终点方法。

二、实训仪器与试剂

仪器:50mL碱式酸式滴定管各一支、25mL移液管、锥形瓶、烧杯、分析天平等。

试剂:$0.1mol \cdot L^{-1}$ NaOH、$0.1mol \cdot L^{-1}$ HCl、甲基橙指示剂(0.2%)、酚酞指示剂(0.2%乙醇溶液)。

三、实训原理

一定浓度的HCl溶液和NaOH溶液相互滴定,到达终点时,所消耗的两种溶液体积之比应是一定的,因此,通过滴定分析的练习,可以检验滴定操作技术及判断滴定终点的能力。

滴定终点的判断是否正确,是影响滴定分析准确度的重要因素。滴定终点是根据指示剂变色来判断的,绝大多数指示剂变色是可逆的,这有利于练习判断终点。本试验选用的指示剂甲基橙的变色范围是pH3.1(红色)~4.4(黄色),pH4.0附近为橙色。用NaOH溶液滴定HCl溶液时,终点颜色的变化为由橙色变为黄色,而用HCl溶液滴定NaOH溶液时,则由黄色转变为橙色。酚酞指示剂的变色范围是pH8.0(无色)~10.0(红色),用NaOH溶液滴定HCl溶液时,终点颜色由无色转变为微红色,并保持30s内不褪色。

四、实训内容与步骤

(1) 酸式滴定管的准备　取50mL酸式滴定管一支,其旋塞涂以凡士林,检漏、洗净后,用所配的HCl溶液将滴定管洗涤三次(每次用约10mL),再将HCl溶液直接由试剂瓶倒入管内至刻度"0"以上,排除出口管内气泡,调节管内液面至0.00mL处。

(2) 碱式滴定管的准备　碱式滴定管经安装橡皮管和玻璃珠、检漏、洗净后,用所配的NaOH溶液洗涤三次(每次用约10mL),再将NaOH溶液直接由试剂瓶倒入管内至刻度"0"以上,排除橡皮管内和出口管内的气泡,调节管内液面至0.00mL处。

(3) 移液管的准备　移液管洗净后,以待吸溶液洗涤三次待用。

(4) 酸滴定碱　以甲基橙为指示剂,用HCl溶液滴定NaOH溶液。由碱式滴定管放出20~25mL(读至0.00mL)NaOH溶液于250mL锥形瓶中,放出速度为$10mL \cdot min^{-1}$,加甲基橙指示剂2~3滴,用HCl溶液滴定至溶液刚好由黄色转变为橙色,即为终点。平行测定三次,要求测定的相对平均偏差在0.2%以内。

(5) 碱滴定酸　以酚酞为指示剂,用NaOH溶液滴定HCl溶液。用移液管移取HCl

溶液 25.00mL 于 250mL 锥形瓶中，加酚酞指示剂 2～3 滴，用 NaOH 溶液滴定至呈微红色，并保持 30s 内不褪色，即为终点。平行测定三次，要求测定的相对平均偏差在 0.2% 以内。

五、实训数据处理

1. HCl 滴定 NaOH（甲基橙指示剂）

项　目	第一份	第二份	第三份	平均值
NaOH 的体积/mL	25.00	25.00	25.00	25.00
消耗 HCl 的体积/mL				
偏差/%				
相对平均偏差/%				

2. NaOH 滴定 HCl（甲基橙指示剂）

项　目	第一份	第二份	第三份	平均值
HCl 的体积/mL	25.00	25.00	25.00	25.00
消耗 NaOH 的体积/mL				
偏差/%				
相对平均偏差/%				

思考题

1. 滴定两份相同的试液时，若第一份用去标准溶液约 20mL，在滴定第一份试液时，是继续使用余下的溶液，还是添加标准溶液至滴定管的刻度"0.00"附近后再滴定？哪一种操作正确？
2. 半滴是怎样操作的？什么情况下需操作半滴？
3. 滴定管下端存在气泡有何影响？怎样除去？
4. 分取溶液的量器为什么用原液润洗 2～3 次？当我们把分取的溶液置于锥形瓶之前，锥形瓶需要用原液润洗吗？

附： 滴定管的使用方法

一、准备工作

（一）酸式滴定管的准备

酸式滴定管（简称酸管）是滴定分析中经常使用的一种滴定管。除了强碱溶液外，其他溶液作为滴定液时一般均采用酸管。使用步骤如下。

1. 洗涤

① 用自来水冲洗。

② 用滴定管刷（特制的软毛刷）蘸合成洗涤剂刷洗，但铁丝部分不得碰到管壁（如用泡沫塑料刷代替毛刷更好）。

③ 用前法不能洗净时，可用铬酸洗液洗。为此，加入 5～10mL 洗液，边转动边将滴定管放平，并将滴定管口对着洗液瓶口，以防洗液撒出。洗净后，将一部分洗液从管口放回原瓶，最后打开活塞将剩余的洗液从出口管放回原瓶，必要时可加满洗液进行浸泡。

④ 可根据具体情况采用针对性洗液进行洗涤，如管内壁残存二氧化锰时，可应用草酸、

亚铁盐溶液或过氧化氢加酸溶液进行洗涤。

用各种洗涤剂清洗后，都必须用自来水充分洗净，并将管外壁擦干，以便观察内壁是否挂水珠。

2. 涂油（如凡士林油或真空活塞脂）

① 取下活塞小头处的小橡胶圈，再取出活塞。

② 用吸水纸将活塞和活塞套擦干，并注意勿使滴定管内壁的水再次进入活塞套（将滴定管平放在实训台面上）。

③ 用手指将油脂涂抹在活塞的两头或用手指把油脂涂在活塞的大头和活塞套小口的内侧。油脂涂得要适当。涂得太少，活塞转动不灵活，且易漏水；涂得太多，活塞孔容易被堵塞。油脂绝对不能涂在活塞孔的上下两侧，以免旋转时堵住活塞孔。

④ 将活塞插入活塞套中。插时，活塞孔应与滴定管平行，径直插入活塞套，不要转动活塞，这样避免将油脂挤到活塞孔中。然后向同一方向旋转活塞，直到活塞和活塞套上的油脂层全部透明为止。套上小橡胶圈。

经上述处理后，活塞应转动灵活，油脂层没有纹络。

3. 检漏

用自来水充满至"0"刻度附近，将其放在滴定管架上垂直静置约 2min，观察有无水滴漏下。然后将活塞旋转 180°，再如前检查，如果漏水，应重新涂油。若出口管尖被油脂堵塞，可将它插入热水中温热片刻，然后打开活塞，使管内的水突然流下，将软化的油脂冲出。油脂排除后，即可关闭活塞。

4. 滴定剂的加入

加入滴定剂前，先用蒸馏水洗三次，每次约 10mL。洗时，双手拿滴定管身两端无刻度处，边转动边倾斜滴定管，使水布满全管并轻轻振荡，然后从两端将水放掉。再用摇匀的操作溶液将滴定管洗三次（第一次 10mL，第二、第三次各 5mL），洗法同前。荡洗完毕，装入滴定液至"0"刻度以上，检查滴定管的出口管及旋塞附近是否有气泡，如有气泡，右手拿滴定管上部无刻度处，并使滴定管倾斜约 30°，左手迅速打开活塞使溶液冲出。

（二）碱式滴定管的准备

使用前应检查乳胶管和玻璃珠是否完好。若胶管已老化，玻璃珠过大（不易操作）或过小（漏水），应予更换。

碱管的洗涤方法和酸管相同。在需要用洗液洗涤时，可除去乳胶管，用塑料乳头堵住碱管下口进行洗涤。如必须用洗液浸泡，则将碱管倒夹在滴定管架上，管口插入洗液瓶中，乳胶管处连接抽气泵，用手捏玻璃珠处的乳胶管，吸取洗液，直到充满全管但不接触乳胶管，然后放开手，任其浸泡。浸泡完毕，轻轻捏乳胶管、将洗液缓慢放出。

装入滴定液如有气泡，右手拿滴定管上部无刻度处稍倾斜，左手拇指和食指拿住玻璃珠所在的位置并使乳胶管向上弯曲，出口管斜向上，然后在玻璃珠部位往一旁轻轻捏橡皮管，使溶液从出口管喷出，再一边捏乳胶管一边将乳胶管放直。

二、滴定管的操作方法

进行滴定时，应将滴定管垂直地夹在滴定管架上。如使用的是酸管，左手无名指和小手指向手心弯曲，轻轻地贴着出口管，用其余三指控制活塞的转动（实训图 5-1）。但应注意不要向外拉活塞以免推出活塞造成漏水；也不要过分往里扣，以免造成活塞转动困难，不能操作自如。

实训图 5-1　酸式滴定管的操作　　　　实训图 5-2　碱式滴定管的操作

如使用的是碱管，左手无名指及小手指夹住出口管，拇指与食指在玻璃珠所在部位往一旁（左右均可）捏乳胶管，使溶液从玻璃珠旁空隙处流出（实训图 5-2）。注意：①不要用力捏玻璃珠，也不能使玻璃珠上下移动；②不要捏到玻璃珠下部的乳胶管；③停止滴定时，应先松开拇指和食指，最后再松开无名指和小指。

无论使用哪种滴定管，都必须掌握下面三种加液方法：①逐滴连续滴加；②只加一滴；③使液滴悬而未落，即加半滴。

三、滴定方法

滴定操作一般在锥形瓶内进行，并以白瓷板作背景。

在锥形瓶中进行滴定时，用右手前三指拿住锥形瓶瓶颈，使瓶底离瓷板 2～3 cm。同时调节滴管的高度，使滴定管的下端伸入瓶口约 1cm。左手按前述方法滴加溶液，右手运用腕力摇动锥形瓶，边滴加溶液边摇动。滴定操作中应注意以下几点。

① 摇瓶时，应使溶液向同一方向作圆周运动（左右旋转均可），但勿使瓶口接触滴定管，溶液也不得溅出。

② 滴定时，左手不能离开活塞任其自流。

③ 注意观察溶液落点周围溶液颜色的变化。

④ 开始时，应边摇边滴，滴定速度可稍快，但不能流成"水线"。接近终点时，应改为加一滴，摇几下。最后，每加半滴溶液就摇动锥形瓶，直至溶液出现明显的颜色变化。加半滴溶液的方法如下：微微转动活塞，使溶液悬挂在出口管嘴上，形成半滴，用锥形瓶内壁将其沾落，再用洗瓶以少量蒸馏水吹洗瓶壁。用碱管滴加半滴溶液时，应先松开拇指和食指，将悬挂的半滴溶液沾在锥形瓶内壁上，再放开无名指与小指。

⑤ 每次滴定最好都从 0.00 开始。

⑥ 滴定结束后，滴定管内剩余的溶液应弃去，不得将其倒回原瓶。随即洗净滴定管，并用蒸馏水充满全管，备用。

若在烧杯中进行滴定时，将烧杯放在白瓷板上，调节滴定管的高度，使滴定管下端伸入烧杯内 1cm 左右。滴定管下端应位于烧杯中心的左后方，但不要靠壁过近。右手持搅拌棒在右前方搅拌溶液。在左手滴加溶液的同时，搅拌棒应作圆周搅动，但不得接触烧杯壁和底。

当加半滴溶液时,用搅拌棒下端承接悬挂的半滴溶液,放入溶液中搅拌。注意,搅拌棒只能接触液滴,不能接触滴定管管尖。

四、滴定管的读数

读数时应遵循下列原则。

① 装满或放出溶液后,必须等 30~60s,使附着在内壁的溶液流下来,再进行读数。

② 读数时,滴定管可以夹在滴定管架上,也可以用手拿滴定管上部无刻度处。不管用哪一种方法读数,均应使滴定管保持垂直。

③ 对于无色或浅色溶液,应读取弯月面下缘最低点,读数时,视线应与弯月面下缘实线的最低点相切,即视线与弯月面下缘实线的最低点在同一水平面上。对于有色溶液,应使视线与液面两侧的最高点相切。初读和终读应用同一标准。

④ 必须读到小数点后第二位,即要求估计到 0.01mL。

⑤ 为了协助读数,可将读数卡放在滴定管背后,使黑色部分在弯月面下约 1mm 处,然后读此黑色弯月面下缘的最低点。

⑥ 有一种蓝线衬背的滴定管,它的读数方法(对无色溶液)与上述不同,无色溶液有两个弯月面交于滴定管蓝线的某一点,读数时视线与此点在同一水平面上,对有色溶液读数方法与上述普通滴定管相同。

实训六 盐酸标准溶液的配制和标定

一、实训目的

1. 进一步学习移液管、吸量管、天平的使用方法。
2. 熟练掌握酸碱滴定法中指示剂的选择。

二、实训仪器与试剂

仪器:容量瓶(250mL)、碱式和酸式滴定管、移液管、锥形瓶、洗瓶、分析天平、烧杯、铁架台等。

试剂:硼砂、浓盐酸、0.1%甲基红指示剂。

三、实训原理

常用的酸标准溶液多为盐酸,但盐酸易挥发并且杂质含量较高,故常采用间接法配制成标准溶液,然后用基准物质标定其浓度。常采用硼砂或无水碳酸钠来标定。

(1) 硼砂标定盐酸 它们之间的反应为:

$$Na_2B_4O_7 + 2HCl + 5H_2O = 4H_3BO_3 + 2NaCl$$

硼酸是一种弱酸,当滴定至终点时,溶液的 pH 等于 5,所以采用甲基红作指示剂,标定结果的计算为:

$$c_{HCl} = \frac{2m_{Na_2B_4O_7 \cdot 10H_2O} \times 1000}{M_{Na_2B_4O_7 \cdot 10H_2O} V_{HCl}}$$

式中 $m_{Na_2B_4O_7 \cdot 10H_2O}$ ——称取硼砂的质量,g;

$M_{Na_2B_4O_7 \cdot 10H_2O}$ ——硼砂的摩尔质量，$g \cdot mol^{-1}$；

V_{HCl} ——消耗盐酸的体积，mL；

c_{HCl} ——所求盐酸标准溶液的浓度，$mol \cdot L^{-1}$。

(2) 无水碳酸钠标定盐酸时　它们之间的反应为：

$$Na_2CO_3 + 2HCl = 2NaCl + H_2O + CO_2$$

当达到滴定终点时，溶液的 pH 不等于 7，而是形成饱和碳酸溶液，它的 pH 为 3.9，故用甲基橙作指示剂。标定结果的计算：

$$c_{HCl} = \frac{2m_{Na_2CO_3} \times 1000}{M_{Na_2CO_3} V_{HCl}}$$

式中　$m_{Na_2CO_3}$ ——称取无水碳酸钠的质量，g；

$M_{Na_2CO_3}$ ——无水碳酸钠的摩尔质量，$g \cdot mol^{-1}$；

V_{HCl} ——消耗盐酸的体积，mL；

c_{HCl} ——所求盐酸标准溶液的浓度，$mol \cdot L^{-1}$。

四、实训内容与步骤

(1) HCl 标准溶液的配制　用洁净量筒取 4.3mL 浓 HCl，倒入 500mL 事先已加少量蒸馏水的试剂瓶中，用蒸馏水稀释到 500mL，盖好瓶塞，充分摇匀，备用。

(2) 标定　用差减法准确称取硼砂（$Na_2B_4O_7 \cdot 10H_2O$）3 份，每份重 0.4~0.5g（准确至 0.0001g），分别放入锥形瓶中。加入 30mL 蒸馏水，使之完全溶解（若溶解速度太慢，可稍微加热），滴入 2~3 滴甲基红指示剂。用 HCl 滴定至溶液恰好由黄色变为橙色，平行测定 3 次，记录终点时用去 HCl 的体积。

五、实训数据记录与处理

HCl 标准溶液的标定（硼砂）

项目＼测定次数	1	2	3
$M_{Na_2B_4O_7 \cdot 10H_2O}$			
V_{HCl}			
c_{HCl}			
平均值			
相对偏差			

实训七　测定白醋中醋酸含量

一、实训目的

1. 熟练掌握碱式滴定管、容量瓶、移液管的使用方法和滴定操作技术。

2. 了解强碱滴定弱酸的反应原理及指示剂的选择。

二、实训仪器与试剂

仪器：碱式滴定管（50mL）、锥形瓶（250mL）、容量瓶（250mL）、移液管（25mL）、量筒（100mL）、胶头滴管、铁架台、蝴蝶架、蒸馏水洗瓶、吸耳球。

试剂：NaOH标准溶液（$0.1\ mol \cdot L^{-1}$）、白醋、酚酞指示剂。

三、实训原理

食用醋的主要成分是醋酸（CH_3COOH），醋酸的电离常数 $K_a = 1.8 \times 10^{-5}$，可以用氢氧化钠标准溶液直接滴定，反应式为：

$$NaOH + CH_3COOH = CH_3COONa + H_2O$$

滴定至计量点时 pH 为 8.7，用 NaOH 标准溶液（$0.1\ mol \cdot L^{-1}$）滴定 CH_3COOH 溶液时其 pH 突跃范围为 7.7～9.7，通常选酚酞为指示剂。终点由无色至显淡红色。由于空气中的 CO_2 可使酚酞的红色褪去，故滴至溶液显微红色在 30s 内不褪色为止。

四、实验内容与步骤

1. 样液制备

准确吸取醋样 25.00mL 于 250mL 容量瓶中，以新煮沸并冷却的蒸馏水稀释至刻度，摇匀，备用。

2. 样液分析

准确吸取 25.00mL 样液于三角瓶中，加 25mL 新煮沸并冷却的蒸馏水，加酚酞 2～3 滴，用 NaOH 标准溶液滴定至溶液呈粉红色，30s 内不褪色，即为终点，根据消耗 NaOH 溶液的体积，计算白醋的醋酸含量，醋酸含量以 $g \cdot 100mL^{-1}$ 计。平行测定三次，取平均值。

五、注意事项

① 食醋必须稀释，不能直接滴定。
② 稀释后，如果食醋呈浅黄色且浑浊时，终点颜色略暗。

六、实训数据记录与处理

1. 数据记录

项目 \ 测定次数	1	2	3
样液/mL		25.00mL	
NaOH 终读数/mL			
NaOH 始读数/mL			
V_{NaOH}/mL			
醋酸含量/$g \cdot 100mL^{-1}$			
平均醋酸含量/$g \cdot 100mL^{-1}$			
偏差			
d_r（相对平均偏差）			

2. 结果计算

$$\text{醋酸含量}(g \cdot 100mL^{-1}) = \frac{c_{NaOH} V_{NaOH} M_{CH_3COOH}}{V_{样液}} \quad M_{CH_3COOH} = 60g \cdot mol^{-1}$$

思考题

1. 测定食醋中酸含量时,二氧化碳的存在有何影响?
2. 以 NaOH 溶液滴定 CH_3COOH 溶液,属于哪种滴定?怎样选择指示剂?

实训八　铵盐中氮含量的测定（甲醛法）

一、实训目的

1. 了解酸碱滴定法的应用。
2. 掌握甲醛法测定铵盐中含氮量的方法和原理。

二、实训仪器与试剂

仪器：碱式滴定管（50mL）、锥形瓶（250mL）、容量瓶（250mL）、移液管（25mL）、量筒（100mL）、胶头滴管、铁架台、蝴蝶架、蒸馏水洗瓶、吸耳球。

试剂：NaOH 标准溶液（$0.1 mol \cdot L^{-1}$），酚酞指示剂，铵盐[$(NH_4)_2SO_4$]，40%中性甲醛溶液（此溶液中含有微量酸,必须预先用碱中和至酚酞指示剂呈淡红色后使用,pH约为8.5）。

三、实验原理

铵盐 $(NH_4)_2SO_4$ 和 $(NH_4)_2S$ 是常见的无机化肥,为强酸弱碱盐,可用酸碱滴定法测定其含氮量。由于 NH_4^+ 的酸性太弱（$K_a = 5.6 \times 10^{-10}$）,不能用 NaOH 溶液直接滴定。甲醛与铵盐作用后,可生成等物质的量的酸,反应如下：

$$4NH_4^+ + 6HCHO = (CH_2)_6N_4H^+ + 3H^+ + 6H_2O$$

生成的质子化六亚甲基四胺（$K_a = 7.1 \times 10^{-6}$）和 H^+ 可用 NaOH 标准溶液直接滴定,终点生成的 $(CH_2)_6N_4$ 是弱碱,在化学计量点,溶液的 pH 约为 8.7,故选用酚酞为指示剂,滴定至溶液呈稳定的微红色,即为终点,根据 NaOH 标准溶液的消耗量计算试样中氮的质量分数。

四、实训内容与步骤

准确称取 0.2~0.3g 样品于三角瓶中,加 25mL 蒸馏水使之溶解后,再加 10mL 中性甲醛溶液,摇匀,静置 2~3min,滴加 1~2 滴酚酞指示剂,充分摇匀后静置 1min 使反应完全后,用 NaOH 标准溶液滴定至粉红色,30s 不褪色,即为终点,记录消耗 NaOH 溶液的体积。

平行测定三次,取平均值。

五、注意事项

① 甲醛法只适用于氯化铵、硫酸铵等强酸铵盐中含量的测定。
② 测定前,必须先去除甲醛中的游离酸。

六、实训数据记录与处理

1. 数据记录

项目 \ 测定次数	1	2	3
$m_{试样}/g$			
NaOH 终读数/mL			
NaOH 始读数/mL			
V_{NaOH}/mL			
含氮量/%			
平均含氮量/%			
偏差			
d_r（相对平均偏差）			

2. 结果计算

$$N\% = \frac{c_{NaOH} V_{NaOH} M_N}{m_{样品}} \times 10^{-3} \times 100\% \quad M_N = 14 \text{g} \cdot \text{mol}^{-1}$$

思考题

1. NH_4NO_3、NH_4HCO_3 中的含氮量能否用甲醛法测定？
2. 用 NaOH 标准溶液中和 $(NH_4)_2SO_4$ 样品中的游离酸时，能否选用酚酞作为指示剂？为什么？

实训九 阿司匹林药片中乙酰水杨酸含量的测定

一、实训目的

1. 理解阿司匹林片含量测定的原理和方法。
2. 掌握返滴定法的原理及操作要点。

二、实训仪器与试剂

仪器：分析天平、研钵、碱式滴定管（50mL）、酸式滴定管（50mL）、锥形瓶（250mL）、移液管（20mL）、水浴锅、铁架台、蝴蝶架、蒸馏水洗瓶。

试剂：NaOH 标准溶液（0.1 mol·L^{-1}），HCl 标准溶液（0.1 mol·L^{-1}），阿司匹林片，中性乙醇（对酚酞指示液显中性），酚酞指示剂。

三、实训原理

阿司匹林是常用的解热镇痛抗炎药。根据阿司匹林结构中含有酯键和羧基，阿司匹林片中存在有其他酸类物质（制片时加入的稳定剂枸橼酸或酒石酸；阿司匹林水解产生的水杨酸和醋酸），先用氢氧化钠标准溶液（0.1 mol·L^{-1}）将阿司匹林的羧酸及其他酸类物质的羧基完全中和。再用返滴定法定量，加入定量过量的氢氧化钠标准溶液，加热使酯键发生水解，再用盐酸标准溶液（0.1 mol·L^{-1}）返滴定剩余的氢氧化钠，以求出阿司匹林的含量。

四、实训内容与步骤

将阿司匹林片研细,精密称出片粉适量(约相当于阿司匹林 0.3g)置锥形瓶中。加中性乙醇 20mL,稍微振摇,使阿司匹林溶解。加酚酞指示液 3 滴,用氢氧化钠标准溶液($0.1\ mol \cdot L^{-1}$)迅速滴定至粉红色。再精密加入氢氧化钠标准溶液 40.00mL,置沸水浴上加热 15min,并时时振摇,然后迅速放冷至室温。用盐酸标准溶液($0.1\ mol \cdot L^{-1}$)滴定至红色消失为终点,记录消耗 HCl 标准溶液的体积。平行测定三次,求平均值。

五、注意事项

① 加中性乙醇 20mL 振摇以使阿司匹林溶解,由于片剂中赋形剂的存在,溶液仍显白色浑浊。

② 第一次中和时应迅速,并不可剧烈振摇,否则引起酯键水解,影响测定结果。近终点时,应轻轻振摇中和至溶液呈粉红色,并持续 15s 不褪色为准。长时间振摇由于空气中 CO_2 的影响,红色又消失。

③ 水浴温度应保持在 98~100℃。水温不够或加热时间短均可因水解反应不完全而使含量偏低。

④ 阿司匹林药片不能直接用于滴定。

⑤ 乙酰水杨酸不能采用直接滴定法。

六、实训数据记录与处理

1. 数据记录

测定次数 项目	1	2	3
粉重 $m_{样品}$/g			
HCl 终读数/mL			
HCl 始读数/mL			
V_{HCl}/mL			
乙酰水杨酸含量/%			
平均乙酰水杨酸含量/%			
偏差			
d_r(相对平均偏差)			

2. 结果计算

$$乙酰水杨酸含量(\%) = \frac{\left(c_{NaOH} \times \frac{40}{1000} - c_{HCl}V_{HCl}\right)M_{C_9H_8O_4}}{m_{样品}} \times 100\% \quad M_{C_9H_8O_4} = 180 g \cdot mol^{-1}$$

思考题

1. 在测定药片的检测中,为什么 1mol 乙酰水杨酸消耗 2mol NaOH,而不是 3mol NaOH?回滴后的溶液中,水解产物是什么?

2. 如果测定的是乙酰水杨酸纯品，是否可以采用直接滴定法？

实训十　生理盐水中 NaCl 含量测定

一、实训目的

1. 学习 $AgNO_3$ 标准溶液的配制和标定。
2. 掌握用莫尔法测定可溶性氯化物中 Cl^- 的原理、方法和计算。
3. 学会用 K_2CrO_4 指示剂正确判断滴定终点。

二、实训仪器与试剂

仪器：分析天平、50mL 酸式滴定管、常用玻璃仪器。

试剂：$0.1mol\cdot L^{-1}$ $AgNO_3$ 标准溶液、NaCl 固体、K_2CrO_4 溶液（5％）、生理盐水。

三、实训原理

在中性或弱碱性溶液中（pH6.5～10.5），以 K_2CrO_4 为指示剂，用 $AgNO_3$ 标准溶液进行滴定，由于 AgCl 的溶解度小于 Ag_2CrO_4 的溶解度，所以在滴定过程中 AgCl 先沉淀出来，当 AgCl 定量沉淀后，微过量的 $AgNO_3$ 溶液便与 CrO_4^{2-} 生成砖红色沉淀，指示出滴定的终点。主要反应如下：

$$Ag^+ + Cl^- \rightleftharpoons AgCl\downarrow（白色）$$

$$2Ag^+ + CrO_4^{2-} \rightleftharpoons Ag_2CrO_4\downarrow（砖红色）$$

四、实训内容与步骤

1. $0.1mol\cdot L^{-1}$ $AgNO_3$ 标准溶液的配制和标定

将 NaCl 置于坩埚中，在 500～600 ℃条件下干燥后，放置在干燥器中冷却、备用。

（1）配制　准确称取 1.7g $AgNO_3$，溶解后稀释至 100mL，贮存在棕色玻璃瓶中，置于暗处。

（2）标定　精确称取 0.15～0.2g NaCl 于 250mL 锥形瓶中，加 25mL 水使其溶解，再加 1mL K_2CrO_4 溶液。在不断摇动下，用 $AgNO_3$ 溶液滴定至砖红色即为终点。

记录消耗的 $AgNO_3$ 溶液的体积，平行三次，计算 $AgNO_3$ 溶液的浓度。

$$c_{AgNO_3} = \frac{m_{NaCl}}{M_{NaCl} V_{AgNO_3}}$$

2. 生理盐水中 NaCl 含量的测定

精确移取生理盐水 10.00mL 置于锥形瓶中，加入 1mL K_2CrO_4 溶液，在不断摇动下，用 $AgNO_3$ 标准溶液滴定至砖红色即为终点，记录消耗的 $AgNO_3$ 标准溶液的体积，平行三次，计算生理盐水中 NaCl 的含量。

$$w_{NaCl} = \frac{c_{AgNO_3} V_{AgNO_3} M_{NaCl}}{V_{生理盐水}} \times 100\%$$

五、实训数据记录与处理

1. $AgNO_3$ 标准溶液的标定

项目＼测定次数	1	2	3
精确称取 NaCl 的质量 m_{NaCl}/g			
$AgNO_3$ 溶液的终读数/mL 初读数/mL V_{AgNO_3} 用量/mL			
c_{AgNO_3} /mol·L^{-1}			
平均值/mol·L^{-1}			
相对平均偏差/%			

2. 生理盐水中 NaCl 含量的测定

项目＼测定次数	1	2	3
精确移取生理盐水的体积/mL		10.00	
$AgNO_3$ 标准溶液的终读数/mL 初读数/mL V_{AgNO_3} 用量/mL			
$w_{NaCl}/g·100mL^{-1}$			
平均值/g·100mL^{-1}			
相对平均偏差/%			

思考题

1. K_2CrO_4 指示剂浓度的大小对测定有何影响？
2. 莫尔法测定 Cl^- 时，为什么要在 pH6.5～10.5 的溶液中进行？
3. 为什么配制好的 $AgNO_3$ 溶液贮存在棕色玻璃瓶中，置于暗处？
4. 为什么在滴定过程中需不断摇动？

实训十一　酱油中氯化钠含量的测定

一、实训目的

1. 掌握酱油试样的称量方法。
2. 掌握 $AgNO_3$ 和 NH_4SCN 标准溶液的配制与标定的原理、操作技术及计算。
3. 掌握用佛尔哈德法测定酱油中 NaCl 含量的基本原理、操作技术及计算。

二、实训仪器与试剂

仪器：分析天平、50mL 酸式滴定管、常用玻璃仪器。

试剂：6mol·L^{-1} 和 16mol·L^{-1}（浓）硝酸溶液、0.02mol·L^{-1} $AgNO_3$ 标准溶液、邻苯二甲酸二丁酯、0.02mol·L^{-1} NH_4SCN 标准溶液、NaCl 基本试剂（在 500～600℃灼烧至恒重）。

铁铵矾指示剂（80g·L^{-1}）：称取80g硫酸高铁铵，溶解于少许水中，滴加浓硝酸至溶液几乎无色，用水稀释至100mL，装入试剂瓶中待用。

三、实训原理

用佛尔哈德法测定酱油中NaCl含量时采用返滴定法。在0.1~1 mol·L^{-1}的HNO$_3$介质中，加入过量的AgNO$_3$标准溶液，AgCl定量沉淀后，加入铁铵矾指示剂，用NH$_4$SCN标准溶液滴定过量的AgNO$_3$，微过量的SCN$^-$与指示剂中的Fe^{3+}生成血红色配离子[FeSCN]$^{2+}$，滴定终点到达。

主要反应如下：

$$Ag^+ + Cl^- \rightleftharpoons AgCl\downarrow（白色）$$

$$Ag^+ + SCN^- \rightleftharpoons AgSCN\downarrow（白色）$$

$$Fe^{3+} + SCN^- \rightleftharpoons [FeSCN]^{2+}（红色）$$

四、实训内容与步骤

1. 0.02mol·L^{-1} AgNO$_3$标准溶液的配制

准确称取1.7g AgNO$_3$固体，用不含Cl$^-$蒸馏水溶解后稀释至500mL。也可以取0.1mol·L^{-1} AgNO$_3$溶液100mL稀释至500mL，摇匀，贮存在棕色玻璃瓶中，置于暗处，待标定。

2. 0.02mol·L^{-1} NH$_4$SCN标准溶液的配制

取0.1mol·L^{-1} NH$_4$SCN溶液100mL稀释至500mL，摇匀，贮存在试剂瓶中，待标定。

3. 佛尔哈德法标定AgNO$_3$溶液和NH$_4$SCN溶液

（1）AgNO$_3$溶液和NH$_4$SCN溶液体积比K的测定　由滴定管准确放出20~25mL（V_1）AgNO$_3$溶液于锥形瓶中，加入5mL的6mol·L^{-1} HNO$_3$溶液，加1mL铁铵矾指示剂，在剧烈振摇下，用NH$_4$SCN溶液滴定至出现淡红色并继续振摇不再消失为止，记录消耗NH$_4$SCN溶液的体积（V_2），计算1mL NH$_4$SCN溶液相当于AgNO$_3$溶液的毫升数（K）。

$$K = \frac{V_1}{V_2}$$

（2）用佛尔哈德法标定AgNO$_3$溶液　精确称取0.25~0.3g基准NaCl，用水溶解移入250mL容量瓶中，稀释定容。精确移取25.00mL于锥形瓶中，加6mol·L^{-1}硝酸溶液5mL，在剧烈振摇下，由滴定管准确放出45~50mL（V_3）AgNO$_3$溶液于锥形瓶中，此时生成AgCl沉淀，加入铁铵矾指示剂1mL，邻苯二甲酸二丁酯5mL，用NH$_4$SCN溶液滴定至出现淡红色并继续振摇不再消失为终点，记录消耗NH$_4$SCN标准溶液的体积（V_4）。

4. 酱油中NaCl含量的测定

准确称取酱油样品5.00g于250mL中，加水稀释至刻度，摇匀。

准确移取上述酱油稀释液10.00mL置于锥形瓶中，加水50mL，6mol·L^{-1}硝酸溶液15mL及0.02mol·L^{-1} AgNO$_3$标准溶液25.00mL，待出现白色沉淀后加入铁铵矾指示剂，再加邻苯二甲酸二丁酯5mL，强烈振摇。用NH$_4$SCN 0.02mol·L^{-1}标准溶液滴定至血红色即为终点，记录消耗NH$_4$SCN标准溶液的体积。

五、实训数据记录与处理

1. $AgNO_3$ 溶液和 NH_4SCN 溶液体积比 K 的计算

项目 \ 测定次数	1	2	3
$AgNO_3$ 体积 V_1/mL			
NH_4SCN 溶液的终读数/mL			
NH_4SCN 溶液的初读数/mL			
NH_4SCN 溶液的用量/mL			
$AgNO_3$ 溶液和 NH_4SCN 溶液体积比 $K=V_1/V_2$			
平均值			
相对平均偏差/%			

2. $AgNO_3$ 标准溶液的标定及 NH_4SCN 标准溶液的浓度

项目 \ 测定次数	1	2	3
$AgNO_3$ 体积 V_1/mL			
NH_4SCN 溶液的终读数/mL			
NH_4SCN 溶液的初读数/mL			
NH_4SCN 溶液的体积/mL			
$AgNO_3$ 溶液的浓度/mol·L^{-1}			
平均值/mol·L^{-1}			
相对平均偏差/%			
NH_4SCN 标准溶液的浓度/mol·L^{-1}			

（1）$AgNO_3$ 溶液的浓度计算

$$c_{AgNO_3} = \frac{m_{NaCl} \times \frac{25}{250}}{M_{NaCl}(V_3 - V_4 K) \times 10^{-3}}$$

式中 c_{AgNO_3}——$AgNO_3$ 标准滴定溶液的浓度，mol·L^{-1}；

m_{NaCl}——基准物的称样量，g；

M_{NaCl}——NaCl 的摩尔质量，g·mol^{-1}；

V_3——标定 $AgNO_3$ 溶液时加入的 $AgNO_3$ 标准溶液的体积，mL；

V_4——标定 $AgNO_3$ 溶液时滴入的 NH_4SCN 标准溶液的体积，mL；

K——$AgNO_3$ 溶液和 NH_4SCN 溶液的体积比。

（2）NH_4SCN 溶液的浓度计算

$$c_{NH_4SCN} = c_{AgNO_3} K$$

式中 c_{NH_4SCN}——NH_4SCN 标准溶液的浓度，mol·L^{-1}；

c_{AgNO_3}——$AgNO_3$ 标准滴定溶液的浓度，mol·L^{-1}；

K——$AgNO_3$ 溶液和 NH_4SCN 溶液的体积比。

3. 酱油中 NaCl 含量的测定

项目 \ 测定次数	1	2	3
酱油样品稀释溶液体积/mL	10.00	10.00	10.00
$AgNO_3$ 溶液的体积/mL	25.00	25.00	25.00
NH_4SCN 溶液的终读数/mL			
NH_4SCN 溶液的初读数/mL			
NH_4SCN 溶液的体积/mL			
NaCl 的含量/%			
平均值/%			
相对平均偏差/%			

$$w_{NaCl} = \frac{(c_{AgNO_3}V_{AgNO_3} - c_{NH_4SCN}V_{NH_4SCN}) \times M_{NaCl} \times 10^{-3}}{5.00 \times \frac{10}{250}} \times 100\%$$

或

$$w_{NaCl} = \frac{(c_{AgNO_3}V_{AgNO_3} - KV_{NH_4SCN}) \times M_{NaCl} \times 10^{-3}}{5.00 \times \frac{10}{250}} \times 100\%$$

式中 w_{NaCl}——NaCl 的质量分数，%；

c_{AgNO_3}——$AgNO_3$ 标准滴定溶液的浓度，$mol \cdot L^{-1}$；

c_{NH_4SCN}——NH_4SCN 标准溶液的浓度，$mol \cdot L^{-1}$；

V_{AgNO_3}——测定试样时加入的 $AgNO_3$ 标准滴定溶液的体积，mL；

V_{NH_4SCN}——测定试样时加入的滴加消耗 NH_4SCN 标准滴定溶液的体积，mL；

M_{NaCl}——NaCl 的摩尔质量，$g \cdot mol^{-1}$；

K——$AgNO_3$ 溶液和 NH_4SCN 溶液的体积比。

思考题

1. 佛尔哈德测定 Cl^- 时，为什么要在酸性条件下进行？
2. 佛尔哈德测定 Cl^- 时，为什么加入邻苯二甲酸二丁酯有机溶剂，并强烈振摇；如果测定 Br^- 或 I^- 时是否需要加入，为什么？

实训十二　过氧化氢含量的测定——高锰酸钾法

一、实训目的

1. 掌握高锰酸钾标准溶液的配制和标定方法。
2. 学习高锰酸钾法测定过氧化氢含量的方法。

二、实训仪器与试剂

仪器：台秤（0.1g）、天平（0.1mg）、试剂瓶（棕色）、酸式滴定管（棕色，50mL）、锥形瓶（250mL）、移液管（10mL、25mL）。

试剂：H_2SO_4（$3mol \cdot L^{-1}$）、$KMnO_4$（s）、$Na_2C_2O_4$（s，AR.）、双氧水样品（工业）。

三、实训原理

H_2O_2 是医药、卫生行业上广泛使用的消毒剂，它在酸性溶液中能被 $KMnO_4$ 定量氧化而生成氧气和水，其反应如下：

$$5H_2O_2 + 2MnO_4^- + 6H^+ = 2Mn^{2+} + 8H_2O + 5O_2$$

滴定在酸性溶液中进行，反应时锰的氧化数由 +7 变到 +2。开始时反应速率慢，滴入的 $KMnO_4$ 溶液褪色缓慢，待 Mn^{2+} 生成后，由于 Mn^{2+} 的催化作用加快了反应速率。

生物化学中，也常利用此法间接测定过氧化氢酶的活性。在血液中加入一定量的 H_2O_2，由于过氧化氢酶能使过氧化氢分解，作用完后，在酸性条件下用标准 $KMnO_4$ 溶液滴定剩余的 H_2O_2，就可以了解酶的活性。

四、实训内容与步骤

1. $KMnO_4$ 溶液（$0.02mol \cdot L^{-1}$）的配制

称取 1.7g 左右的 $KMnO_4$ 放入烧杯中，加水 500mL 使其溶解后，转入棕色试剂瓶中。放置 7~10 天后，用玻璃砂芯漏斗过滤。残渣和沉淀则倒掉。把试剂瓶洗净，将滤液倒回瓶内，待标定。

2. $KMnO_4$ 溶液的标定

精确称取 0.15~0.20g 预先干燥过的 $Na_2C_2O_4$ 三份，分别置于 250mL 锥形瓶中，各加入 40mL 蒸馏水和 10mL $3.0mol \cdot L^{-1}$ H_2SO_4，水浴上加热至约 75~85℃。趁热用待标定的 $KMnO_4$ 溶液进行滴定，开始时，滴定速度宜慢，在第一滴 $KMnO_4$ 溶液滴入后，不断摇动溶液，当紫红色褪去后再滴入第二滴。溶液中有 Mn^{2+} 产生后，滴定速度可适当加快，近终点时，紫红色褪去很慢，应减慢滴定速度，同时充分摇动溶液。当溶液呈现微红色并在 0.5min 不褪色，即为终点。计算 $KMnO_4$ 溶液的浓度。滴定过程要保持温度不低于 60℃。

3. H_2O_2 含量的测定

用移液管吸取 5.00mL 双氧水样品（H_2O_2 含量约 5%），置于 250mL 容量瓶中，加水稀释至标线，混合均匀。

吸取 25mL 上述稀释液三份，分别置于三个 250mL 锥形瓶中，各加入 5mL $3.0mol \cdot L^{-1}$ H_2SO_4，用 $KMnO_4$ 标准溶液滴定。计算样品中 H_2O_2 的含量。

五、实训记录与数据处理

$KMnO_4$ 标准溶液浓度 $mol \cdot L^{-1}$		
混合液体积/mL		
滴定初始读数 V_1/mL		
第一终点读数 V_2/mL		
$V_1 - V_2$/mL		
$\overline{V_1 - V_2}$/mL		
$c_{H_2O_2}$/g·L^{-1}		

思考题

1. 用 $KMnO_4$ 滴定法测定双氧水中 H_2O_2 的含量，为什么要在酸性条件下进行？能否用 HNO_3 或 HCl 代替 H_2SO_4 调节溶液的酸度？

2. 用 $KMnO_4$ 溶液滴定双氧水时,溶液能否加热?为什么?
3. 为什么本实训要把市售双氧水稀释后才进行滴定?
4. 本实训过滤用玻璃砂漏斗,能否用定量滤纸过滤?
5. 用 $Na_2C_2O_4$ 标定 $KMnO_4$ 溶液浓度时,酸度过高或过低有无影响?溶液的温度对滴定有无影响?
6. 配制 $KMnO_4$ 溶液时为什么要把 $KMnO_4$ 水溶液煮沸?配好的 $KMnO_4$ 溶液为什么要过滤后才能使用?
7. 如果是测定工业品 H_2O_2,一般不用 $KMnO_4$ 法,请你设计一个更合理的实训方案。

实训十三 果蔬中维生素 C 含量测定

一、实训目的

1. 掌握碘标准溶液的配制和标定方法。
2. 了解直接碘量法测定抗坏血酸的原理和方法。

二、实训仪器与试剂

仪器:研钵、移液管、锥形瓶、酸式滴定管。

药品:CH_3COOH(2mol·L^{-1})、淀粉溶液(0.2%)、$Na_2S_2O_3$ 标准溶液(约 0.01mol·L^{-1})、固体维生素 C 片剂、$K_2Cr_2O_7$ 标准溶液(约 0.020mol·L^{-1})、KIO_3 标准溶液(约 0.002mol·L^{-1})、果蔬样品(如西红柿、橙子、草莓等)、KI 溶液(约 25%)。

三、实训原理

维生素 C 又称抗坏血酸,分子式为 $C_6H_8O_6$。维生素 C 具有还原性,可被 I_2 定量氧化,因而可用 I_2 标准溶液直接滴定。其滴定反应式为:$C_6H_8O_6+I_2 =\!=\!= C_6H_6O_6+2HI$。用直接碘量法可测定药片、注射液、饮料、蔬菜、水果等中的维生素 C 含量。

由于维生素 C 的还原性很强,较易被溶液和空气中的氧氧化,在碱性介质中这种氧化作用更强,因此滴定宜在酸性介质中进行,以减少副反应的发生。考虑到 I^- 在强酸性溶液中也易被氧化,故一般选在 pH=3~4 的弱酸性溶液中进行滴定。

四、实训内容与步骤

1. I_2 溶液的配制与标定

(1) 配制 I_2 溶液(约 0.05mol·L^{-1}) 称取 3.3g I_2 和 5g KI,置于研钵中,加少量水,在通风橱中研磨。待 I_2 全部溶解后,将溶液转入棕色试剂瓶中,加水稀释至 250mL,充分摇匀,放暗处保存。

(2) 标定 用移液管移取 25.00mL $Na_2S_2O_3$ 标准溶液于 250mL 锥形瓶中,加 50mL 蒸馏水,5mL 0.2%淀粉溶液,然后用 I_2 溶液滴定至溶液呈浅蓝色,30s 内不褪色即为终点。平行标定三份,计算 I_2 溶液的浓度。

2. 维生素 C 片剂中维生素 C 含量的测定

准确称取约 0.2g 研碎了的维生素 C 药片,置于 250mL 锥形瓶中,加入 100mL 新煮沸过并冷却的蒸馏水,10mL 2mol·L^{-1} CH_3COOH 溶液和 5mL 0.2%淀粉溶液,立即用 I_2 标准溶液滴定至出现稳定的浅蓝色,且在 30s 内不褪色即为终点,记下消耗的 I_2 溶液体积。平行滴定三份,计算试样中抗坏血酸的质量分数。

3. 果蔬样品中维生素 C 含量的测定

用 100mL 干燥小烧杯准确称取 50g 左右绞碎了的果蔬样品（如草莓，用绞碎机打成糊状），将其转入 250mL 锥形瓶中，用水冲洗小烧杯 1～2 次。向锥形瓶中加入 10mL 2mol·L^{-1} CH_3COOH，20mL 25% KI 溶液和 5mL 1% 淀粉溶液，然后用 KIO_3 标准溶液滴定至试液由红色变为蓝紫色即为终点，计算维生素 C 的含量（1mg·$100g^{-1}$）。

五、实训数据记录与处理

测定次数 项目	1	2	3
样品质量/g			
滴定 I_2 溶液终点读数/mL			
滴定 I_2 溶液初始读数/mL			
消耗 I_2 溶液体积/mL			
维生素 C 含量/%			
维生素 C 平均含量/%			
相对平均偏差/%			

按下式进行计算：

$$w_{维生素C}=\frac{c_{I_2}V_{I_2}M_{维生素C}}{m_{样品}}\times 100\%$$

式中　$w_{维生素C}$——维生素 C 的质量分数；

　　　c_{I_2}——I_2 标准溶液的浓度，mol·L^{-1}；

　　　V_{I_2}——消耗碘的体积，mL；

　　　$m_{样品}$——样品的质量。

思考题

1. 溶解 I_2 时，加入过量 KI 的作用是什么？
2. 维生素 C 固体试样溶解时为何要加入新煮沸并冷却的蒸馏水？
3. 碘量法的误差来源有哪些？应采取哪些措施减小误差？

实训十四　高锰酸钾法测定钙的含量

一、实训目的

1. 掌握用 $KMnO_4$ 法测定钙的原理、步骤和操作技术。
2. 了解用沉淀分离法消除杂质的干扰。
3. 学会沉淀、过滤、洗涤和消化法处理样品的操作技术。

二、实训仪器与试剂

仪器：台秤、分析天平、小烧杯、大烧杯（1000mL）、瓷研钵、移液管、棕色细口瓶、洗瓶、电磁搅拌器、称量瓶、锥形瓶（3 个）、量筒、酸式滴定管、洗耳球、电炉。

试剂：硝酸、高氯酸、甲基红指示剂（0.1%）、乙酸溶液（1∶4）、氨水（1∶4）、4%（NH_4）$_2C_2O_4$ 溶液、H_2SO_4 溶液（1.0mol·L^{-1}）、$KMnO_4$（0.020mol·L^{-1} $KMnO_4$ 标准溶液）待测样品。

三、实训原理

钙是人体健康不可缺少的重要元素,各种食品或多或少含有钙元素。利用 $KMnO_4$ 法测定钙的含量,只能采用间接法测定。将样品用酸处理成溶液,使 Ca^{2+} 溶解在溶液中。Ca^{2+} 在一定条件下与 $C_2O_4^{2-}$ 作用,形成白色 CaC_2O_4 沉淀。过滤洗涤后再将 CaC_2O_4 沉淀溶于热的稀 H_2SO_4 中。用 $KMnO_4$ 标准溶液滴定与 Ca^{2+} 1:1 结合的 $C_2O_4^{2-}$ 含量。其反应式如下:

$$Ca^{2+} + C_2O_4^{2-} = CaC_2O_4 \downarrow$$
$$CaC_2O_4 + 2H^+ = 2Ca^{2+} + H_2C_2O_4$$
$$5H_2C_2O_4 + 2MnO_4^- + 6H^+ = 2Mn^{2+} + 10CO_2 \uparrow + 8H_2O$$

沉淀 Ca^{2+} 时,为了得到易于过滤和洗涤的粗晶型沉淀,必须很好地控制沉淀的条件。通常是在含 Ca^{2+} 的酸性溶液中加入足够使 Ca^{2+} 沉淀完全的 $(NH_4)_2C_2O_4$ 沉淀剂。由于酸性溶液中 $C_2O_4^{2-}$ 大部分是以 $HC_2O_4^-$ 形式存在,这样会影响 CaC_2O_4 的生成。所以在加入沉淀剂后必须慢慢滴加氨水,使溶液中 H^+ 逐渐被中和,$C_2O_4^{2-}$ 浓度缓慢地增加,这样就易得到 CaC_2O_4 粗晶型沉淀。沉淀完毕,溶液 pH 值还在 3.5~4.5,既可防止其他难溶性钙盐的生成,又不致使 CaC_2O_4 溶解度太大。加热 0.5h 使沉淀陈化(陈化的过程中小颗粒晶体溶解,大颗粒晶体长大)。过滤后,沉淀表面吸附的 $C_2O_4^{2-}$ 必须洗净,否则分析结果偏高。为了减少 CaC_2O_4 在洗涤时的损失,先用稀 $(NH_4)_2C_2O_4$ 溶液洗涤,然后再用微热的蒸馏水洗到不含 $C_2O_4^{2-}$ 时为止。将洗净的 CaC_2O_4 沉淀溶解于稀 H_2SO_4 中,加热至 75~85℃,用 $KMnO_4$ 标准溶液滴定。

四、实训内容与步骤

1. 混合酸的制备

将 1 体积的高锰酸钾缓缓加入到 4 体积硝酸中,混合均匀。

2. $0.020mol \cdot L^{-1}$ $KMnO_4$ 标准溶液的制备和标定

(参照实训十二)。

3. 试样溶液的制备

将待测样品试样在瓷研钵中研细后,用电子分析天平准确称取 1g(准确至 0.0001g)于 250mL 烧杯中,加少量水润湿后,加入 25mL 混合酸消化液,置于电炉上加热消化。如未消化好而酸液过少时,取下放冷后再补加几毫升混合酸消化液,继续加热消化,直至无色透明为止。加 20mL 蒸馏水,加热以除去多余的硝酸。待烧杯中的液体接近 2~3mL 时,取下冷却。用蒸馏水洗涤并转移至 100mL 容量瓶中,加蒸馏水定容到刻度。取与消化样品相同量的混合酸消化液,按上述操作做空白实验测定。

4. 样品的测定

用移液管准确移取上述 5mL 消化液,置于 15mL 离心管中,加 1 滴 0.1% 甲基红指示剂、1mL 4% $(NH_4)_2C_2O_4$ 溶液、0.5mL 乙酸溶液,用氨水溶液调节至微黄色,再用乙酸调节至微红色。静置 0.5h 以上,使沉淀全部析出。将沉淀离心 15min(3000r·min^{-1}),小心倾去上清液,用碎片滤纸擦去管边上的溶液,倒置于滤纸上,使溶液流尽。然后加 4mL 1.0mol·L^{-1} 硫酸溶液于离心管中,转移到 250mL 锥形瓶中,用 50mL 水清洗离心管,合并于锥形瓶中,摇匀,置于电磁搅拌器上加热到 70~80℃,使沉淀溶解。用 0.020mol·L^{-1} $KMnO_4$ 标准溶液滴定至微红色且 30s 内不褪色为止。记录高锰酸钾标准溶液消耗量。

五、数据处理

$$w_{Ca} = \frac{\frac{5}{2} \times c(V - V_0) \times 10^3 M_{Ca}}{m \times \frac{V_1}{V_2}} \times 100\%$$

式中　c——高锰酸钾标准溶液浓度，$mol \cdot L^{-1}$；

V——样品消耗高锰酸钾标准溶液体积，mL；

V_1——用于测定的样品溶液体积，mL；

V_2——样品溶液定容总体积，mL；

m——样品质量，g；

M_{Ca}——钙的摩尔质量，$g \cdot mol^{-1}$。

六、注意事项

① $KMnO_4$ 标准溶液不稳定，使用时注意浓度变化。控制酸度在 pH4，酸度高时 CaC_2O_4 沉淀不完全。控制温度在 60～75℃进行滴定。

② 本实训过程长、繁，为使测定结果准确，几份（一般是 2～3 份）沉淀的制作、过滤、洗涤及测定，都应在相同条件下平行操作。

思考题

1. 沉淀 CaC_2O_4 时，为什么要采用先在酸性溶液中加入沉淀剂 $(NH_4)_2C_2O_4$，而后滴加氨水中和的方法使沉淀析出？中和时为什么选用甲基红作指示剂？
2. 盛接滤液的烧杯是否应洗净？为什么？
3. 实训中为何要做空白试验？不做，对实训结果有何影响？

实训十五　牛乳中钙含量的测定

一、实训目的

1. 了解牛乳钙含量的检测方法及其表示。
2. 了解配位滴定法的原理及方法。

二、实训仪器与试剂

仪器：移液管（25mL）、锥形瓶（250mL）、滴定管。

试剂：EDTA 标准溶液（$0.02mol \cdot L^{-1}$）、NaOH（20%）、铬蓝黑 R（0.5%）、三乙醇胺。

三、实训原理

测定牛奶中的钙采取配位滴定法，用二乙胺四乙酸二钠盐（EDTA）溶液滴定牛奶中的钙。用 EDTA 测定钙，一般在 pH＝12～13 的碱性溶液中，以钙试剂（铬蓝黑 R）为指示剂，计量点前钙与钙试剂形成粉红配合物，当用 EDTA 溶液滴定至计量点时，游离出指示剂，溶液呈现蓝色。

滴定时 Fe^{3+}、Al^{3+} 干扰时用三乙醇胺掩蔽。

四、实训内容与步骤

（一）EDTA 标准溶液的配置与标定

1. EDTA 溶液的配制

称取 4.0g 乙二胺四乙酸二钠于 500mL 烧杯中，加 200mL 水，温热使其完全溶解，转入至聚乙烯瓶中，用水稀释至 500mL，摇匀。

2. 以 $CaCO_3$ 为基准物质标定 EDTA

（1）配制 $0.020mol \cdot L^{-1}$ 钙标准溶液　准确称取 0.5～0.55g 碳酸钙于 250mL 烧杯中，用少量水稀释，盖上表面皿，慢慢滴加 1：1 的 HCl 5mL，加少量水稀释，定量转移至 250mL 容量瓶中，稀释至刻度，摇匀。

（2）EDTA 溶液的标定　用移液管移取 25.00mL 标准钙溶液于 250mL 锥形瓶中，加入约 25mL 水，10mL 10% NaOH 溶液及约 10mg（米粒大小）钙指示剂，摇匀后，用 EDTA 溶液滴定至溶液从红色变为蓝色，即为终点。平行测定三分。

（二）钙含量的测定

准确移取牛乳试样 25.00mL 三份分别加入 250mL 锥形瓶中，加入蒸馏水 25mL，加入 2mL 20% NaOH 溶液，摇匀，再加入 10～15 滴钙指示剂，用标准 EDTA 滴定至溶液由粉红色至明显纯蓝色，即为终点，平行测定三次，计算牛奶中的含钙量，以每 100mL 牛奶含钙的毫克数表示。重复做三次。根据 EDTA 标准溶液的浓度和用量，计算牛奶中的含钙量（以每 100mL 牛奶含钙的毫克数表示）。

$$m_{Ca} = \frac{c_{EDTA} V_{EDTA} \times 40.08}{25.00} \times 100$$

五、实训数据记录与处理

1. EDTA 标准溶液的标定

项目　　　　测定次数	1	2	3
m_{CaCO_3}/g			
V_{CaCO_3}/mL			
V_{NaOH} 终读数/mL			
V_{NaOH} 初读数/mL			
V_{NaOH}/mL			
$c_{EDTA}/mol \cdot L^{-1}$			

2. 钙含量的测定

项目　　　　测定次数	1	2	3
V_{NaOH} 终读数/mL			
V_{NaOH} 初读数/mL			
V_{NaOH}/mL			
$V_{牛奶试样}/mL$			
含钙量/$mg \cdot 100mL^{-1}$			
$\lvert d_i \rvert$			
相对平均偏差/%			

实训十六　自来水总硬度的测定

一、实训目的

1. 了解配合滴定法的原理及其应用。
2. 掌握配合滴定法中的直接滴定法，学会用配位滴定法测定水的总硬度。
3. 掌握 EDTA 标准溶液的配制与标定的原理。
4. 了解标定 EDTA 所用指示剂的性质和使用的条件。
5. 掌握用 $CaCO_3$ 标定 EDTA 的方法。

二、实训仪器与试剂

仪器：烘箱、电子天平、酸式滴定管、移液管、锥形瓶、量筒等。

试剂：乙二胺四乙酸二钠（AR）、$CaCO_3$（基准试剂）、三乙醇胺（1∶1）、1∶1 HCl、Mg^{2+}-EDTA 溶液、10% NaOH、pH≈10 的 $NH_3 \cdot H_2O$-NH_4Cl 缓冲溶液、铬黑 T 指示液、水样。

三、实训原理

1. 自来水总硬度的测定

水的硬度主要由于水中含有钙盐和镁盐，其他金属离子如铁、铝、锰、锌等离子也形成硬度，但一般含量甚少，测定工业用水总硬度时可忽略不计。测定水的硬度常采用配位滴定法，用乙二胺四乙酸二钠盐（EDTA）的标准溶液滴定水中 Ca、Mg 总量，然后换算为相应的硬度单位〔我国采用 $mmol \cdot L^{-1}$ 或 $mg \cdot L^{-1}$（$CaCO_3$）为单位表示水的硬度〕。按国际标准方法测定水的总硬度：在 pH 10 的 NH_3-NH_4Cl 缓冲溶液中，以铬黑 T（EBT）为指示剂，用 EDTA 标准溶液滴定至溶液由紫红色变为纯蓝色即为终点。滴定过程反应如下。

（1）指示剂　铬黑 T（EBT）

$$pH<6.3(紫)；\quad pH\ 6.3\sim11.5(蓝)；\quad pH>11.5(橙)$$

（2）滴定过程颜色变化

滴定前　　　　　　　　　EBT + Mg^{2+} == Mg-EBT
　　　　　　　　　　　　（蓝色）　　　　（紫红色）

滴定时　　　　　　　　　EDTA + Ca^{2+} == Ca-EDTA
　　　　　　　　　　　　　　　　　　　　（无色）

　　　　　　　　　　　　EDTA + Mg^{2+} == Mg-EDTA
　　　　　　　　　　　　　　　　　　　　（无色）

终点时　　　　　　　　　EDTA + Mg-EBT == Mg-EDTA + EBT
　　　　　　　　　　　　　　　（紫红色）　　　（蓝色）

到达计量点时，呈现游离指示剂的纯蓝色。

（3）终点颜色变化　（紫红色）→（蓝色）

（4）干扰离子的掩蔽　若水样中存在 Fe^{3+}、Al^{3+} 等微量杂质时，可用三乙醇胺进行掩蔽，Cu^{2+}、Pb^{2+}、Zn^{2+} 等重金属离子可用 Na_2S 或 KCN 掩蔽。

（5）水硬度的表示　各国对水硬度表示的方法尚未统一，我国生活饮用水卫生标准中规定硬度（以 $CaCO_3$ 计）不得超过 $450mg \cdot L^{-1}$。除了生活饮用水，我国目前水硬度表示方法还是用 mmol·L^{-1}（CaCO$_3$）表示。

德国：CaO 10mg·L^{-1}或 0.178mmol·L^{-1}。
英国：CaCO$_3$ 格令/英仑或 0.143mmol·L^{-1}。
法国：CaCO$_3$ 10mg·L^{-1}或 0.1mmol·L^{-1}。
美国：CaCO$_3$ 1mg·L^{-1}或 0.01mmol·L^{-1}。

(6) 分别测定钙、镁硬度　可控制 pH 介于 12～13 之间（此时，氢氧化镁沉淀），选用钙指示剂进行测定。镁硬度可由总硬度减去钙硬度求出。

2. EDTA 的标定

EDTA 标准溶液常采用间接法配制，由于 EDTA 与金属形成 1∶1 配合物，因此标定 EDTA 溶液常用的基准物是一些金属以及它们的氧化物和盐，如 Zn、ZnO、CaCO$_3$、Bi、Cu、MgSO$_4$·7H$_2$O、Ni、Pb、ZnSO$_4$·7H$_2$O、等。为了减小系统误差，本实训选用 CaCO$_3$ 为基准物，在 pH＝10 的 NH$_3$-NH$_4$Cl 缓冲溶液中，以铬黑 T 为指示剂，进行标定（标定条件与测定条件一致）。用待标定的 EDTA 溶液滴至溶液由紫红色变为纯蓝色即为终点。

滴定前　　　　　EBT ＋ Mg^{2+}-EDTA ══ Mg-EBT ＋ EDTA
　　　　　　　　（蓝色）　　　　　　　（紫红色）

滴定时　　　　　　　　EDTA ＋ Ca^{2+} ══ Ca-EDTA
　　　　　　　　　　　　　　　　　　　　（无色）

终点时　　　　　EDTA ＋ Mg-EBT ══ Mg-EDTA ＋ EBT
　　　　　　　（紫红色）　　　　　（无色）　　（蓝色）

$$K_{稳(Ca\text{-}EDTA)} > K_{稳(Mg\text{-}EDTA)} > K_{稳(Mg\text{-}EBT)} > K_{稳(Ca\text{-}EBT)}$$

四、实训内容与步骤

1. 0.01mol·L^{-1} EDTA 标准溶液的配制和标定

(1) 配制　在台秤上称取 2g EDTA 于烧杯中，用少量水加热溶解，冷却后转入 500mL 聚乙烯塑料瓶中加去离子水稀释至 500mL。

(2) 标定　准确称取 CaCO$_3$ 基准物 0.25g，置于 100mL 烧杯中，用少量水先润湿，盖上表面皿，慢慢滴加 1∶1 HCl 5mL，待其全部溶解后，加去离子水 50mL，微沸数分钟以除去 CO$_2$，冷却后用少量水冲洗表面皿及烧杯内壁，定量转移入 250mL 容量瓶中，用水稀释至刻度，摇匀。移取 25.00mL Ca^{2+} 标准溶液于 250mL 锥形瓶中（加 1 滴甲基红，用氨水中和至溶液由红变黄。氨性缓冲溶液若缓冲容量够，此步可省略），加入 20mL 水和 5mL Mg^{2+}-EDTA 溶液，再加入 10mL 氨性缓冲溶液，3 滴铬黑 T 指示剂，立即用待标定的 EDTA 溶液滴定至溶液由紫红色（酒红色）变为纯蓝色（紫蓝色），即为终点。平行标定三次，计算 EDTA 溶液的准确浓度。

2. 自来水总硬度的测定

移取水样 100.0mL 于 250mL 锥形瓶中，加入 1～2 滴 1∶1 HCl 微沸数分钟以除去 CO$_2$，冷却后，加入 3mL 1∶1 三乙醇胺（若水样中含有重金属离子，则加入 1mL 2% Na$_2$S 溶液掩蔽），5mL 氨性缓冲溶液，2～3 滴铬黑 T（EBT）指示剂，EDTA 标准溶液滴定至溶液由紫红色变为纯蓝色，即为终点。注意接近终点时应慢滴多摇。平行测定三次，计算水的总硬度，以 mg·L^{-1}（CaCO$_3$）表示分析结果。

五、实训数据记录与处理

项目 \ 测定次数	1	2	3
EDTA 的浓度/mol·L^{-1}			
移取水试样体积/mL			
V_1/mL			
V_2/mL			
水硬度			
水平均硬度			
相对偏差/%			
相对平均偏差/%			

用下列公式进行计算：

$$总硬度 = \frac{c_{EDTA} V_{EDTA} M_{CaO}}{V_{水样} \times 10} mg \cdot L^{-1}$$

$$\rho_{Ca} = \frac{c_{EDTA} V_1 M_{Ca^{2+}}}{V_{水样}}$$

$$\rho_{Mg} = \frac{c_{EDTA}(V_1 - V_2) M_{Mg^{2+}}}{V_{水样}}$$

思考题

1. 铬黑 T 指示剂是怎样指示滴定终点的？
2. 配位滴定中为什么要加入缓冲溶液？
3. 用 EDTA 法测定水的硬度时，哪些离子的存在有干扰？如何消除？
4. 配位滴定与酸碱滴定法相比，有哪些不同点？操作中应注意哪些问题？
5. 本节所使用的 EDTA，应该采用何种指示剂标定？最适当的基准物质是什么？

实训十七　复方氢氧化铝药片中铝镁含量的测定

一、实训目的

1. 掌握返滴定法的应用。
2. 学会沉淀分离的操作方法。

二、实训仪器与试剂

仪器：烧杯、锥形瓶（250mL）、滴定管、漏斗、移液管（25mL）。

试剂：EDTA 溶液（0.01mol·L^{-1}）、锌标准溶液（0.01mol·L^{-1}）、六亚甲基四胺（200g·L^{-1}）水溶液、氨水（8mol·L^{-1}）、HCl（6mol·L^{-1}，3mol·L^{-1}）、三乙醇胺（30g·L^{-1}）、NH_4Cl-$NH_3 \cdot H_2O$ 缓冲溶液（pH=10）、二甲酚橙、甲基红、铬黑 T、HNO_3（8mol·L^{-1}）、NH_4Cl 溶液。

三、实训原理

复方氢氧化铝（胃舒平）是一种中和胃酸的胃药，主要用于胃酸过多及胃和十二指肠溃疡，它的主要成分为氢氧化铝、三硅酸镁及少量颠茄流浸膏，在加工过程中，为了使药片成形，加了大量的糊精。

药片中铝和镁的含量可用 EDTA 络合滴定法测定。先将药片用酸溶解，分离除去不溶于水的物质。然后取试液加入过量 EDTA，调节 pH 4 左右，煮沸数分钟，使铝与 EDTA 充分络合，用返滴定法测定铝。另取试液，调节 pH 8~9，将铝沉淀分离，在 pH 10 的条件下，以铬黑 T 为指示剂，用 EDTA 滴定滤液中的镁。

四、实训内容与步骤

1. 样品处理

准确称取已粉碎且混合均匀的药片粉 0.2g 于 50mL 烧杯中，用少量水溶解，加入 8mol·L^{-1} HNO$_3$ 10mL，盖上表面皿加热煮沸 5 min，冷却后定量转入 100mL 容量瓶中，用水稀释至刻度，摇匀。

2. 铝的测定

准确移取上述试液 1.00mL 于 25mL 锥形瓶中，准确加入 0.01mol·L^{-1} EDTA 5.00mL，加入二甲酚橙 1 滴，溶液呈现黄色，滴加 8mol·L^{-1} 氨水使溶液恰好变成红色，再滴加 3mol·L^{-1} HCl 溶液，使溶液恰呈黄色，在电炉上加热煮沸 3 min 左右，冷却至室温。加入六亚甲基四胺溶液 2mL，此时溶液应呈黄色，如不呈黄色，可用 3mol·L^{-1} HCl 调节。补加二甲酚橙指示剂 1 滴，用 0.01mol·L^{-1} Zn^{2+} 标准溶液滴定至溶液由黄色变为紫红色即为终点。计算药片中 Al(OH)$_3$ 含量（g/片）及其质量分数。

3. 镁的测定

吸取上述试液 25.00mL，加甲基红 1 滴，滴加 8mol·L^{-1} 氨水使溶液出现沉淀，恰好变成黄色，煮沸 5 min，趁热过滤，沉淀用 NH$_4$Cl 溶液 30mL 洗涤，收集滤液及洗涤液于已装有少量水的 100mL 容量瓶中，稀释至刻度，摇匀。

取上述试液 5mL 于 25mL 锥形瓶中，加入 30g·L^{-1} 三乙醇胺 2mL，氨性缓冲溶液（pH 10）5mL，铬黑 T 1~2 滴，用 0.01mol·L^{-1} EDTA 滴定至溶液由紫红色变为蓝紫色即为终点。计算每片药片中 MgO 含量（g/片表示）及其质量分数。

五、实训数据记录与处理

1. Al(OH)$_3$ 含量的测定

项目＼测定次数	1	2	3
EDTA 的浓度/mol·L^{-1}			
V_{EDTA}/mL			
V_{Zn^+}/mL			
Al(OH)$_3$ 含量/g·片$^{-1}$			
Al(OH)$_3$ 平均含量/g·片$^{-1}$			
相对偏差/%			
相对平均偏差/%			

2. MgO 含量的测定

项目 \ 测定次数	1	2	3
EDTA 的浓度/mol·L^{-1}			
V_{EDTA}/mL			
V_{Zn^+}/mL			
MgO 含量/g·片$^{-1}$			
MgO 平均含量/g·片$^{-1}$			
相对偏差/%			
相对平均偏差/%			

思考题

1. 测定铝离子为什么不采用直接滴定法？
2. 能否采用 F^- 掩蔽 Al^{3+}，而直接测定 Mg^{2+}？
3. 在测定镁离子时，加入三乙醇胺的作用是什么？

实训十八　邻二氮菲分光光度法测定铁含量

一、实训目的

1. 熟悉 722 型分光光度计的操作方法。
2. 了解分光光度计的性能、结构和使用方法。
3. 掌握邻二氮菲分光光度法测定铁的原理和方法。

二、实训仪器与试剂

仪器：722 型分光光度计，电子天平，50mL 容量瓶，100mL 容量瓶，5mL 吸量管。

试剂：(1) 100μg·mL^{-1} 铁标准溶液　准确称取 0.8636g 铁铵矾 $NH_4Fe(SO_4)_2·12H_2O$ 于烧杯中，加入 20mL 6mol·L^{-1} HCl 溶液，加少量水使之溶解后转移至 1L 容量瓶中，用蒸馏水稀释至刻度、摇匀。

(2) 10μg·mL^{-1} 铁标准溶液　准确吸取 100μg·mL^{-1} 铁标准贮备液 10mL 于 100mL 容量瓶中，用蒸馏水稀释至刻度摇匀。

(3) 10% 盐酸羟胺溶液（此溶液不稳定，需新鲜配制）。

(4) 0.1% 邻二氮菲溶液（此溶液不稳定，需新鲜配制）。

(5) $CH_3COOH-CH_3COONa$ 缓冲溶液（pH=4.7）　准确称取无水醋酸钠 83g，加冰醋酸 60mL 使之溶解后，用蒸馏水稀释至 1L。

(6) 6mol·L^{-1} HCl 溶液。

三、实训原理

亚铁离子在 pH3～9 的水溶液中，与邻二氮菲生成稳定的橙红色的 $[Fe(C_{12}H_8N_2)_3]^{2+}$，本实训就是利用它来比色测定亚铁的含量，如果用盐酸羟胺还原溶液中的高价铁离子，则此法还可以测定总铁含量。

四、实训内容与步骤

1. 吸收曲线的制作

用吸量管准确吸取 10mL $10\mu g \cdot mL^{-1}$ 标准铁溶液于 50mL 容量瓶中，另取一只 50mL 容量瓶不加 $10\mu g \cdot mL^{-1}$ 标准铁溶液，然后各加入盐酸羟胺溶液 1mL 摇匀，放置 2min，然后再加入 5mL CH_3COOH-CH_3COONa 缓冲溶液，加 2mL 邻二氮菲，用蒸馏水稀释至刻度，摇匀。以试剂空白为参比，在分光光度计上从波长 420~600nm，每隔 10nm 测定一次吸光度，以波长为横坐标，相应的吸光度为纵坐标，绘制邻二氮菲亚铁的吸收曲线，并找出最大吸收波长 λ_{max}。从而选择测量 Fe 的适宜波长。

2. 标准曲线的绘制

在 6 只 50mL 容量瓶中，分别加入 0.00mL $10\mu g \cdot mL^{-1}$、2.00mL $10\mu g \cdot mL^{-1}$、4.00mL $10\mu g \cdot mL^{-1}$、6.00mL $10\mu g \cdot mL^{-1}$、8.00mL $10\mu g \cdot mL^{-1}$、10.00mL $10\mu g \cdot mL^{-1}$ 铁标准溶液，加入盐酸羟胺溶液 1mL 摇匀，放置 2min，然后再加入 5mL CH_3COOH-CH_3COONa 缓冲溶液，加 2mL 邻二氮菲，用蒸馏水稀释至刻度，摇匀。在 510nm 波长下，用 1cm 吸收池，以试剂空白为参比，以波长为横坐标，吸光度为纵坐标绘制标准曲线。

3. 试样分析

水样分析：取 3 支 50mL 容量瓶，分别加入 5.00mL 水样，按实训步骤 2 的方法显色后，在 λ_{max} 处，用 1cm 比色皿，以试剂空白为参比液，平行测定 A 值。求其平均值，在标准曲线上查出铁的质量，并计算水样中铁含量。

思考题

1. 实训中利用测出的吸光度求铁的含量的根据是什么？
2. 邻二氮菲分光光度法测定铁的适应条件是什么？
3. 根据绘制的标准曲线计算邻二氮菲亚铁溶液在最大吸光波长处的摩尔吸收系数。
4. 如果试液测得的吸光度不在标准曲线范围内怎么办？

实训十九　分光光度法测定水中磷的含量

一、实训目的

1. 了解分光光度计的结构和正确的使用方法。
2. 掌握分光光度法测定磷的原理及方法。
3. 学会制作标准曲线的方法。

二、实训仪器与试剂

仪器：722 型分光光度计、烧杯、容量瓶、吸量管。

试剂：磷标准溶液（含磷酸根 $20\mu g \cdot mL^{-1}$）、蒸馏水、钼酸铵溶液（$26g \cdot L^{-1}$）、甘油-氯化亚锡溶液（0.2%）、硫酸溶液（1:1）、过硫酸钾溶液（$40g \cdot L^{-1}$）。

三、实训原理

利用物质对不同波长光的选择吸收现象来进行物质的定量分析。

正磷酸盐与稍微过量的钼酸铵反应,全部转化成钼杂多酸(磷钼黄)。加入氯化亚锡-甘油溶液,可将钼杂多酸(磷钼黄)还原为磷钼蓝。由于磷钼蓝的蓝色深度与磷含量成正比,故可用分光光度法测定磷含量。

将待测水样加入硫酸、过硫酸钾后加热,此预处理方法的目的是使水样中的聚磷酸盐和有机磷转化为正磷酸盐,以便于下一步与钼酸铵反应。

四、实训内容与步骤

1. 溶液的配制

分别取 5mL 水样于两个 100mL 烧杯中,分别加入 1mL 硫酸、5mL 过硫酸钾溶液,用蒸馏水调整杯中溶液至约 25mL。同时盖上表面皿,置于电炉上煮,取 0.00mL、1.00mL、2.00mL、3.00mL、4.00mL、5.00mL、6.00mL、7.00mL、8.00mL 磷标准溶液加入 9 个容量瓶中;依次加约 25mL 蒸馏水,分别加入 2.00mL 钼酸铵溶液,加蒸馏水释至刻度,不必摇匀。待剩下约 5mL 时,冷却至室温后,把表面皿底面的溶液冲洗回烧杯中,把 2 个烧杯中的溶液分别转移至编号为 10、11 号的容量瓶中,加入 2.00mL 钼酸铵溶液,加蒸馏水释至刻度,不必摇匀。预热分光光度计。

2. 标准曲线的制作

将波长调为 710nm,向加入 1.00mL、2.00mL、3.00mL、4.00mL、5.00mL、6.00mL、7.00mL、8.00mL 磷标准溶液的容量瓶中各加入 5 滴甘油-氯化亚锡溶液后,盖上瓶塞做上下颠倒摇匀动作 8 次,然后放置 10min。用 1cm 比色皿,以试剂空白(即在 0.00mL 水样中加入相同试剂)为参比溶液,测量各溶液的吸光度。在坐标纸上,以含铁量为横坐标,吸光度 A 为纵坐标,绘制标准曲线。

3. 水样中磷含量的测定

按实训步骤 2 的方法显色后,在 λ_{max} 波长处,用 1cm 比色皿,以试剂空白为参比溶液,平行测定吸光度 A,计算其平均值,在标准曲线上查出磷的含量,计算水样中磷的含量。

思考题

1. 分光光度法测定水中磷含量的原理是什么?
2. 实训中应注意哪些事项?

实训二十　原子吸光光度法测定水中镁的含量

一、实训目的

1. 了解原子吸收分光光度计的主要结构,熟练基本操作技能。
2. 掌握原子吸收分光光度法测定水中镁含量的方法。
3. 学会原子吸收分光光度法的干扰的消除方法。

二、实训仪器与试剂

仪器:原子吸收分光光度计、镁空心阴极灯、乙炔、空气供气设备、50mL 容量瓶 13 只、100mL 容量瓶 1 只、1000mL 容量瓶 1 只、5mL 吸量管 4 支、洗耳球。

试剂:(1) $1.000\text{mg}\cdot\text{mL}^{-1}$ 镁标准贮备溶液　准确称取在 800℃条件下灼烧至恒重的氧化镁(MgO,A.R)1.6583g 于烧杯中,滴加少量 $1\text{mol}\cdot\text{L}^{-1}$ 盐酸,使其全部溶解,定量

转移至1000mL容量瓶中，用去离子水稀释至刻度，充分摇匀。

(2) 10mg·mL^{-1}锶溶液　称取3.04g $SrCl_2·6H_2O$溶于去离子水中，再定容至100mL容量瓶中，充分摇匀。

三、实训原理

镁原子蒸气强烈吸收火焰镁空心阴极灯辐射出的波长为285.2nm镁特征共振线，其吸收的强度与镁原子蒸气浓度的关系符合朗伯-比尔定律。用镁系列标准溶液测出不同浓度所对应的吸光度值，绘制出标准曲线，再测出试液的吸光度，从标准曲线上查得镁离子的浓度，即可求出试液中镁的含量。

四、实训内容与步骤

1. 工作条件的设置

① Mg 吸收线波长285.2nm。

② 空心阴极灯电流8mA。

③ 狭缝宽度0.1mm。

④ 原子化器高度6mm。

⑤ 空气流量4L·min^{-1}，乙炔气流量1.2L·min^{-1}。

2. 干扰抑制条件的选择（通常用"干扰抑制剂锶溶液加入量的选择"）

用吸量管吸取自来水5.00mL分别加入6只50mL的容量瓶中，加入2mL盐酸，然后依次加入锶溶液0.00、1.00mL、2.00mL、3.00mL、4.00mL、5.00mL，用去离子水定容，摇匀。在上述工作条件下，用去离子水调节吸光度为零后，依次测定上述系列溶液的吸光度，由测定最大吸光度选出抑制干扰最佳的锶溶液加入量。

3. 标准曲线的绘制

在6只50mL的容量瓶中，依次加入0.00、1.00mL、2.00mL、3.00mL、4.00mL、5.00mL镁标准溶液，并加入选得的最佳量的锶溶液，用去离子水定容，摇匀。在最佳工作条件下，用去离子水调零后，依次测定上述系列溶液的吸光度。以镁的质量浓度为横坐标，A值为纵坐标，绘制标准曲线。

4. 水样的测定

用吸量管准确吸取5.00mL自来水样于50mL容量瓶中，加入选得的最佳量的锶溶液，用去离子水定容，摇匀。在最佳工作条件下，用去离子水调零后，测定其吸光度。从标准曲线上查得镁离子的浓度，即可求出试液中镁的含量。

五、注意事项

① 乙炔为易燃易爆气体，必须严格按照操作步骤工作。在点燃乙炔火焰之前，应先开空气，后开乙炔；结束或暂停实训时，应先关乙炔，后关空气。乙炔钢瓶的工作压力，一定要控制在所规定范围内，不得超压工作。必须切记，保障安全。

② 实训结束后，检查仪器是否正常，关闭是否正确。

思考题

1. 简述原子吸收分光光度法测定镁含量的原理。
2. 为什么要用去离子水调零？

实训二十一　　从废定影液中回收银

一、实训目的

1. 培养学生的环保意识和节约回收的思维习惯。
2. 熟悉沉淀反应并掌握过滤、高温熔融等操作。
3. 培养学生独立思考、善于观察和动手能力的培养。

二、实训仪器与试剂

仪器：烧杯、电炉、石墨坩埚等。

试剂：废定影液 600mL、碳酸钠、硫化钠（1∶9）60mL、硼砂（助熔）、铁丝、焦炭、纯水。

三、实训原理

废定影液中的银主要是以硫代硫酸钠银的配合物形式存在的。若直接排放，将会污染环境，危害健康，同时又造成贵重金属银的浪费。

用硫化钠把废定影液中的银沉淀为硫化银，然后在稀盐酸介质中用铁将硫化银还原为银。

四、实训内容与步骤

① 在烧杯中加入废定影液 600mL（含银约 $5g \cdot L^{-1}$），加入适量碳酸钠调节 pH 为 8 左右，再进行沉淀反应。

② 将沉淀和铁丝放在一起，加入盐酸使反应物加热溶解，生成银粉。

③ 将烘干后的银粉移入石墨坩埚中，加入约 0.1g 硼砂和约 1g 碳酸钠，用焦炭加入至熔融。将熔融的银倒入钢模中即可得到小银锭。

五、注意事项

① 本实训必须在通风橱中进行。
② 在最后一步熔融后，应弃去上层漂浮的杂质。

思考题

用铁丝还原银的同时，还有什么反应发生？应注意什么？

附　录

附录一　一些弱电解质的离解常数

名称	离解常数	pK	名称	离解常数	pK
HCOOH (293K)	$K_a = 1.77 \times 10^{-4}$	3.75		$K_{a_3} = 2.2 \times 10^{-13}$	12.67
HClO (291K)	$K_a = 2.95 \times 10^{-3}$	7.53	H_2SO_3 (291K)	$K_{a_1} = 1.54 \times 10^{-2}$	1.81
$H_2C_2O_4$	$K_{a_1} = 5.9 \times 10^{-2}$	1.23		$K_{a_2} = 1.02 \times 10^{-7}$	6.91
	$K_{a_2} = 6.4 \times 10^{-5}$	4.19	H_2SO_4	$K_{a_2} = 1.20 \times 10^{-2}$	1.92
HAc	$K_a = 1.76 \times 10^{-5}$	4.75	H_2S	$K_{a_1} = 1.1 \times 10^{-7}$	6.96
H_2CO_3	$K_{a_1} = 4.3 \times 10^{-7}$	6.37		$K_{a_2} = 1.0 \times 10^{-14}$	14.0
	$K_{a_2} = 5.6 \times 10^{-11}$	10.25	HCN	$K_a = 4.93 \times 10^{-10}$	9.31
	$K_a = 4.6 \times 10^{-4}$	3.37	HF	$K_a = 3.53 \times 10^{-4}$	3.45
HNO_2 (285.5K)	$K_{a_1} = 7.52 \times 10^{-3}$	2.12	H_2O_2	$K_a = 2.4 \times 10^{-12}$	11.62
H_3PO_4 (291K)	$K_{a_2} = 6.28 \times 10^{-8}$	7.21	$NH_3 \cdot H_2O$	$K_b = 1.77 \times 10^{-5}$	4.75

注：本表数据主要参照 R. C. Weast, CRC Handbook of Chemistry and Physics, 58th ed, D 149~151, 1977-1978。以上数据除注明温度外，其余均在298K测定。

附录二　常用缓冲溶液的 pH 范围

缓冲溶液	pK_a	pH 有效范围
盐酸-甘氨酸 ($HCl-NH_2CH_2COOH$)	2.4	1.4~3.4
盐酸-邻苯二甲酸氢钾 [$HCl-C_6H_4(COO)_2HK$]	3.1	2.2~4.0
柠檬酸-氢氧化钠 [$C_3H_5(COOH)_3-NaOH$]	2.9, 4.1, 5.8	2.2~6.5
蚁酸-氢氧化钠 (HCOOH-NaOH)	3.8	2.8~4.6
醋酸-醋酸钠 ($CH_3COOH-CH_3COONa$)	4.74	3.6~5.6
邻苯二甲酸氢钾-氢氧化钾 [$C_6H_4(COO)_2HK-KOH$]	5.4	4.0~6.2
琥珀酸氢钠-琥珀酸钠 $\begin{array}{cc}CH_2COOH & CH_2COONa \\ | & | \\ CH_2COONa & CH_2COONa\end{array}$	5.5	4.8~5.3
柠檬酸氢二钠-氢氧化钠 [$C_3H_5(COO)_3HNa_2-NaOH$]	5.8	5.0~6.3

续表

缓冲溶液	pK_a	pH 有效范围
磷酸二氢钾-氢氧化钠(KH_2PO_4-NaOH)	7.2	5.8～8.0
磷酸二氢钾-硼砂(KH_2PO_4-$Na_2B_4O_7$)	7.2	5.8～9.2
磷酸二氢钾-磷酸氢二钾(KH_2PO_4-K_2HPO_4)	7.2	5.9～8.0
硼酸-硼砂(H_3BO_3-$Na_2B_4O_7$)	9.2	7.2～9.2
硼酸-氢氧化钠(H_3BO_3-NaOH)	9.2	8.0～10.0
甘氨酸-氢氧化钠(NH_2CH_2COOH-NaOH)	9.7	8.2～10.1
氯化铵-氨水(NH_4Cl-$NH_3·H_2O$)	9.3	8.3～10.3
碳酸氢钠-碳酸钠($NaHCO_3$-Na_2CO_3)	10.3	9.2～11.0
磷酸氢二钠-氢氧化钠(Na_2HPO_4-NaOH)	12.4	11.0～12.0

附录三　难溶电解质的溶度积（291～298K）

化合物	溶度积	化合物	溶度积
氯化物 $PbCl_2$	$1.6×10^{-5}$	Ag_2CrO_4	$9×10^{-12}$
AgCl	$1.56×10^{-10}$	$PbCrO_4$	$1.77×10^{-14}$
$HgCl_2$	$2×10^{-18}$	碳酸盐 $MgCO_3$	$2.6×10^{-5}$
溴化物 AgBr	$7.7×10^{-13}$	$BaCO_3$	$8.1×10^{-9}$
碘化物 PbI_2	$1.39×10^{-8}$	$CaCO_3$	$8.7×10^{-9}$
AgI	$1.5×10^{-16}$	Ag_2CO_3	$8.1×10^{-12}$
Hg_2I_2	$1.2×10^{-28}$	$PbCO_3$	$3.3×10^{-14}$
氰化物 AgCN	$1.2×10^{-15}$	磷酸盐 $MgNH_4PO_4$	$2.5×10^{-13}$
硫氰化物 AgSCN	$1.16×10^{-12}$	草酸盐 MgC_2O_4	$8.57×10^{-5}$
硫酸盐 Ag_2SO_4	$1.6×10^{-5}$	$BaC_2O_4·2H_2O$	$1.2×10^{-7}$
$CaSO_4$	$2.45×10^{-5}$	$CaC_2O_4·H_2O$	$2.57×10^{-3}$
$SrSO_4$	$2.8×10^{-7}$	氢氧化物 AgOH	$1.52×10^{-3}$
$PbSO_4$	$1.06×10^{-8}$	$Ca(OH)_2$	$5.5×10^{-6}$
$BaSO_4$	$1.08×10^{-10}$	$Mg(OH)_2$	$1.2×10^{-11}$
硫化物 MnS	$1.4×10^{-15}$	$Mn(OH)_2$	$4.0×10^{-14}$
FeS	$3.7×10^{-19}$	$Fe(OH)_2$	$1.64×10^{-14}$
ZnS	$1.2×10^{-23}$	$Pb(OH)_2$	$1.6×10^{-14}$
PbS	$3.4×10^{-23}$	$Zn(OH)_2$	$1.2×10^{-17}$
CuS	$8.5×10^{-45}$	$Cu(OH)_2$	$5.6×10^{-20}$
HgS	$4×10^{-53}$	$Cr(OH)_3$	$6×10^{-31}$
Ag_2S	$1.6×10^{-49}$	$Al(OH)_3$	$1.3×10^{-33}$
铬酸盐 $BaCrO_4$	$1.6×10^{-10}$	$Fe(OH)_3$	$1.1×10^{-36}$

注：本表数据主要参照 R C. Weast, CRC Handbook of Chemistry and Physics, 58th ed, B 254, 1977-1978。

附录四 配离子的标准稳定常数 (298K)

配离子	$K_{稳}^{\ominus}$	配离子	$K_{稳}^{\ominus}$
$[AuCl_2]^+$	6.3×10^9	$[Mn(en)_3]^{2+}$	4.67×10^5
$[CdCl_4]^{2-}$	6.33×10^2	$[Ni(en)_3]^{2+}$	2.14×10^{18}
$[FeCl_4]^-$	1.02	$[Zn(en)_3]^{2+}$	1.29×10^{14}
$[HgCl_4]^{2-}$	1.17×10^{15}	$[AlF_6]^{3-}$	6.94×10^{19}
$[PbCl_4]^{2-}$	39.8	$[FeF_6]^{3-}$	1.0×10^{16}
$[PtCl_4]^{2-}$	1.0×10^{16}	$[AgI_3]^{2-}$	4.78×10^{13}
$[SnCl_4]^{2-}$	30.2	$[AgI_2]^-$	5.49×10^{11}
$[ZnCl_4]^{2-}$	1.58	$[CdI_4]^{2-}$	2.57×10^5
$[Ag(CN)_2]^-$	1.3×10^{21}	$[CuI_2]^-$	7.09×10^8
$[Ag(CN)_4]^{3-}$	4.0×10^{20}	$[PbI_4]^{2-}$	2.95×10^4
$[Au(CN)_2]^-$	2.0×10^{38}	$[Ag(NH_3)_2]^+$	1.12×10^7
$[Cd(CN)_4]^{2-}$	6.02×10^{18}	$[Cd(NH_3)_6]^{2+}$	1.38×10^5
$[Cu(CN)_2]^-$	1.0×10^{16}	$[Cd(NH_3)_4]^{2+}$	1.32×10^7
$[Cu(CN)_4]^{3-}$	2.00×10^{30}	$[Co(NH_3)_6]^{3+}$	1.29×10^5
$[Fe(CN)_6]^{4-}$	1.0×10^{35}	$[Co(NH_3)_6]^{3+}$	1.58×10^{35}
$[Fe(CN)_6]^{3-}$	1.0×10^{42}	$[Cu(NH_3)_2]^+$	4.44×10^7
$[Hg(CN)_4]^{2-}$	2.5×10^{41}	$[Cu(NH_3)_4]^{2+}$	4.8×10^{12}
$[Ni(CN)_4]^{2-}$	2.0×10^{31}	$[Fe(NH_3)_2]^{2+}$	1.6×10^2
$[Zn(CN)_4]^{2-}$	5.0×10^{16}	$[Hg(NH_3)_4]^{2+}$	1.90×10^{19}
$[Ag(SCN)_4]^{3-}$	1.20×10^{10}	$[Mg(NH_3)_2]^{2+}$	20
$[Ag(SCN)_2]^-$	3.72×10^7	$[Ni(NH_3)_6]^{2+}$	5.49×10^8
$[Au(SCN)_4]^{3-}$	1.0×10^{42}	$[Ni(NH_3)_4]^{2+}$	9.09×10^7
$[Au(SCN)_2]^-$	1.0×10^{23}	$[Zn(NH_3)_4]^{2+}$	2.88×10^9
$[Cd(SCN)_4]^{2-}$	3.98×10^3	$[Al(OH)_4]^-$	1.07×10^{33}
$[Co(SCN)_4]^{2-}$	1.00×10^5	$[Bi(OH)_4]^-$	1.59×10^{35}
$[Cr(SCN)_2]^+$	9.52×10^2	$[Cd(OH)_4]^{2-}$	4.17×10^8
$[Cu(SCN)_2]^-$	1.51×10^5	$[Cr(OH)_4]^-$	7.94×10^{29}
$[Fe(SCN)_2]^+$	2.29×10^3	$[Cu(OH)_4]^{2-}$	3.16×10^{18}
$[Hg(SCN)_4]^{2-}$	1.7×10^{21}	$[Fe(OH)_4]^{2-}$	3.80×10^8
$[Ni(SCN)_3]^-$	64.5	$[Ca(P_2O_7)]^{2-}$	4.0×10^4
$[Ag(en)_2]^+$	5.00×10^7	$[Cd(P_2O_7)]^{2-}$	4.0×10^5
$[Cd(en)_3]^{2+}$	1.20×10^{12}	$[Cu(P_2O_7)]^{2-}$	1.0×10^8
$[Co(en)_3]^{2+}$	8.69×10^{13}	$[Pb(P_2O_7)]^{2-}$	2.0×10^5
$[Co(en)_3]^{3+}$	4.9×10^{48}	$[Ni(P_2O_7)_2]^{6-}$	2.5×10^2
$[Cr(en)_2]^{2+}$	1.55×10^9	$[Ag(S_2O_3)]^-$	6.62×10^8
$[Cu(en)_2]^+$	6.33×10^{10}	$[Ag(S_2O_3)_2]^{3-}$	2.88×10^{13}
$[Cu(en)_3]^{2+}$	1.0×10^{21}	$[Cd(S_2O_3)_2]^{2-}$	2.75×10^6
$[Fe(en)_3]^{2+}$	5.00×10^9	$[Cu(S_2O_3)_2]^{3-}$	1.66×10^{12}
$[Hg(en)_2]^{2+}$	2.00×10^{23}	$[Pb(S_2O_3)_2]^{2-}$	1.35×10^5

参 考 文 献

[1] 黄蔷蕾,呼世斌编.无机及分析化学.北京:中国农业出版社,2004.
[2] 浙江大学编.无机及分析化学.北京:高等教育出版社,2003.
[3] 南京大学无机及分析化学编写组主编.无机及分析化学.第4版.北京:高等教育出版社,2006.
[4] 吉林大学,武汉大学,南开大学主编.无机化学.北京:高等教育出版社,2004.
[5] 大连理工大学无机化学教研室主编.无机化学.第5版.北京:高等教育出版社,2006.
[6] 呼世斌.无机及分析化学实验.北京:中国农业出版社,2003.
[7] 刘约权,李贵森编.实验化学.北京:高等教育出版社,1999.
[8] 刘尧,徐英岚,上官少平主编.无机及分析化学.北京:高等教育出版社,2003.
[9] 武汉大学《无机及分析化学》编写组.无机及分析化学.武汉:武汉大学出版社,1994.
[10] 倪静安主编.无机及分析化学.北京:化学工业出版社,1998.
[11] 黄尚勋主编.无机及分析化学.北京:中国农业出版社,1994.
[12] 高职高专化学教材编写组.分析化学.第2版.北京:高等教育出版社,2000.
[13] 李运涛主编.无机及分析化学.北京:化学工业出版社,2010.
[14] 叶芬霞.无机及分析化学.北京:高等教育出版社,2010.
[15] 兰叶青.无机及分析化学.北京:中国农业出版社,2006.
[16] 徐英岚.无机与分析化学.北京:中国农业出版社,2001.
[17] 吴华.基础化学.北京:化学工业出版社,2008.
[18] 苏侯香.无机及分析化学实训.武汉:华中科技大学出版社,2010.
[19] 上官少平.化学.北京:高等教育出版社,2001.
[20] 李志林,马志领,翟永清主编.无机及分析化学实验.北京:化学工业出版社,2007.
[21] 盛文林主编.人类在化学上的发现.北京:化学工业出版社,2011.

元素周期表

IUPAC 2013

95 Am 镅▲ $5f^77s^2$ 243.06138(2)✦ (+2 +3 +4 +5 +6)	
氧化态(单质的氧化态为0，未列入；常见的为红色)	+2 +3 +4 +5 +6
原子序数	95
元素符号(红色的为放射性元素)	Am
元素名称(注▲的为人造元素)	镅▲
价层电子构型	$5f^77s^2$
以 ^{12}C=12为基准的原子量(注✦的是半衰期最长同位素的原子量)	243.06138(2)✦

s区元素　p区元素　d区元素　ds区元素　f区元素　稀有气体

族/周期	1 ⅠA	2 ⅡA	3 ⅢB	4 ⅣB	5 ⅤB	6 ⅥB	7 ⅦB	8 ⅧB(Ⅷ)	9 ⅧB(Ⅷ)	10 ⅧB(Ⅷ)	11 ⅠB	12 ⅡB	13 ⅢA	14 ⅣA	15 ⅤA	16 ⅥA	17 ⅦA	18 ⅧA(0)	电子层
1	-1 +1 1 H 氢 $1s^1$ 1.008																	2 He 氦 $1s^2$ 4.002602(2)	K
2	+1 3 Li 锂 $2s^1$ 6.94	+2 4 Be 铍 $2s^2$ 9.0121831(5)											+3 5 B 硼 $2s^22p^1$ 10.81	-4 +2 +4 6 C 碳 $2s^22p^2$ 12.011	-3 -2 -1 +1 +2 +3 +4 +5 7 N 氮 $2s^22p^3$ 14.007	-2 -1 8 O 氧 $2s^22p^4$ 15.999	-1 9 F 氟 $2s^22p^5$ 18.998403163(6)	10 Ne 氖 $2s^22p^6$ 20.1797(6)	L K
3	-1 +1 11 Na 钠 $3s^1$ 22.98976928(2)	+2 12 Mg 镁 $3s^2$ 24.305											+3 13 Al 铝 $3s^23p^1$ 26.9815385(7)	-4 +2 +4 14 Si 硅 $3s^23p^2$ 28.085	-3 -2 +1 +3 +5 15 P 磷 $3s^23p^3$ 30.973761998(5)	-2 +2 +4 +6 16 S 硫 $3s^23p^4$ 32.06	-1 +1 +3 +5 +7 17 Cl 氯 $3s^23p^5$ 35.45	18 Ar 氩 $3s^23p^6$ 39.948(1)	M L K
4	-1 +1 19 K 钾 $4s^1$ 39.0983(1)	+2 20 Ca 钙 $4s^2$ 40.078(4)	+3 21 Sc 钪 $3d^14s^2$ 44.955908(5)	-1 0 +2 +3 +4 22 Ti 钛 $3d^24s^2$ 47.867(1)	0 ±1 +2 +3 +4 +5 23 V 钒 $3d^34s^2$ 50.9415(1)	-3 0 ±1 +2 +3 +4 +5 +6 24 Cr 铬 $3d^54s^1$ 51.9961(6)	-2 0 ±1 +2 +3 +4 +5 +6 +7 25 Mn 锰 $3d^54s^2$ 54.938044(3)	-2 0 ±1 +2 +3 +4 +5 +6 26 Fe 铁 $3d^64s^2$ 55.845(2)	0 ±1 +2 +3 +4 +5 27 Co 钴 $3d^74s^2$ 58.933194(4)	0 ±1 +2 +3 +4 28 Ni 镍 $3d^84s^2$ 58.6934(4)	+1 +2 +3 +4 29 Cu 铜 $3d^{10}4s^1$ 63.546(3)	+1 +2 30 Zn 锌 $3d^{10}4s^2$ 65.38(2)	+1 +3 31 Ga 镓 $4s^24p^1$ 69.723(1)	+2 +4 32 Ge 锗 $4s^24p^2$ 72.630(8)	-3 +3 +5 33 As 砷 $4s^24p^3$ 74.921595(6)	-2 +2 +4 +6 34 Se 硒 $4s^24p^4$ 78.971(8)	-1 +1 +3 +5 +7 35 Br 溴 $4s^24p^5$ 79.904	+2 +4 36 Kr 氪 $4s^24p^6$ 83.798(2)	N M L K
5	-1 +1 37 Rb 铷 $5s^1$ 85.4678(3)	+2 38 Sr 锶 $5s^2$ 87.62(1)	+3 39 Y 钇 $4d^15s^2$ 88.90584(2)	+1 +2 +3 +4 40 Zr 锆 $4d^25s^2$ 91.224(2)	0 ±1 +2 +3 +4 +5 41 Nb 铌 $4d^45s^1$ 92.90637(2)	0 ±1 +2 +3 +4 +5 +6 42 Mo 钼 $4d^55s^1$ 95.95(1)	0 ±1 +2 +3 +4 +5 +6 +7 43 Tc 锝▲ $4d^55s^2$ 97.90721(3)✦	0 +1 +2 +3 +4 +5 +6 +7 +8 44 Ru 钌 $4d^75s^1$ 101.07(2)	0 ±1 +2 +3 +4 +5 +6 45 Rh 铑 $4d^85s^1$ 102.90550(2)	0 +1 +2 +3 +4 46 Pd 钯 $4d^{10}$ 106.42(1)	+1 +2 +3 47 Ag 银 $4d^{10}5s^1$ 107.8682(2)	+1 +2 48 Cd 镉 $4d^{10}5s^2$ 112.414(4)	+1 +3 49 In 铟 $5s^25p^1$ 114.818(1)	+2 +4 50 Sn 锡 $5s^25p^2$ 118.710(7)	-3 +3 +5 51 Sb 锑 $5s^25p^3$ 121.760(1)	-2 +2 +4 +6 52 Te 碲 $5s^25p^4$ 127.60(3)	-1 +1 +3 +5 +7 53 I 碘 $5s^25p^5$ 126.90447(3)	+2 +4 +6 +8 54 Xe 氙 $5s^25p^6$ 131.293(6)	O N M L K
6	-1 +1 55 Cs 铯 $6s^1$ 132.90545196(6)	+2 56 Ba 钡 $6s^2$ 137.327(7)	57~71 La~Lu 镧系	+1 +2 +3 +4 72 Hf 铪 $5d^26s^2$ 178.49(2)	0 ±1 +2 +3 +4 +5 73 Ta 钽 $5d^36s^2$ 180.94788(2)	0 ±1 +2 +3 +4 +5 +6 74 W 钨 $5d^46s^2$ 183.84(1)	0 ±1 +2 +3 +4 +5 +6 +7 75 Re 铼 $5d^56s^2$ 186.207(1)	0 +1 +2 +3 +4 +5 +6 +7 +8 76 Os 锇 $5d^66s^2$ 190.23(3)	0 +1 +2 +3 +4 +5 +6 77 Ir 铱 $5d^76s^2$ 192.217(3)	0 +2 +3 +4 +5 +6 78 Pt 铂 $5d^96s^1$ 195.084(9)	+1 +2 +3 +5 79 Au 金 $5d^{10}6s^1$ 196.966569(5)	+1 +2 +3 80 Hg 汞 $5d^{10}6s^2$ 200.592(3)	+1 +3 81 Tl 铊 $6s^26p^1$ 204.38	+2 +4 82 Pb 铅 $6s^26p^2$ 207.2(1)	-3 +3 +5 83 Bi 铋 $6s^26p^3$ 208.98040(1)	-2 +2 +4 +6 84 Po 钋 $6s^26p^4$ 208.98243(2)✦	±1 +5 +7 85 At 砹 $6s^26p^5$ 209.98715(5)✦	+2 86 Rn 氡 $6s^26p^6$ 222.01758(2)✦	P O N M L K
7	+1 87 Fr 钫▲ $7s^1$ 223.01974(2)✦	+2 88 Ra 镭 $7s^2$ 226.02541(2)✦	89~103 Ac~Lr 锕系	104 Rf 𬬻▲ $6d^27s^2$ 267.122(4)✦	105 Db 𬭊▲ $6d^37s^2$ 270.131(4)✦	106 Sg 𬭳▲ $6d^47s^2$ 269.129(3)✦	107 Bh 𬭛▲ $6d^57s^2$ 270.133(2)✦	108 Hs 𬭶▲ $6d^67s^2$ 270.134(2)✦	109 Mt 鿏▲ $6d^77s^2$ 278.156(5)✦	110 Ds 𫟼▲ 281.165(4)✦	111 Rg 𬬭▲ 281.166(6)✦	112 Cn 鿔▲ 285.177(4)✦	113 Nh 鿭▲ 286.182(5)✦	114 Fl 𫓧▲ 289.190(4)✦	115 Mc 镆▲ 289.194(6)✦	116 Lv 𫟷▲ 293.204(4)✦	117 Ts 鿬▲ 293.208(6)✦	118 Og 鿫▲ 294.214(5)✦	Q P O N M L K

★镧系	+3 57 La★ 镧 $5d^16s^2$ 138.90547(7)	+2 +3 +4 58 Ce 铈 $4f^15d^16s^2$ 140.116(1)	+3 +4 59 Pr 镨 $4f^36s^2$ 140.90766(2)	+2 +3 +4 60 Nd 钕 $4f^46s^2$ 144.242(3)	+3 61 Pm 钷▲ $4f^56s^2$ 144.91276(2)✦	+2 +3 62 Sm 钐 $4f^66s^2$ 150.36(2)	+2 +3 63 Eu 铕 $4f^76s^2$ 151.964(1)	+3 64 Gd 钆 $4f^75d^16s^2$ 157.25(3)	+3 +4 65 Tb 铽 $4f^96s^2$ 158.92535(2)	+3 +4 66 Dy 镝 $4f^{10}6s^2$ 162.500(1)	+3 67 Ho 钬 $4f^{11}6s^2$ 164.93033(2)	+3 68 Er 铒 $4f^{12}6s^2$ 167.259(3)	+2 +3 69 Tm 铥 $4f^{13}6s^2$ 168.93422(2)	+2 +3 70 Yb 镱 $4f^{14}6s^2$ 173.045(10)	+3 71 Lu 镥 $4f^{14}5d^16s^2$ 174.9668(1)
★锕系	+3 89 Ac★ 锕 $6d^17s^2$ 227.02775(2)✦	+3 +4 90 Th 钍 $6d^27s^2$ 232.0377(4)	+3 +4 +5 91 Pa 镤 $5f^26d^17s^2$ 231.03588(2)	+2 +3 +4 +5 +6 92 U 铀 $5f^36d^17s^2$ 238.02891(3)	+3 +4 +5 +6 +7 93 Np 镎 $5f^46d^17s^2$ 237.04817(2)✦	+3 +4 +5 +6 +7 94 Pu 钚 $5f^67s^2$ 244.06421(4)✦	+2 +3 +4 +5 +6 95 Am 镅▲ $5f^77s^2$ 243.06138(2)✦	+3 +4 96 Cm 锔▲ $5f^76d^17s^2$ 247.07035(3)✦	+3 +4 97 Bk 锫▲ $5f^97s^2$ 247.07031(4)✦	+2 +3 +4 98 Cf 锎▲ $5f^{10}7s^2$ 251.07959(3)✦	+2 +3 99 Es 锿▲ $5f^{11}7s^2$ 252.0830(3)✦	+2 +3 100 Fm 镄▲ $5f^{12}7s^2$ 257.09511(5)✦	+2 +3 101 Md 钔▲ $5f^{13}7s^2$ 258.09843(3)✦	+2 +3 102 No 锘▲ $5f^{14}7s^2$ 259.1010(7)✦	+3 103 Lr 铹▲ $5f^{14}6d^17s^2$ 262.110(2)✦